面向"十二五"数字艺术设计规划教材

Adobe® 创意大学 Photoshop CS5图像设计师标准实训教材

◎ 易锋教育　总策划
◎ 梁思平 翟剑锋 罗祥远　编著

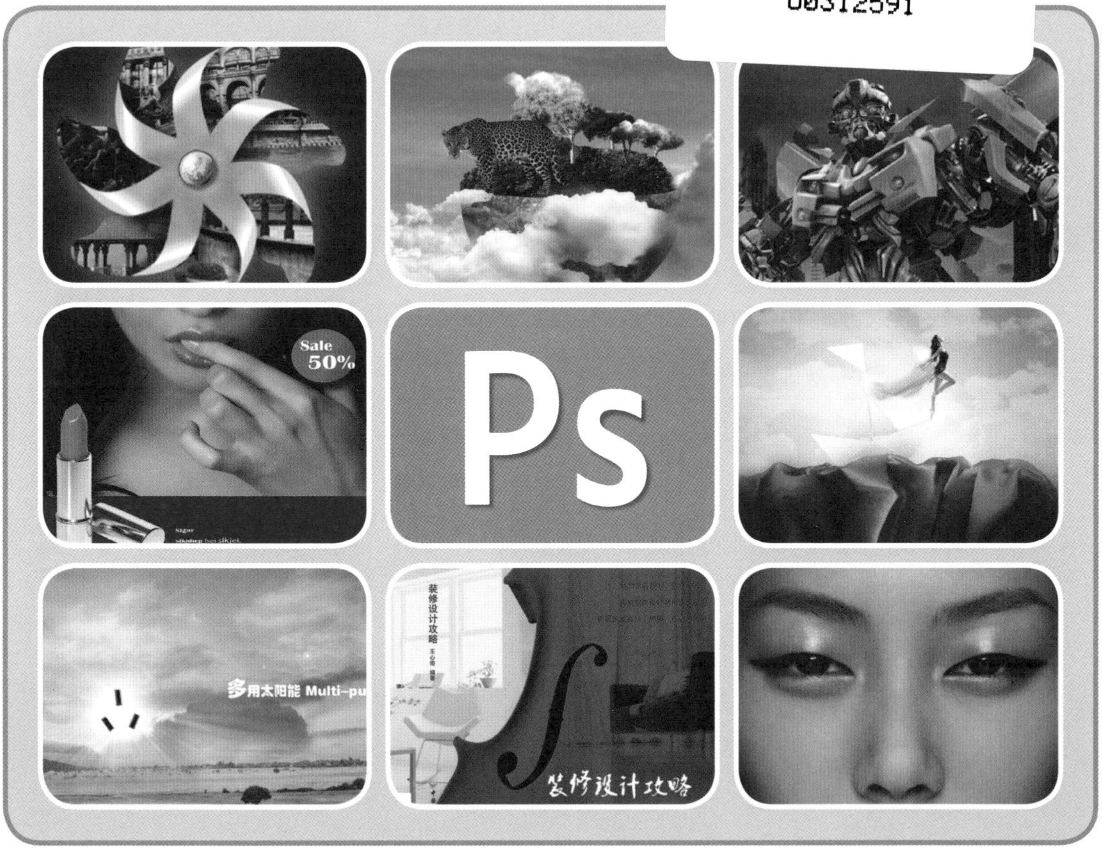

内容提要

本书是一本经典的项目实训教材，通过讲解真实设计作品的制作方法，把实际生产中容易出现的问题提出并做详细的解答。本书分为10个模块，每个模块的结构分为模拟制作任务、知识点拓展和独立实践任务3部分，模拟制作任务让学生体会工作的设计流程，培养学生的学习兴趣，知识点拓展让学生更加详细地学习到软件知识和专业知识，使知识体系系统化，独立实践任务是充分发挥学生的动手主动性，培养学生真正独立的工作技能。

本书内容丰富，采用双线贯穿，一条以选取的具有代表性的设计作品为组织线索，包括户外广告、电影海报、DM宣传单、手提袋、图书封面和包装盒等；另一条以软件知识为组织线索，包括图像修饰工具、图层知识、蒙版知识、通道知识、滤镜和色彩调整等。

本书是“Adobe创意大学Photoshop图像设计师”认证考试的指导用书，可以作为各大中专院校“数字媒体艺术”专业的教材，还可以作为想从事设计印刷行业的自学者的学习用书。

图书在版编目（CIP）数据

Adobe创意大学Photoshop CS5图像设计师标准实训教材/梁思平，翟剑锋，罗祥远编著.
-北京:文化发展出版社，2012.2（2020.10重印）
ISBN 978-7-5142-0377-6

I.A…II.①梁…②翟…③罗… III.平面设计－图像处理软件，Photoshop CS5－教材 IV.TP391.41

中国版本图书馆CIP数据核字(2011)第262457号

Adobe创意大学Photoshop CS5图像设计师标准实训教材

编　　著：梁思平　翟剑锋　罗祥远

责任编辑：赵　杰　李　毅
执行编辑：王　丹　　　责任校对：岳智勇
责任印制：邓辉明　　　责任设计：侯　铮
出版发行：文化发展出版社（北京市翠微路2号 邮编：100036）
网　　址：www.wenhuafazhan.com
经　　销：各地新华书店
印　　刷：天津嘉恒印务有限公司

开　　本：787mm×1092mm　1/16
字　　数：338千字
印　　张：16.75
印　　次：2012年2月第1版　2020年10月第11次印刷
定　　价：59.80元
ISBN：978-7-5142-0377-6

如发现印装质量问题请与我社发行部联系　发行部电话：010-88275710

丛书编委会

本书编委会

主编：易锋教育

编者：梁思平　翟剑锋　罗祥远

审稿：赵　杰

序

Adobe 是全球最大、最多元化的软件公司之一，以其卓越的品质享誉世界，旗下拥有众多深受广大客户信赖和认可的软件品牌。Adobe 彻底改变了世人展示创意、处理信息的方式。从印刷品、视频和电影中的丰富图像到各种媒体的动态数字内容，Adobe 解决方案的影响力在创意产业中是毋庸置疑的。任何创作、观看以及与这些信息进行交互的人，对这一点更是有切身体会。

中国创意产业已经成为一个重要的支柱产业，将在中国经济结构的升级过程中发挥非常重要的作用。2009 年，中国创意产业的总产值占国民生产总值的 3%，但在欧洲国家这个比例已经占到 10% ～ 15%，这说明在中国创意产业还有着巨大的市场机会，同时，这个行业也将需要大量的与市场需求所匹配的高素质人才。

从目前的诸多报道中可以看到，许多拥有丰富传统知识的毕业生，一出校门很难找到理想的工作，这是因为他们的知识与技能达不到市场的期望和行业的要求。出现这种情况的主要原因在很大程度上在于教育行业缺乏与产业需求匹配的专业课程以及能教授学生专业技能的教师。这些技能是至关重要的，尤其是中国正处在计划将自己的经济模式与国际角色从“Made in China/ 中国制造”提升为具备更多附加值的“Designed & Made in China/ 中国设计与制造”的过程中。

Adobe® 创意大学（Adobe® Creative University）计划是 Adobe 公司联合行业专家、行业协会、教育专家、一线教师、Adobe 技术专家，面向国内动漫、平面设计、出版印刷、eLearning、网站制作、影视后期、RIA 开发及其相关行业，针对专业院校、培训机构和创意产业园区创意类人才的培养，以及中小学、网络学院、师范类院校师资力量的建设，基于 Adobe 核心技术，为中国创意产业生态全面升级和教育行业师资水平和技术水平的全面强化而联合打造的全新教育计划。

Adobe® 创意大学计划旨在与国内专业院校、培训机构、创意产业园区以及国家教育主管部门联合，为中国创意行业和教育行业培养更多专业型、实用型、技术性的高端人才，并帮助学生和从业人员快速完成职业和专业能力塑造，迅速提高岗位技能和职业水平，强化个人的市场竞争力，高质、高效地步入工作岗位。

为贯彻 Adobe® 创意大学的教育理念，Adobe 公司联合多方面、多行业的人才组成教育专家组负责新模式教材的开发工作，把最新 Adobe 技术、企业岗位技能需求、院校教学特点、教材编写特点有机结合，以保证课程技能传递职业岗位必备的核心技术与专业需求，又便于实现院校教师易教、学生易学的双重要求。

我们相信 Adobe® 创意大学计划必将为中国的创意产业的发展以及相关专业院校的教学改革提供良好的支持。

Adobe 将与中国一起发展与进步！

Adobe 大中华区董事总经理　黄耀辉

前言

Adobe 于 8 月正式推出的全新“Adobe® 创意大学”计划引起了教育行业强大关注。“Adobe® 创意大学”计划集结了强大的教学、师资和培训力量，由活跃在行业内的行业专家、教育专家、一线教师、Adobe 技术专家以及行业协会共同制作并隆重推出了“Adobe® 创意大学”计划的全部教学内容及其人才培养计划。

Adobe® 创意大学计划概述

Adobe® 创意大学（Adobe® Creative University）计划是 Adobe 公司联合行业专家、行业协会、教育专家、一线教师、Adobe 技术专家，面向国内动漫、平面设计、出版印刷、eLearning、网站制作、影视后期、RIA 开发及其相关行业，针对专业院校、培训机构和创意产业园区创意类人才的培养，以及中小学、网络学院、师范类院校师资力量的建设，基于 Adobe 核心技术，为中国创意产业生态全面升级和教育行业师资水平和技术水平的全面强化而联合打造的全新教育计划。

Adobe® 创意大学计划旨在与国内专业院校、培训机构、创意产业园区以及国家教育主管部门联合，为中国创意行业和教育行业培养更多专业型、实用型、技术性的高端人才，并帮助学生和从业人员快速完成职业和专业能力塑造，迅速提高岗位技能和职业水平，强化个人的市场竞争力，高质、高效地步入工作岗位。

专业院校、培训机构、创意产业园区人才培养平台均可加入 Adobe® 创意大学计划，并获得 Adobe 的最新技术支持和人才培养方案，通过对相关专业技术和专业知识、行业技能的严格考核，完成创意人才、教育人才和开发人才的培养。

加入“Adobe® 创意大学”的理由

Adobe 将通过区域合作伙伴和行业合作伙伴对 Adobe® 创意大学合作机构提供持续不断的技术、课程、市场活动服务。

“Adobe 创意大学”的合作机构将获得以下权益。

1．荣誉及宣传

（1）获得“Adobe 创意大学”的正式授权，机构名称将刊登在 Adobe 教育网站 (www.adobecu.com) 上，Adobe 进行统一宣传，提高授权机构的知名度。

（2）获得“Adobe 创意大学”授权牌。

（3）可以在宣传中使用“Adobe 创意大学”授权机构的称号。

（4）免费获得 Adobe 最新的宣传资料支持。

2．技术支持

（1）第一时间获得 Adobe 最新的教育产品信息、技术支持。

（2）可优惠采购相关教育软件。

（3）有机会参加“Adobe 技术讲座”和“Adobe 技术研讨会”。

（4）有机会参加 Adobe 新版产品发布前的预先体验计划。

3．教学支持

（1）获得相关专业课程的全套教学方案（课程体系、指定教材、教学资源）。

（2）获得深入的师资培训，包括专业技术培训、来自一线的实践经验分享、全新的实训教学模式分享。

4．市场支持

（1）优先组织学生参加 Adobe 创意大赛，获奖学生和合作机构将会被 Adobe 教育网站重点宣传，并享有优先人才推荐服务。

（2）有资格参加评选和被评选为 Adobe 创意大学优秀合作机构。

（3）教师有资格参加 Adobe 优秀教师评选；特别优秀的教师有机会成为 Adobe 教育专家委员会成员。

（4）作为 Adobe 创意大学计划考试认证中心，可以组织学生参加 Adobe 创意大学计划的认证考试。考试合格的学生获得相应的 Adobe 认证证书。

（5）参加 Adobe 认证教师培训，持续提高师资力量，考试合格的教师将获得 Adobe 颁发的“Adobe 认证教师”证书。

Adobe® 创意大学计划认证体系和认证证书

（1）Adobe 产品技术认证：基于 Adobe 核心技术，并涵盖各个创意设计领域，为各行业培养专业技术人才而定制。

（2）Adobe 动漫技能认证：联合国内知名动漫企业，基于动漫行业的需求，为培养动漫创作和技术人才而定制。

（3）Adobe 平面视觉设计师认证：基于 Adobe 软件技术的综合运用，满足平面设计和包装印刷等行业的岗位需求，培养了解平面设计、印刷典型流程与关键要求的人才而制定。

（4）Adobe eLearning 技术认证：针对教育和培训行业制定的数字化学习和远程教育技术的认证方案，以培养具有专业数字化教学资源制作能力、教学设计能力的教师 / 讲师等为主要目的，构建基于 Adobe 软件技术教育应用能力的考核体系。

（5）Adobe RIA 开发技术认证：通过 Adobe Flash 平台的主要开发工具实现基本的 RIA 项目开发，为培养 RIA 开发人才而全力打造的专业教育解决方案。

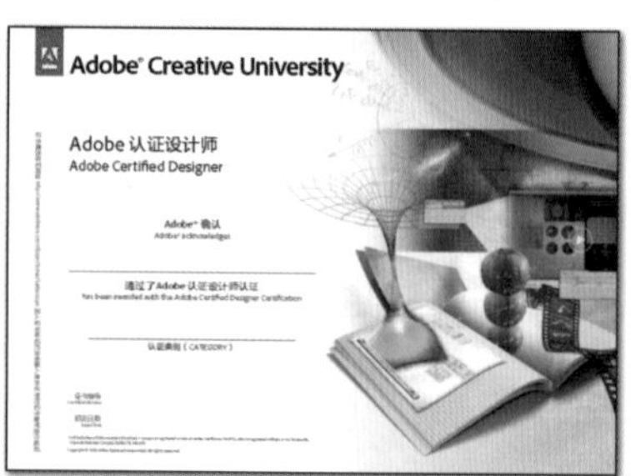

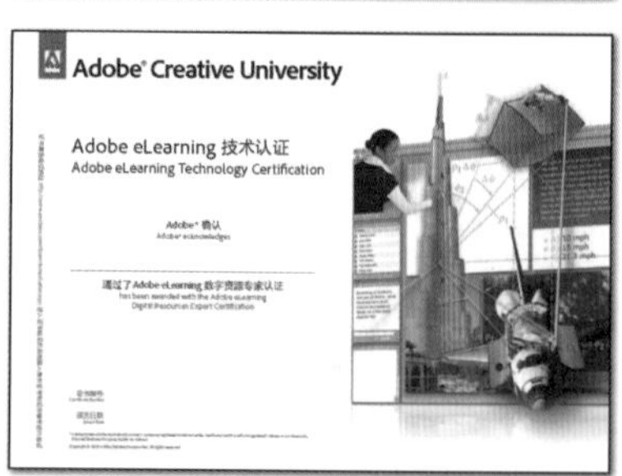

Adobe® 创意大学指定教材

—《Adobe 创意大学 Photoshop CS5 产品专家认证标准教材》
—《Adobe 创意大学 InDesign CS5 产品专家认证标准教材》
—《Adobe 创意大学 Illustrator CS5 产品专家认证标准教材》
—《Adobe 创意大学 Acrobat X 产品专家认证标准教材》
—《Adobe 创意大学 After Effects CS5 产品专家认证标准教材》
—《Adobe 创意大学 Premiere Pro CS5 产品专家认证标准教材》
—《Adobe 创意大学 Flash CS5 产品专家认证标准教材》
—《Adobe 创意大学 Dreamweaver CS5 产品专家认证标准教材》
—《Adobe 创意大学 Fireworks CS5 产品专家认证标准教材》
—《Adobe 创意大学 Audition 3 产品专家认证标准教材》
—《Adobe 创意大学 Photoshop CS5 图像设计师标准实训教材》

“Adobe® 创意大学”计划所做出的贡献，将提升创意人才在市场上驰骋的能力，推动中国创意产业生态全面升级和教育行业师资水平和技术水平的全面强化。

教材服务邮箱：adobemc@innoveredu.com。

项目服务邮箱：adobecu@hope.com.cn

编著者

2011 年 12 月

Adobe

目录

模块01

设计制作电脑桌面

——Photoshop基础知识与基本选择工具

模块02

设计制作化妆品户外广告

——图像修饰工具的综合应用

模块03

设计制作电影海报

——矢量工具的综合应用

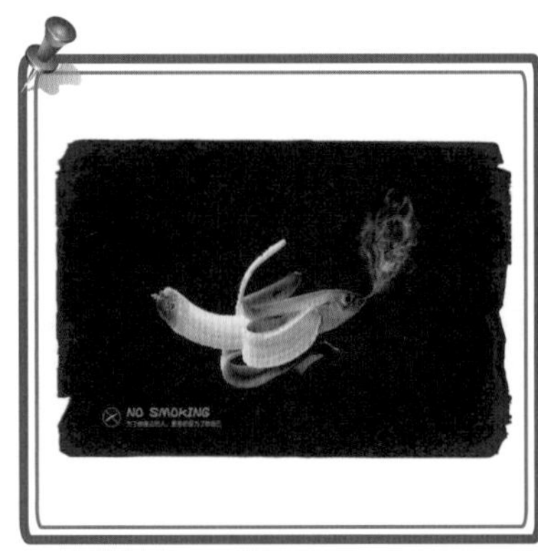

模块04

设计制作DM宣传单
——图层知识的综合应用

模块05

设计制作公益广告
——蒙版知识的综合应用

模块06

设计制作手提袋
——通道知识的综合应用

模块07

设计制作意境照片
——滤镜知识的综合应用

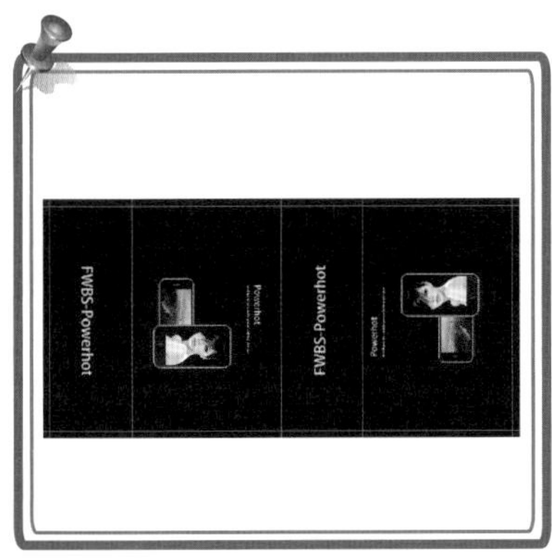

模块08

设计制作儿童写真照片
——色彩调整命令的基础应用

模块09

设计制作手机包装盒
——色彩调整命令的高级应用

模块10

设计制作图书封面封底
——Photoshop知识的综合应用

模块01

设计制作电脑桌面

——Photoshop基础知识与基本选择工具

任务参考效果图

能力目标

1. 能初步完成图像处理工作
2. 能设计制作电脑桌面壁纸

专业知识目标

1. 了解图像的分辨率
2. 理解位图与矢量图[2]的区别

软件知识目标

1. 了解Photoshop CS5的基础操作
2. 熟悉Photoshop CS5的工作界面

课时安排

4课时（讲课2课时，实践2课时）

模拟制作任务 2 课时

任务1

电脑桌面的设计与制作

任务背景

某广告公司需要设计师以动物为主题设计一款电脑桌面的壁纸。

任务要求

画面要有视觉冲击力，简洁干净，桌面上的图标可以清楚显示。

尺寸设置为“1280像素×800像素”，分辨率[3]设置为“72像素/英寸”。

任务分析

首先确定电脑桌面的像素值，通常电脑桌面壁纸的像素有以下几种：“1024像素×600像素”、“1280像素×800像素”、“1280像素×1024像素”等，然后在Photoshop CS5中建立的新文档中对其进行拼合制作。

本案例的难点

使用【套索工具】抠选图像

操作步骤详解

建立新文档

❶ 打开Photoshop CS5软件，执行【文件】>【新建】命令，在弹出的【新建】对话框中设置【名称】为“电脑桌面”，【宽度】和【高度】分别为“1280像素”和“800像素”，【分辨率】为“72像素/英寸”，【颜色模式】为“RGB颜色”，如图1-1所示。设置完成后单击【确定】按钮。

图1-1

贴入背景图像

❷ 执行【文件】>【打开】命令，弹出【打开】对话框，单击【查找范围】右侧的下三角按钮，在弹出的下拉列表框中选择“素材\模块01\任务1\天空”文件，单击【打开】按钮，如图1-2所示。

图1-2

❸ 执行【选择】>【全部】命令，全部选中义档，如图1-3所示。

图1-3

❹ 执行【编辑】>【拷贝】命令，将当前工作区切换至“电脑桌面”文档，执行【编辑】>【粘贴】命令，将粘贴过来的图像的图层命名为“天空”，按【Ctrl+T】组合键将出现自由变换定界框，将鼠标指针放置在自由变换定界框任意一个角上，按住【Shift】键单击，拖曳鼠标将图像调整至合适大小，如图1-4所示。

图1-4

拼合地球村

❺ 打开“素材\模块01\任务1\地球村”文件，选择工具箱中的【缩放工具】，在“地球村”的草坪处单击将放大该区域，如图1-5所示。

图1-5

❻ 选择工具箱中的【磁性套索工具】，在工具选项栏将其【宽度】设置为“10px”，【对比度】设置为“30%”，【频率】设置为“80”，在“地球村”的边缘处单击，沿着草坪的边缘勾选出选区，如图1-6所示。

图1-6

❼ 沿着“地球村”的边缘处移动鼠标时不断建立确认点，当终点与起点重合时，在起点处单击，得到一个闭合的选区，双击【抓手工具】，全屏显示图像，如图1-7所示。

图1-7

❽ 按【Ctrl+C】组合键并将当前工作区切换至“电脑桌面”文档，再按【Ctrl+V】组合键将“地球村”复制到“电脑桌面”文档中，将其图层命名为“地球村”，如图1-8所示。

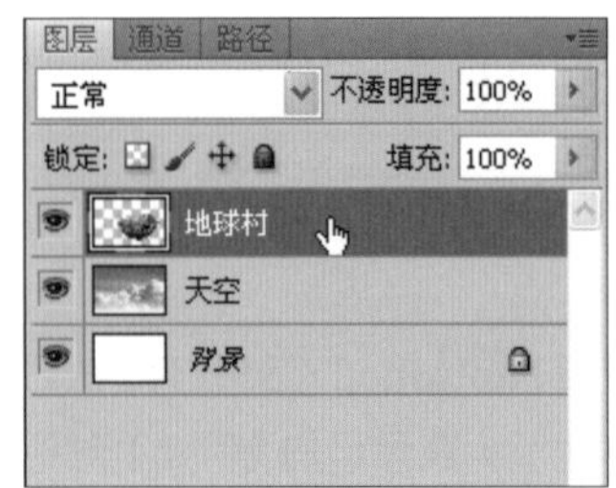

图1-8

❾ 按【Ctrl+T】组合键将出现自由变换定界框，按住【Shift】键单击，拖曳鼠标将图像调整至合适大小，如图1-9所示。

图1-9

拼合长颈鹿

❿ 打开“素材\模块01\任务1\长颈鹿”文件，选择工具箱【缩放工具】，在长颈鹿的头部单击放大局部，再选择工具箱中的【多边形套索工具】，开始抠图，如图1-10所示。

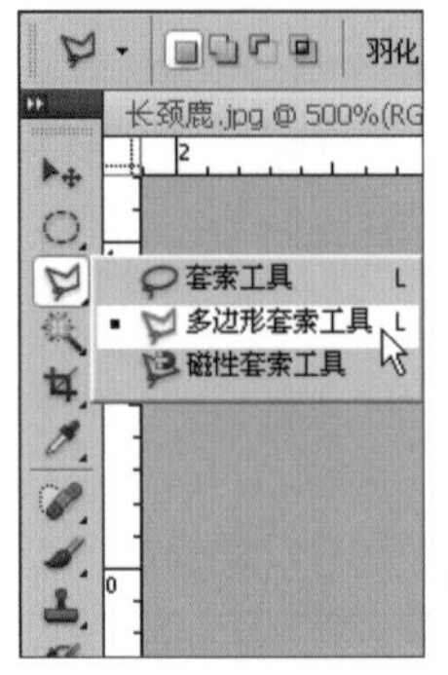

图1-10

⓫ 形成闭合选区后，按【Ctrl+C】组合键并将当前工作区切换至“电脑桌面”文档，再按【Ctrl+V】组合键将长颈鹿复制到“电脑桌面”文档中，将其图层命名为“长颈鹿”，如图1-11所示。

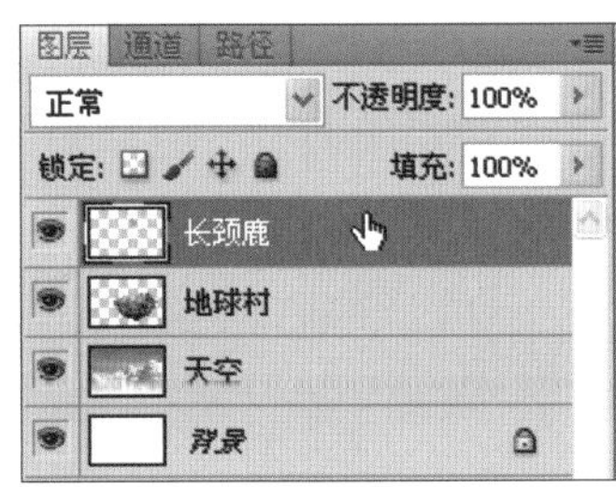

图1-11

⑫ 按【Ctrl+T】组合键出现自由变换定界框，按住【Shift】键并单击，拖曳鼠标将图像调整至合适大小，如图1-12所示。

图1-12

拼合斑马

⑬ 打开“素材\模块01\任务1\斑马”文件，放大斑马头部，选择工具箱中的【磁性套索工具】，按照以上方法抠选出斑马并建立选区，如图1-13所示。

图1-13

⑭ 按【Ctrl+C】组合键并将当前工作区切换至“电脑桌面”文档，再按【Ctrl+V】组合键将斑马复制到“电脑桌面”文档中，将其图层命名为“斑马”，如图1-14所示。

图1-14

⑮ 按【Ctrl+T】组合键将出现自由变换定界框，按住【Shift】键并单击，拖曳鼠标将图像调整至合适大小，如图1-15所示。

图1-15

拼合袋鼠

⑯ 打开“素材\模块01\任务1\动物”文件，选择工具箱中的【缩放工具】放大图像，选择工具箱中的【磁性套索工具】，在袋鼠的尾巴处单击建立锚点，释放鼠标左键，沿袋鼠尾巴移动鼠标指针并逐一建立锚点，如图1-16所示。

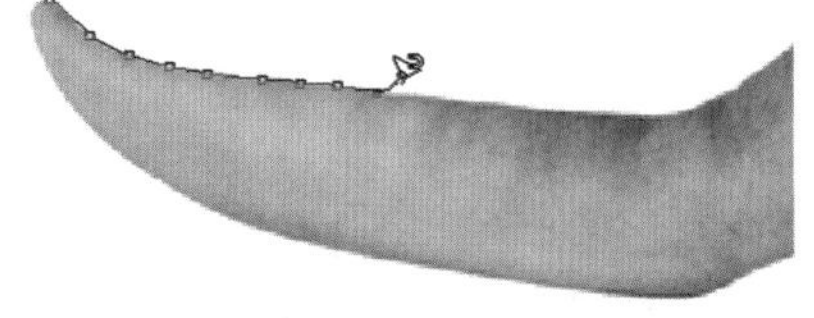
图1-16

⑰ 按照以上方法用【套索工具】⑦抠选出袋鼠直至形成闭合选区，如图1-17所示。

图1-17

⑱ 按【Ctrl+C】组合键并将当前工作区切换至“电脑桌面”文档，再按【Ctrl+V】组合键将袋鼠复制到“电脑桌面”文档中，在【图层】面板将其命名为“袋鼠”，如图1-18所示。

图1-18

⑲ 按【Ctrl+T】组合键将出现自由变换定界框，按住【Shift】键单击，拖曳鼠标将图像调整至合适大小，如图1-19所示。

图1-19

拼合公路

⑳ 打开“素材\模块01\任务1\公路”文件⑩，如图1-20所示。

图1-20

㉑ 选择工具箱中的【缩放工具】放大图像，选择工具箱中的【多边形套索工具】，在公路与草坪相接处单击建立锚点，沿公路边缘移动鼠标指针，如图1-21所示。

图1-21

㉒ 按照以上方法用【多边形套索工具】抠选出公路直至形成闭合选区，如图1-22所示。

图1-22

㉓ 按【Ctrl+C】组合键复制图层，然后将当前文档切换至“电脑桌面”文档，再按【Ctrl+V】组合键将公路复制到“电脑桌面”文档中，在【图层】面板将其命名为“公路”，如图1-23所示。

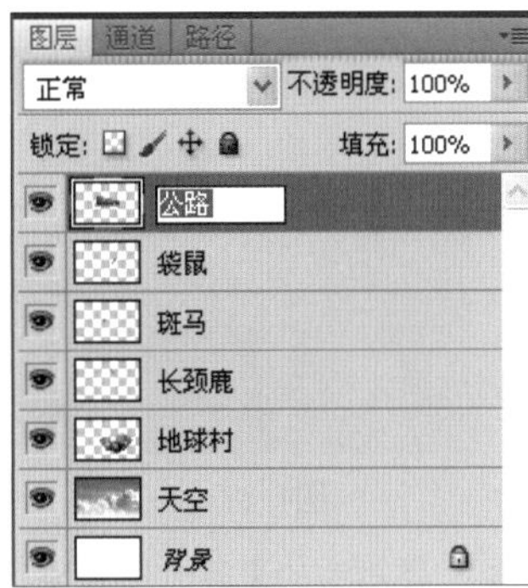

图1-23

㉔ 按【Ctrl+T】组合键将出现自由变换定界框，按住【Shift】单击并拖曳鼠标，将其调整至合适大小，如图1-24所示。

图1-24

㉕ 选择【图层】面板，选择图层“公路”并将其移动至图层“地球村”的下面，如图1-25所示。

图1-25

拼合云

㉖ 打开“素材\模块01\任务1/云”文件⑩，选择工具箱中的【魔棒工具】⑧，在工具选项栏中将其【容差】设置为“30”，在云朵处单击，再按住【Shift】键，当魔棒右下角出现“小加号”时单击未选中的云将其选中，如图1-26所示。

图1-26

㉗ 按【Ctrl+C】组合键复制该图层，然后单击将当前文档切换至“电脑桌面”文档，再按【Ctrl+V】组合键将云复制到“电脑桌面”文档中，在【图层】面板将其命名为“云”，如图1-27所示。

图1-27

㉘ 按【Ctrl+T】组合键将出现自由变换定界框，按住【Shift】键并单击，拖曳鼠标，将其调整至合适大小，如图1-28所示。

图1-28

㉙ 双击工具栏中的【缩放工具】，放大公路局部，如图1-29所示。

图1-29

㉚ 选择工具箱中的【模糊工具】，在工具选项栏中设置【大小】为“17px”，【模式】为“正常”，如图1-30所示。

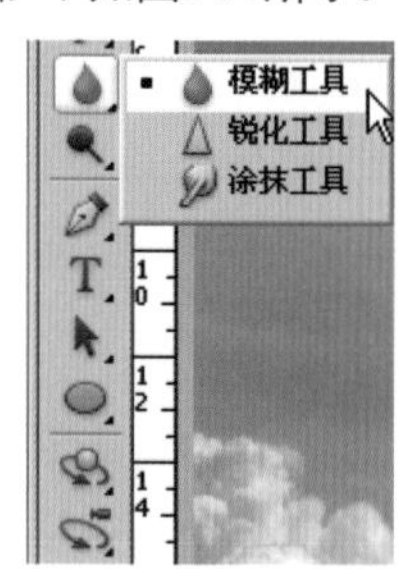

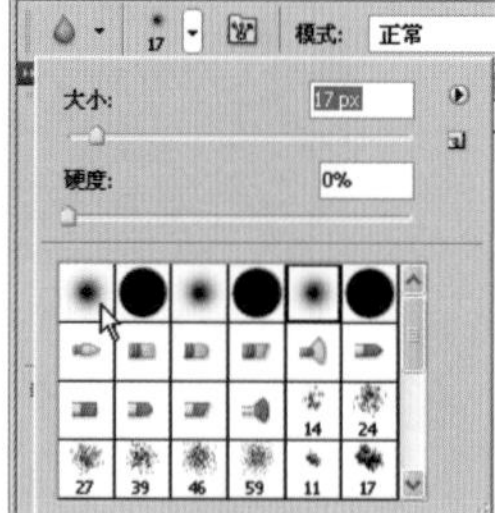

图1-30

㉛ 在公路与云的相接处，按住鼠标左键拖曳鼠标进行模糊处理，如图1-31所示。

图1-31

㉜ 选择工具箱中的【多边形套索工具】，单击图层“天空”将其选中，在画面的左下角单击建立起始点并进行编辑选取，如图1-32所示。

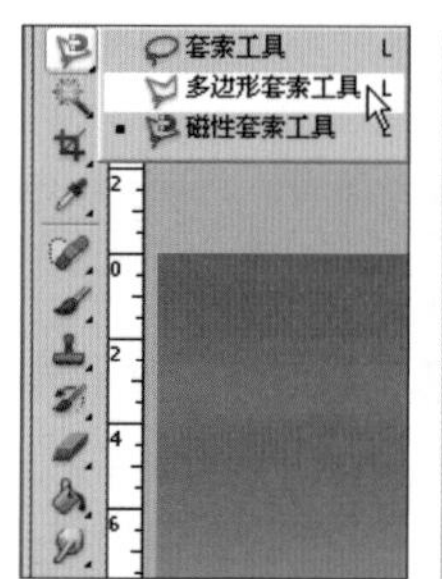

图1-32

㉝ 沿着云彩边缘打点直到形成闭合选区，如图1-33所示。

图1-33

㉞ 按【Ctrl+C】组合键复制图层，在【图层】面板底部单击【创建新图层】按钮新建一个图层，将其命名为“云1”，将其放置至图层“地球村”上面，如图1-34所示。

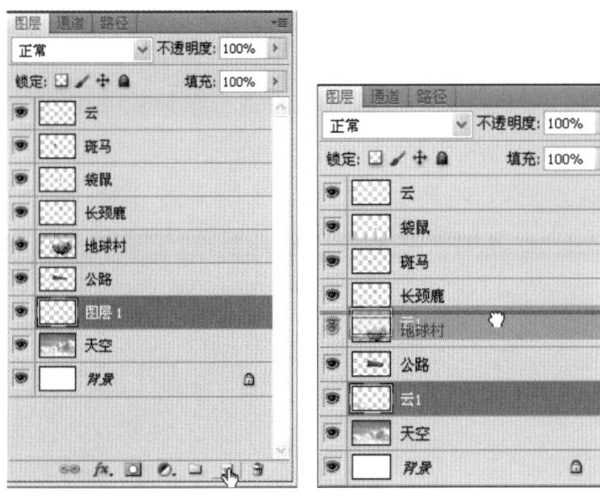

图1-34

35 选择图层“云1”，按【Ctrl+V】组合键将其粘贴到图层“云1”中，按【Ctrl+T】组合键将出现自由变换定界框，按住【Shift】键并单击，拖曳鼠标将图像调整至合适大小，如图1-35所示。

图1-35

36 单击选中图层“云1”，选择工具箱中的【橡皮擦工具】，在工具选项栏中将【大小】设置为“66px”，【不透明度】设置为“40%”，【流量】设置为“50%”，如图1-36所示。

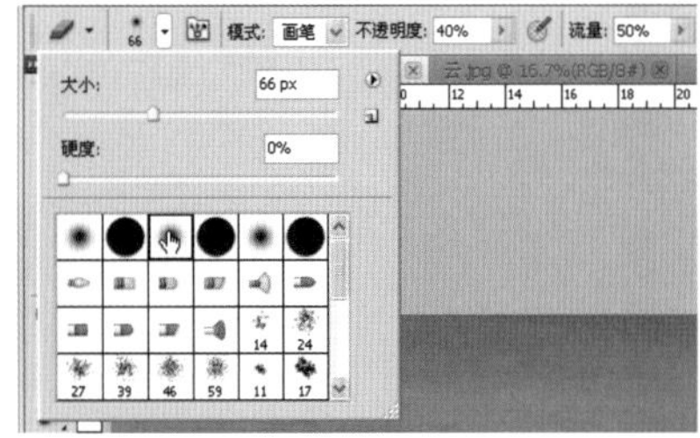

图1-36

37 使用【橡皮擦工具】在云的边缘处进行涂抹，使“地球村”在云中有若隐若现的感觉，如图1-37所示。

图1-37

存储输出

38 执行【文件】>【存储为】命令，弹出【存储为】对话框，在此对话框中设置保存路径，然后单击【格式】下拉列表框右侧的下三角按钮，在展开的下拉菜单中选择“JPEG”选项，单击【保存】按钮，如图1-38所示。

图1-38

知识点拓展

01 Photoshop CS5概述

Photoshop CS5是由Adobe公司开发的图像处理软件之一，它集图像的编辑修改、图像制作、广告设计、图像扫描、图像输入与输出于一体，深受广大平面设计人员和电脑美术爱好者的喜爱。

知识：

Photoshop常常与Illustrator、InDesign配合使用，大部分设计者都是用Photoshop处理图像，将处理好的图像存储输出成PSD/TIF/JPG等格式，置入到InDesign中进行图文排版，然后输出印刷；用Illustrator完成的图形也存储输出成AI/EPS等格式，置入或复制到InDesign中进行图文排版，然后输出印刷。

1.Photoshop CS5 在平面设计中的广泛应用

Photoshop CS5在平面设计中被广泛应用，无论是人们正在浏览的网页还是正在翻阅的图书封面，亦或是大街上看到的招贴画、海报，这些具有丰富画面效果的平面印刷品，基本上都需要Photoshop软件对其进行处理，如图1-39所示。

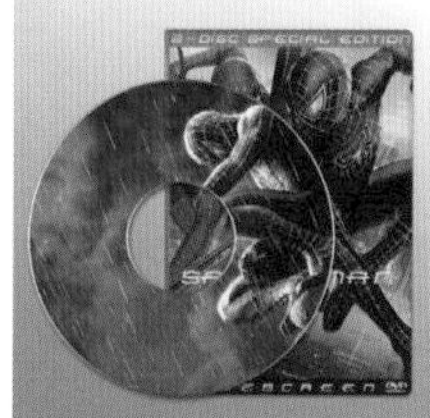

图1-39

2.Photoshop CS5 在网页设计中的应用

Photoshop CS5可以用于设计制作网页页面，并将制作好的图像导入Dreamweaver中处理，再用Flash为网页添加动画内容，便可以生成互动的网站页面了，如图1-40所示。

图1-40

3.Photoshop CS5在插画设计中的应用

作为表达IT时代视觉效果的手段之一，电脑艺术插画是新兴起的艺术表达方式。使用Photoshop可以绘制出风格多样的插画，这些插画被广泛应用于网络、广告、产品包装等中，如图1-41所示。

图1-41

4.Photoshop CS5在数码摄影后期处理中的应用

Photoshop CS5的强大之处体现在对图像的编辑处理功能上，它不仅可以对其色调进行调整、校正、修复与润饰，还可以修改并拼合图像等，如图1-42所示。

图1-42

5.Photoshop CS5在动画与CG设计中的应用

动画的发展离不开计算机硬件技术的发展，3ds Max、Maya等三维软件可以制作出动态效果，但其中模型的贴图和人物皮肤以及各种材质的逼真效果大部分都是通过Photoshop来完成的，如图1-43所示。

图1-43

知识：

安装或卸载Photoshop CS5前应关闭系统中正在运行的所有应用程序，其中包括Adobe应用程序、Microsoft Office应用程序以及浏览器窗口，然后根据对话框里的提示信息逐步操作。

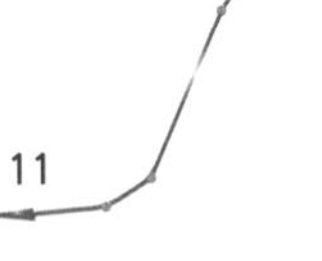

6.Photoshop CS5 在效果图及后期制作中的应用

使用Maya、3ds Max等三维软件来制作建筑效果图时，渲染出的图片效果通常会放在Photoshop中进行处理和调整，为其添加一些装饰物，如盆栽、人物、草坪等。在节省电脑空间渲染图片的同时，也能增加图片的美感，如图1-44所示。

图1-44

02 位图图像与矢量图形

电脑显示的图片分为两类，一类是位图图像，另一类是矢量图形。

位图图像又被称为栅格图像，它由像素（Pixel）组成，用户在运用Photoshop处理图像时，编辑修改的就是图像的像素。像素的多少与文档体积成正比，如图1-45所示。

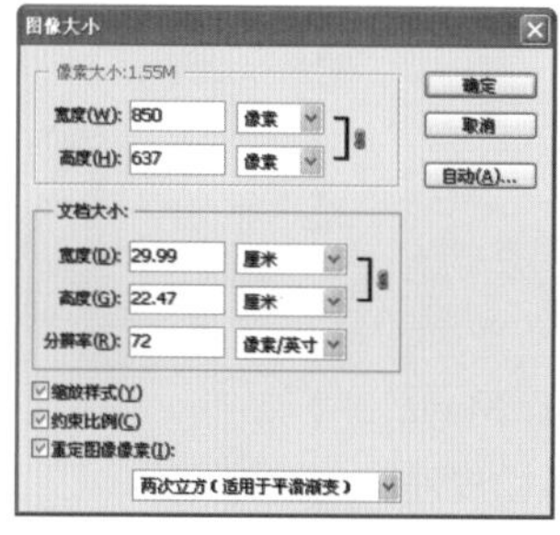

图1-45

矢量图形是由Illustrator、Flash等一些软件绘制出来的，它是由锚点和路径组成。矢量图形可以任意缩放，但其效果却一样的清晰，如图1-46所示。

图1-46

知识：

位图图像可以更加细腻地表现图像的层次感，使图像画面效果看起来更逼真，但在保存图像时，需要记录每一个像素的位置和颜色，因此可以理解为图像的单位面积内像素越多，图像的分辨率越高，图像的显示效果越好。

知识：

矢量图形与分辨率没有直接关系，因此，无论怎样缩放和旋转都不会影响图形的清晰度和平滑度，不会产生马赛克效果。但它不能创建过于复杂的图形，也没有办法像照片等位图图像一样实现丰富的色彩变化和细腻的色调过渡。

03 图像的分辨率

图像的分辨率是指单位长度内所包含的像素信息，单位是“ppi”。假如图像的分辨率是“300ppi”，则每英寸单位长度内包含300个像素。图像的分辨率越高，每英寸长度内包含的像素就越多，图像的质量越高，图像越细腻平滑。

虽然图像的分辨率越高呈现出来的效果越好，但过多的像素也会增加占用的存储空间。因此要根据具体情况来设定图像的分辨率。如果图像仅用于屏幕显示，则可以将其分辨率设置为“72像素/英寸”，这样既减少了占用空间也提高了传输速度；如果是用于喷墨打印机打印，可以将其分辨率设置为“100~150像素/英寸”；如果需要用于印刷，分辨率就应该设置为“300像素/英寸”。

04 Photoshop CS5的工作界面

Photoshop CS5的工作界面中包含快速启动栏、菜单栏、选项卡、窗口、工具箱、工具选项栏、状态栏以及面板等组件，如图1-47所示。

图1-47

【快速启动栏】：列出了Photoshop CS5中较为常用的工具，便于快速放大或缩小图像，通过它可快速完成软件的相互转换以及图像文件的排列方式的设置。

【菜单栏】：菜单中包含可执行的各种命令，单击菜单名称可以打开菜单。

【选项卡】：当打开多个图像时，它们可以最小化到选项卡中，如需选中某个图像，只需单击选项卡中的该图像。

【工具箱】：包含了各种工具，如创建选区、移动图像、绘画、

知识：

普通画册的图片分辨率通常是“300~350像素/英寸”。

高档画册的图片分辨率通常可达到“400像素/英寸”。

彩色杂志的图片分辨率通常是“300像素/英寸”。

时尚类杂志对图片的要求相对较高，通常是“350像素/英寸”。

报纸的图片分辨率通常是“80~150像素/英寸”。

喷绘写真的图片分辨率通常是“72~120像素/英寸”。

网络传播的图片分辨率通常是“72像素/英寸”。

知识：

使用工具的快捷键进行操作时，输入法的输入状态必须是英文半角。

在【预设工作区】中，用户可以按照自己的喜好设置工作界面，以提高工作效率。执行【窗口】>【工作区】命令，在【工作区】子菜单中选择要使用的工作区，设置符合自己工作习惯的命令，如下图所示。

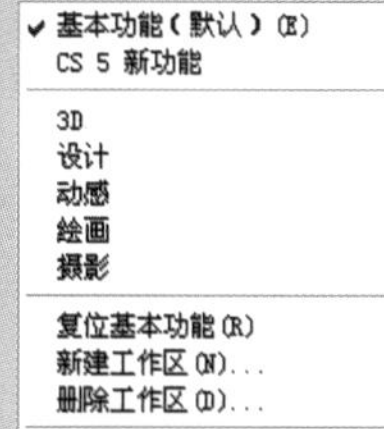

绘图等。

【工具选项栏】：用来设置工具的各种属性。

【面板】：可以辅助编辑图像，用来设置编辑内容或设置颜色属性。

【状态栏】：显示文档大小、文档尺寸、当前工具和窗口缩放比例等信息。

【文档窗口】：用于显示和编辑图像的区域。

05 工具箱

Photoshop CS5工具箱中一共有四大类工具：选择工具组（基础工具组）、修饰工具组（核心工具组）、矢量工具组和辅助工具组，如图1-48所示。

在使用工具时可直接单击工具按钮或者使用快捷键（如：【移动工具】的快捷键是【V】）即可。有些工具图标的右下角显示有三角图标，表示该工具内有隐藏项目，在该工具上按住鼠标左键，即可弹出工具的下拉菜单，隐藏的项目即可显示出来，将鼠标指针移动到显示出来的工具上，然后释放鼠标就可以选中该工具。有些工具可以使用【Shift+该组快捷键】，如选择选框工具组，使用快捷键【Shift+M】可以在【矩形选框工具】与【椭圆选框工具】之间切换，但是无法切换成【单行选框工具】或【单列选框工具】。

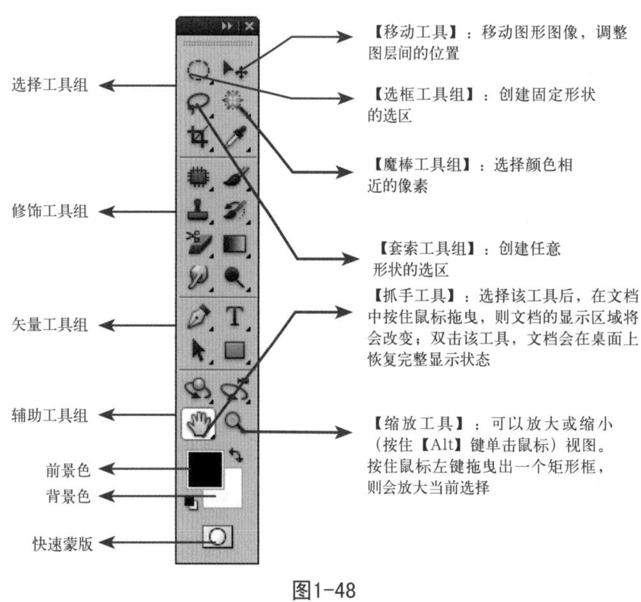

图1-48

06 选框工具组

选框工具组的快捷键是【M】，通过鼠标拖曳的方式得到固定形状的选区，下属工具有【矩形选框工具】 、【椭圆选框工

知识：

【椭圆选框工具】的用法与【矩形选框工具】一样，它可以绘制出圆形选区，按住【Alt】键可以绘制出一个以起始点为中心的椭圆形，按住【Shift】键可以绘制出一个正圆形，如下图所示。

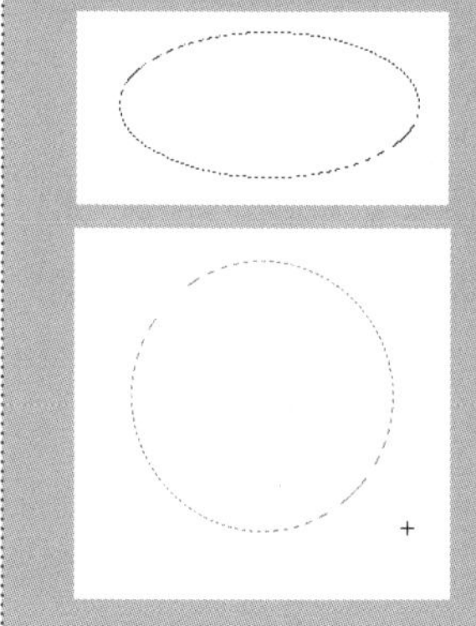

具】、【单行选框工具】和【单列选框工具】。

使用【矩形选框工具】创建选区时直接按住鼠标拖曳即可，如图1-49所示。按住【Shift】键，拖曳鼠标则可以绘制出正方形，如图1-50所示。

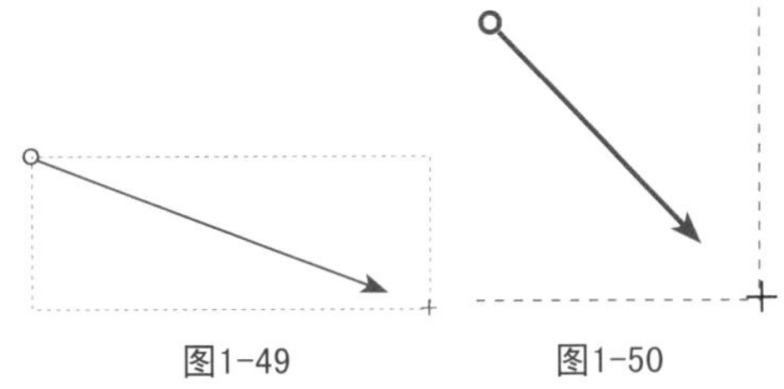

图1-49　　图1-50

使用【矩形选框工具】，按住【Alt】键，拖曳鼠标可以绘制出以起始点为中心的矩形，如图1-51所示。按住【Shift+Alt】组合键，可以绘制出以起始点为中心的正方形，如图1-52所示。

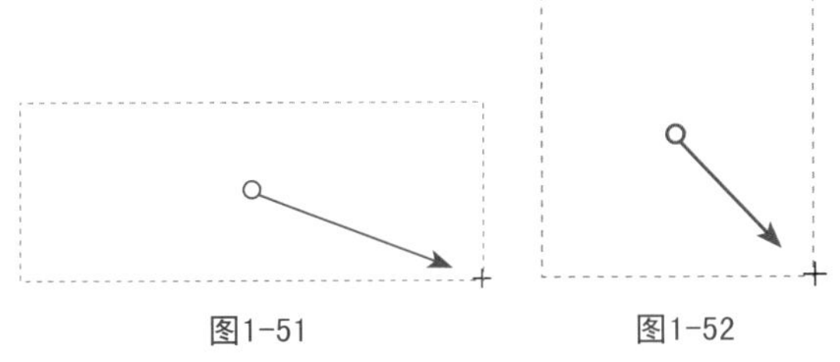

图1-51　　图1-52

在选择选框工具组后，可以在工具选项栏中选择【新选区】、【添加到选区】、【从选区减去】和【与选区交叉】选项。

【新选区】：在使用【选框工具组】绘制选区后，如果再次绘制，原来的选区将消失。在【新选区】状态下可以用鼠标拖曳的方式移动选区，如图1-53所示。

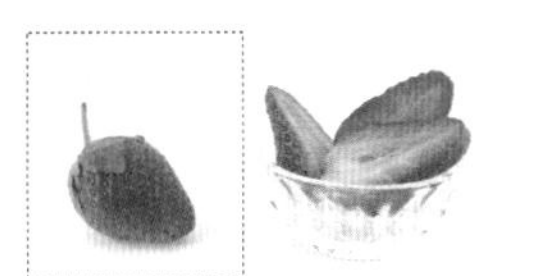

图1-53

【添加到选区】：在此模式下绘制选区时（按住【Shift】键也会出现【添加到选区】），新的选区会添加到原来的选区上，如图1-54所示。

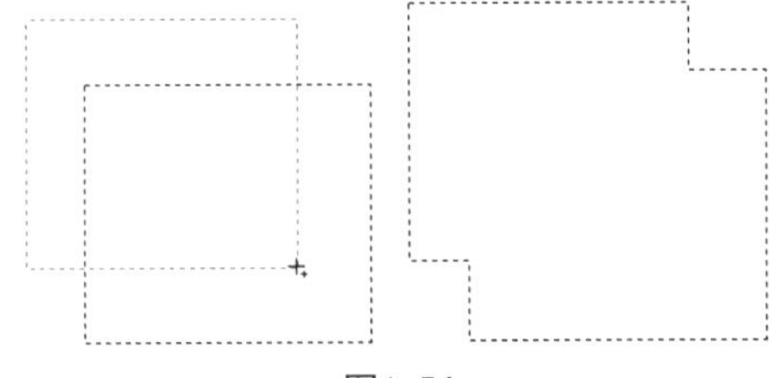

图1-54

【从选区减去】：在此模式下绘制选区时（按住【Alt】键也会

知识:

【单行选框工具】和【单列选框工具】可以绘制或选择部分选区，结合【自由变换】命令可以制作成漂亮的图案，其过程如下图所示。

1.打开一张图像，选择【单行选框工具】，在图像上单击，将出现选区。

2.按【Ctrl+T】组合键，分别在定界框中间的控制点上按住鼠标左键并拖曳，释放鼠标即可得到所需效果。

出现【从选区减去】），新的选区与原来的选区相交的部分会被减去，如图1-55所示。

【与选区交叉】：在此模式下绘制选区时（按住【Shift+Alt】组合键也会出现【与选区交叉】），新的选区与原来选区相交的地方会保留，如图1-56所示。

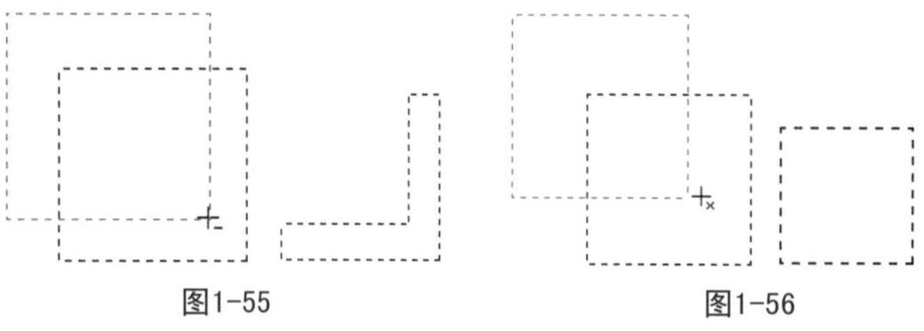

图1-55　　图1-56

07 套索工具组

套索工具组的快捷键为【L】，下属工具有【套索工具】、【多边形套索工具】和【磁性套索工具】。

【套索工具】：按住鼠标拖曳鼠标得到一个任意形状的选区，释放鼠标时自动闭合，如图1-57所示。

图1-57

【多边形套索工具】：使用鼠标在需要绘制的地方单击，建立第一个确认点，移动鼠标到合适的位置单击则建立第二个确认点，如此反复，直到终点与起点重合，得到一个直边的任意选区，如图1-58所示。

【磁性套索工具】：根据图像与背景之间的反差勾选选区，适用于图像与背景反差较大的图像，如图1-59所示。

图1-58　　图1-59

知识：

执行【选择】>【全部】命令（快捷键是【Ctrl+A】），可以选择当前文档内的全部图像。

如果需要选择的对象的背景色比较简单，可以先使用【魔棒工具】创建选区，然后执行【选择】>【反向】命令（快捷键是【Ctrl+Shift+I】），可以反选选区。

1.打开一张图片，选择【魔棒工具】，在画面背景处单击鼠标，得到选区。

2.按【Shift+Ctrl+I】组合键，反选选区得到所需图像，如下图所示。

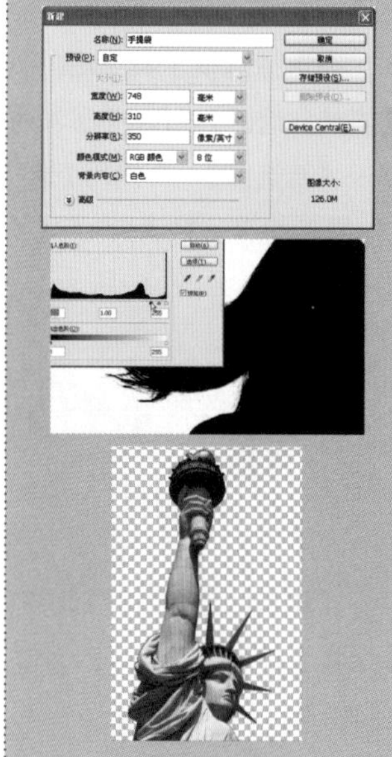

【裁切工具】：可裁切需要的图像，如图1-60所示。

图1-60

【移动工具】：可移动图像至所需位置。

08 魔棒工具组

魔棒工具组的快捷键为【W】，下属工具有【魔棒工具】、【快速选择工具】。

【魔棒工具】：根据容差值的大小勾选图像的单色选区，容差值越大选择的范围就越大。容差值默认为“32”，最多可以调节到“255”，最少可以调节到“0”，如图1-61所示。

【快速选择工具】：利用可设置的圆形画笔笔尖快速绘制选区。在拖曳鼠标时选区会向外扩展并自动查找、跟随图像中定义的边缘，如图1-62所示。

图1-61

图1-62

知识：

使用【魔棒工具】时，按住【Shift】键在图像上单击可添加选区；按住【Alt】键单击可在当前选区中减去选区；按住【Shift+Alt】组合键单击可得到与当前选区相交的选区。

09 辅助工具组

辅助工具组的下属工具有【抓手工具】和【缩放工具】。

【抓手工具】：选择抓手工具并拖移，用以查看图像的其他区域，如图1-63所示。要在已选定其他工具的情况下使用【抓手工具】，请在图像内拖移时按住空格键。

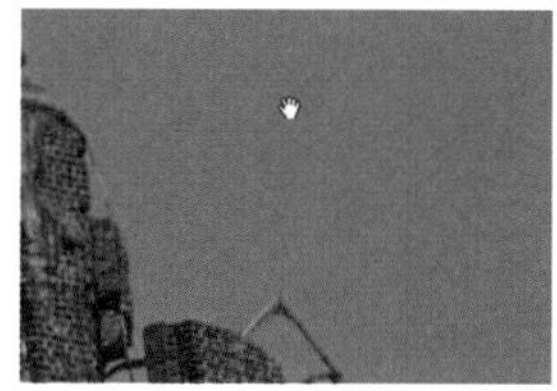

图1-63

【缩放工具】：选择【缩放工具】，然后单击工具选项栏中的【放大】按钮或【缩小】按钮，接下来，单击要放大或缩小的区域，其操作如图1-64所示。

 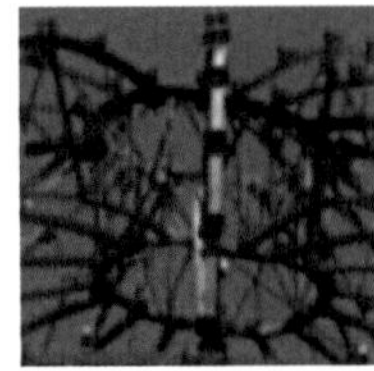 

图1-64

10 新建文件

执行【文件】>【新建】命令或使用【Ctrl+N】组合键，弹出【新建】对话框，设置【名称】、【高度】、【宽度】、【分辨率】等选项后单击【确定】按钮，则可以新建一个空白文件，如图1-65所示。

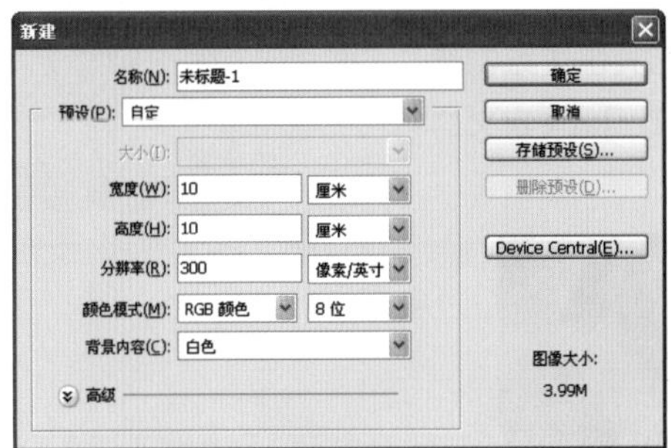

图1-65

【名称】：指新建文件的名称，在文本框中直接输入即可，默认情况下为“未标题-1”。

【预设】：指新建文件的大小，单击文本框右侧的下三角按钮则会弹出【预设】下拉列表框，可在其中选择，如：Web、国际标准纸张、照片等选项，如图1-66所示。在选择“国际标准纸张”选项后，则会在【预设】栏出现【大小】下拉列表框，单击此文本框右侧的下三角按钮，则会列出常用纸张的大小尺寸，如：A3、A4等。

图1-66

知识：

执行【新建】>【颜色模式】命令，其级联菜单中有位图、灰度、RGB颜色、CMYK颜色、Lab颜色选项。通常用于屏幕显示的颜色都设置为RGB模式；用于印刷或打印的都设置为CMYK模式即可。

【宽度/高度】：指新建文件的宽度和高度，有"像素"、"英寸"、"厘米"、"毫米"、"点"、"派卡"和"列"七种单位以供选择。

【分辨率】：指图像的分辨率，有"像素/英寸"和"像素/厘米"两种单位以供选择。

【色彩模式】：分为位图、灰度、RGB颜色、CMYK颜色、Lab颜色五种，使用不同的色彩模式做出的效果也不一样，如选择灰度，所绘制的图像将无颜色，只存在黑、白、和不同深浅的灰色。

【背景内容】：指新建文件的背景，默认为白色，用户也可以将其设置为"透明"或"背景色"。

【高级】：单击左侧的按钮，可以显示出"颜色配置文件"和"像素长宽比"选项。在【颜色配置文件】下拉列表中可以为文件选择一个颜色配置文件；在【像素长宽比】下拉列表中可以选择像素的长宽比。通常情况下像素都为正方形，除非使用视频图像。

【存储预设】：单击该按钮，弹出【新建文档预设】对话框，输入预设的名称并选择相应的各个选项，可以将当前设置的文件大小、分辨率、颜色模式等创建为一个预设选项。以后创建文件的时候，直接在【预设】下拉列表框中选择该预设即可。

【删除预设】：可以将设定好的预设删除掉，但系统自带的预设不能被删除。

【Device Central】：单击该按钮运行该命令后，会弹出创建特定设备使用的文档。

【图像大小】：显示当前文件设置的大小，新建文件的大小与高度、宽度、分辨率和模式有关。

11 打开文件

执行【文件】>【打开】命令、使用【Ctrl+O】组合键或者在灰色区域双击，则会弹出【打开】对话框，如图1-67所示。

图1-67

知识：

打开文件时，如果需要选择多个不相邻的文件时，可按住【Ctrl】键依次选择；如果需要选择多个相邻的文件时，可选中第一个文件后按住【Shift】单击最后一个文件全部选择。

执行【文件】>【最近打开文件】命令，在【最近打开文件】级联菜单中会显示最近打开过的文件，可以执行该命令打开前面使用过的文件。

【查找范围】：可以按文件夹查找图片。

【文件名】：显示了当前所选择对象的名称。

【文件格式】：默认为所有格式，在下拉列表框中会有许多文件的格式，当选择某一个格式后，当前只会显示被选中的格式文件，方便查找。

12 存储文件

执行【文件】>【存储】命令或使用【Ctrl+S】组合键，可保存文件，在保存所作修改时图像会按照原有的格式存储。如果是一个新建的文件，在执行该命令时会弹出【存储为】对话框。

【存储为】：执行【文件】>【存储为】命令或使用【Ctrl+Shift+S】组合键，弹出【存储为】对话框，在【存储为】对话框中进行设置后单击【保存】按钮，则可将文件保存到指定位置。

【保存在】：可以选择图像在电脑中保存的位置。

【文件名】：可以输入指定的文件名。

【格式】：可以在【格式】下拉列表框中选择相应的格式。

【作为副本】：勾选该复选框，若原文件也在该文件夹下，则会创建一个文件副本。

13 图像大小与画布大小

【图像大小】命令可以设置图像的【像素】、【尺寸】和【分辨率】，如图1-68所示。

【画布大小】命令可以对图像的【宽度】和【高度】进行设置，如图1-69所示。

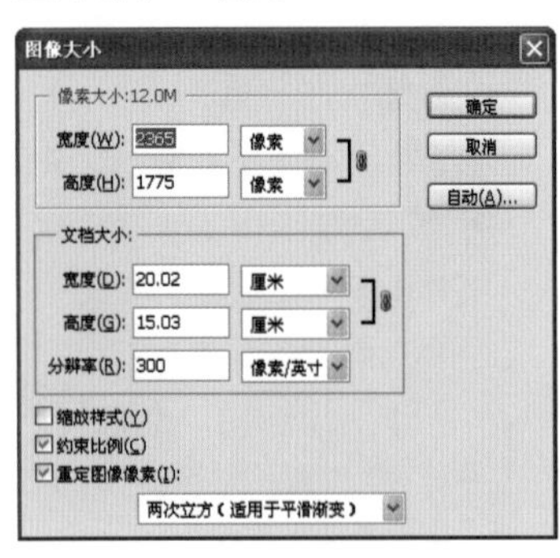

图1-68

图1-69

知 识：

执行【文件】>【存储为Web和设备所用格式】命令，Photoshop将会把文件保存为适合于网页使用的格式。

通常情况下图像的存储格式都为JPEG格式。

大型文档格式PSB支持宽度或高度最大为300000像素的文档，支持所有Photoshop功能，但存储为PSB格式的文件，只能在Photoshop CS版本或更高版本打开，其他应用程序和Photoshop的早期版本则无法打开以PSB格式存储的文档。

知 识：

勾选【重定图像像素】复选框，在修改图像大小时，图像像素不会随之改变，因此画面的质量也不会变化。

取消勾选【重定图像像素】复选框，在修改图像大小时，则会改变图像的分辨率，因此画面质量会受到一定影响。

独立实践任务 2课时

任务2

环保主题电脑桌面的设计与制作

任务背景和任务要求

为自己的电脑桌面设计一款以环保为主题的电脑桌面壁纸，宽度和高度分别为“1280像素”和“800像素”，分辨率为“72像素/英寸”。

任务分析

建立一个“1280像素×800像素”的新文档，使用【套索工具组】抠选图像并复制粘贴到新文档中，调整图像大小和位置，完成图像的拼合。

任务素材

任务素材见素材\模块01\任务2

任务参考效果图

模块02

设计制作化妆品户外广告
——图像修饰工具的综合应用

任务参考效果图

能力目标

1. 学会使用图像修饰工具编辑图像
2. 能设计大型户外喷绘广告

专业知识目标

1. 理解喷绘文件常用分辨率设置
2. 正确设置文件

软件知识目标

1. 掌握【画笔工具】的使用
2. 学会使用【渐变工具】填充颜色
3. 使用【色彩范围】命令抠选图像

课时安排

4课时（讲课2课时，实践2课时）

模拟制作任务 2课时

任务1

化妆品公司户外广告的制作

任务背景

某化妆品公司需要设计师以产品为主题设计大型户外喷绘①广告。

任务要求

要求设计的广告视觉冲击力强，有利于本产品的传播。公司提供了电子素材、公司名称及LOGO，另外，要求将所提供的任务素材和背景素材完美融合。

任务分析

制作户外广告应注意：尺寸为2000毫米×700毫米，分辨率为36～72像素/英寸，要求广告能融入户外环境。

本案例的难点

头发的抠选

操作步骤详解

创建图像背景

❶ 启动Photoshop CS5软件，执行【文件】>【新建】命令，在弹出的【新建】对话框中设置【名称】为"喷绘"，【宽度】和【高度】分别为"2000毫米"和"700毫米"，【分辨率】为"72像素/英寸"，【颜色模式】为"CMYK颜色"，如图2-1所示。设置完成后单击【确定】按钮。

图2-1

❷ 选择工具箱中的【渐变工具】，在工具选项栏中单击【渐变编辑器】按钮，弹出【渐变编辑器】对话框，如图2-2所示。单击【色标】选项组下的【颜色】色块，弹出【选择色标颜色】对话框，在其中设置起始渐变颜色为"C15、M95、Y10、K0"，如图2-3所示，结束颜色为"C0、M30、Y0、K0"。设置完成后单击【确定】按钮。

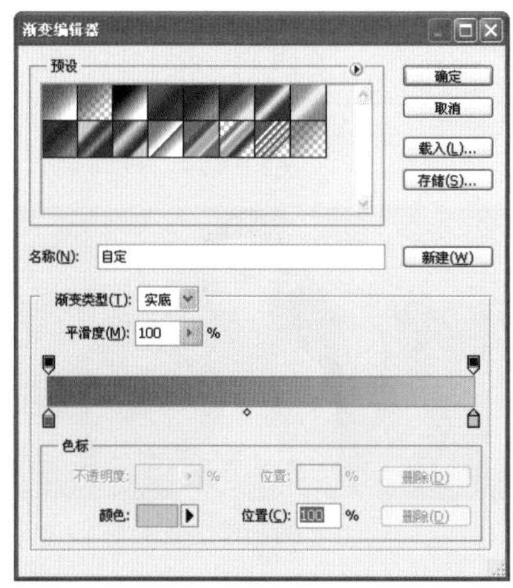

图2-2

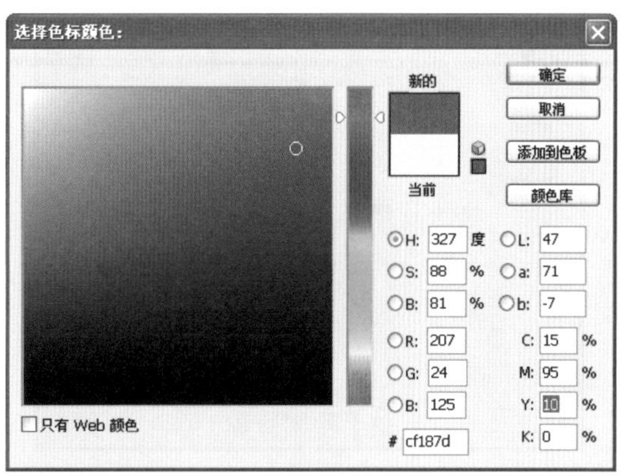

图2-3

❸ 单击工具选项栏中的【径向渐变】按钮，勾选【反向】复选框，单击【图层】面板底部的【创建新图层】按钮，对"图层1"做径向渐变，如图2-4和图2-5所示。

图2-4

图2-5

❹ 打开"素材\模块02\任务1\底纹"文件，如图2-6所示。

图2-6

❺ 将其复制粘贴到文件“喷绘”，得到“图层2”，如图2-7所示。

图2-7

❻ 选择工具箱中的【橡皮擦工具】，将其【不透明度】与【流量】均设置为“50%”，如图2-8所示。

图2-8

❼ 使用【橡皮擦工具】对“图层 2”进行涂抹，效果如图2-9所示。

图2-9

抠选人物

❽ 打开“素材\模块02\任务1\人物”文件，如图2-10所示。

图2-10

❾ 执行【图像】>【模式】>【CMYK颜色】命令，将图像转换成CMYK颜色模式，如图2-11和图2-12所示。

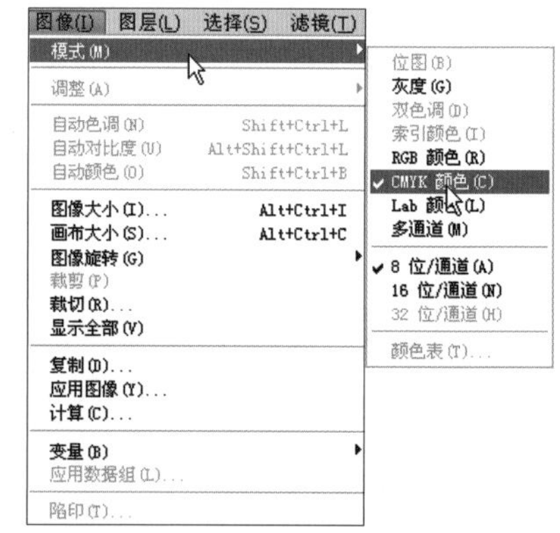

图2-11

图2-12

❿ 执行【选择】>【色彩范围】命令，弹出【色彩范围】对话框，如图2-13和图2-14所示。

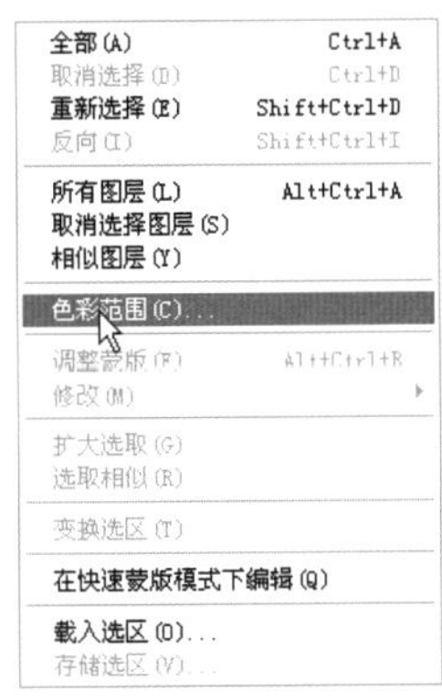

图2-13

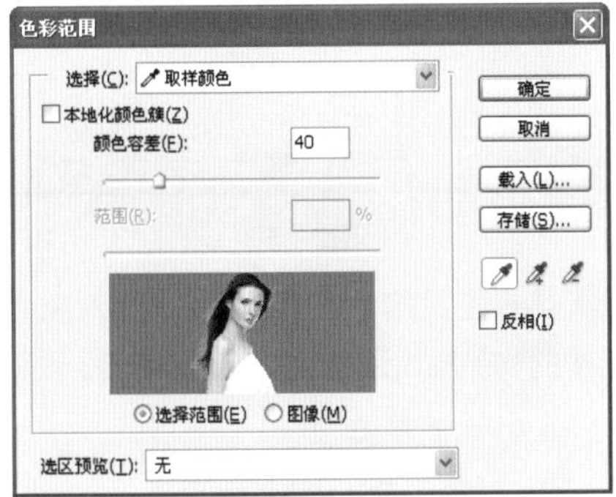

图2-14

⑪ 单击【确定】按钮出现选区，按【Ctrl+Shift+I】组合键反选选区，复制人物，如图2-15和图2-16所示。

图2-15

图2-16

⑫ 复制人物到文件“喷绘”，更改图层名称为“人物”，如图2-17所示。执行【编辑】>【自由变换】⑦命令，将图像调整到合适大小。

图2-17

人物图像的修饰

⑬ 选择工具箱中的【模糊工具】④，在工具选项栏中设置【范围】为“中间调”，【曝光度】为“50%”，对图片中头发周围进行加深处理，使头发与背景充分融合，如图2-18和图2-19所示。

图2-18

图2-19

⑭ 选择图层“人物”，执行【编辑】>【变换】>【水平翻转】命令，如图2-20所示。

图2-20

⑮ 打开“素材\模块02\任务1\花朵”文件，如图2-21所示。

图2-21

⑯ 使用【Ctrl+A】组合键全选，将其复制到文件“喷绘”，得到“图层3”，在文件“喷绘”将“图层3”重新命名为“花”，如图2-22所示。

图2-22

⑰ 选择工具箱中的【橡皮擦工具】，在工具选项栏中将【不透明度】与【流量】均设置为“50%”，然后进行涂抹，如图2-23和图2-24所示。

图2-23

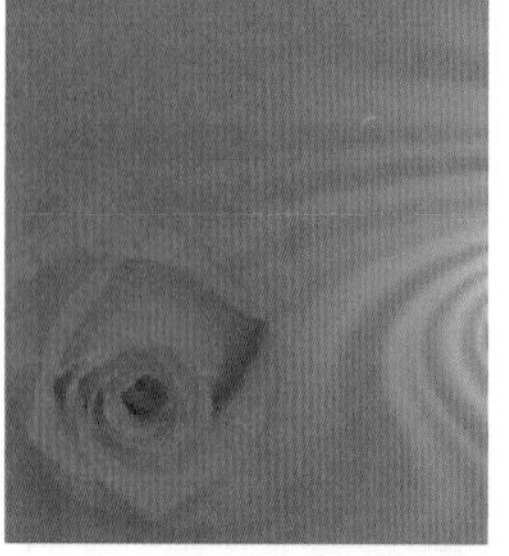

图2-24

⑱ 打开“素材\模块02\任务1\化妆品”文件，如图2-25所示。

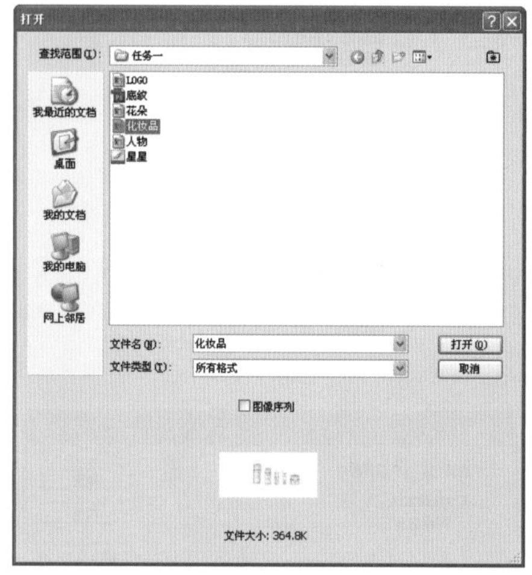

图2-25

⑲ 选择工具箱中的【钢笔工具】对图片“化妆品”中的物品描出路径，如图2-26所示。

图2-26

⑳ 按【Ctrl+Enter】组合键，把路径转换为选区，将其复制到文件“喷绘.psd”中，并将其图层命名为“化妆品”，如图2-27所示。

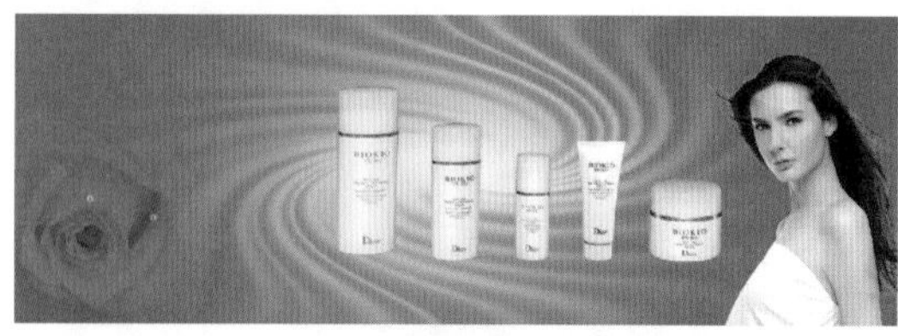

图2-27

㉑ 在【图层】面板中选择图层“化妆品”，并将其拖曳到图层面板底部的【创建新图层】按钮上，得到图层“化妆品副本”，如图2-28和图2-29所示。

图2-28

图2-29

㉒ 选择图层“化妆品副本”，按【Ctrl+T】组合键，然后拖曳，制作倒影，如图2-30和图2-31所示。

图2-30

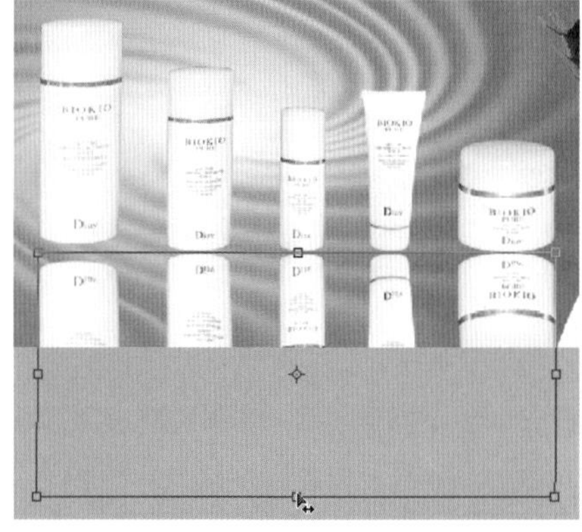
图2-31

㉓ 选择工具箱中的【橡皮擦工具】，在工具选项栏中将【模式】设置为“画笔”，【不透明度】与【流量】均设置为“100%”，如图2-32所示。

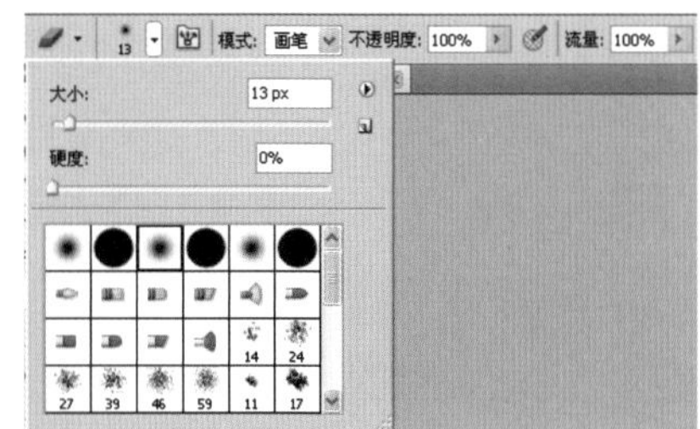
图2-32

㉔ 使用【橡皮擦工具】在图层“化妆品副本”上进行涂抹，如图2-33所示。

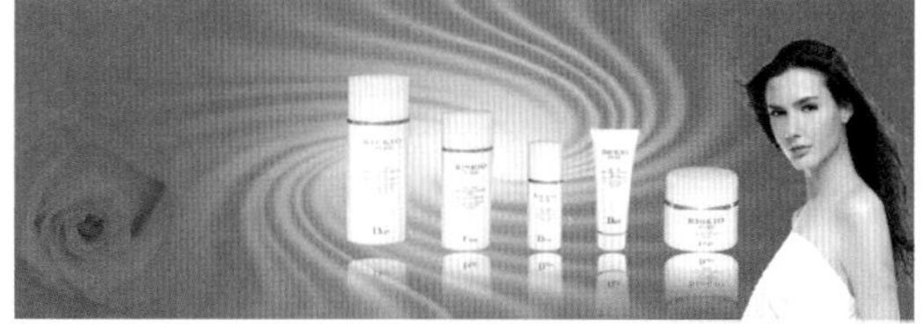
图2-33

㉕ 打开“素材\模块02\任务1\LOGO”文件，如图2-34所示。

图2-34

㉖ 执行【图像】>【模式】>【CMYK颜色】命令，将图像转换成CMYK颜色模式，如图2-35所示。

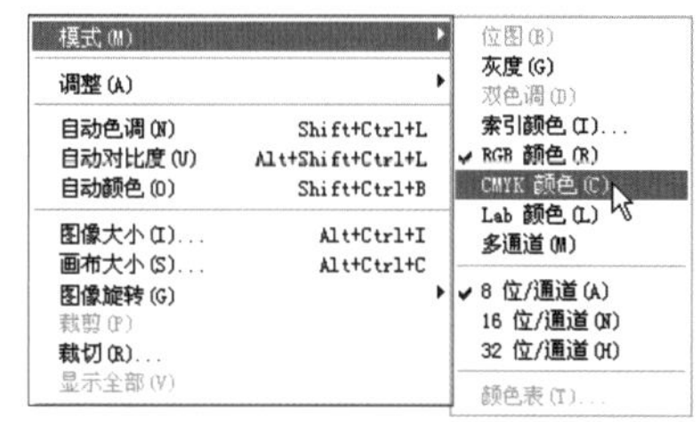
图2-35

㉗ 选择菜单栏中的【选择】菜单，则会弹出下拉菜单，选择【色彩范围】命令，弹出【色彩范围】对话框，选择【图像】单选按钮并使用“吸管”单击灰色区域，如图2-36所示。

㉘ 单击【确定】按钮出现选区，按【Ctrl+Shift+I】组合键反选选区，复制LOGO，如图2-37所示。

图2-36

图2-37

㉙ 复制LOGO到文件“喷绘”，更改图层名称为“LOGO”，并将其摆放到合适位置，如图2-38所示。

图2-38

㉚ 双击图层“LOGO”，弹出【图层样式】对话框，如图2-39所示。勾选【描边】复选框，设置【大小】为“4像素”，【位置】为“外部”，选择颜色为“R255、G0、B0”，如图2-40所示。

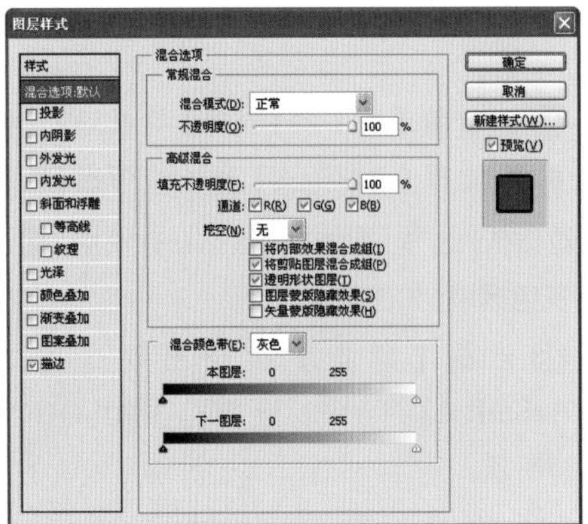

图2-39

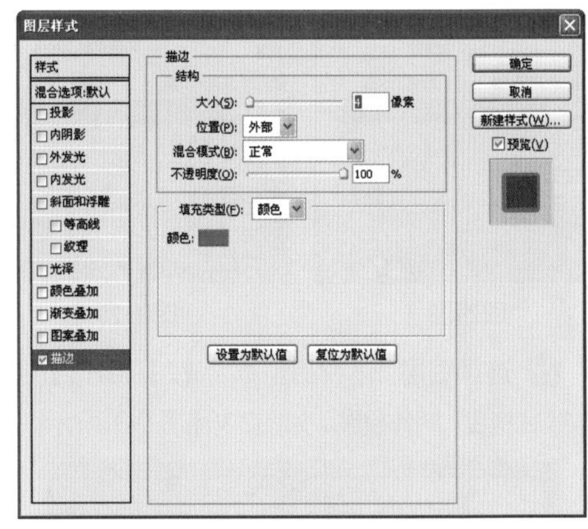

图2-40

㉛ 执行【编辑】>【预设管理器】命令，弹出【预设管理器】对话框，如图2-41所示，在该对话框中单击【载入】按钮，选择“素材\模块02\任务1\星星”文件，单击【载入】按钮，然后单击【完成】按钮，如图2-42所示。

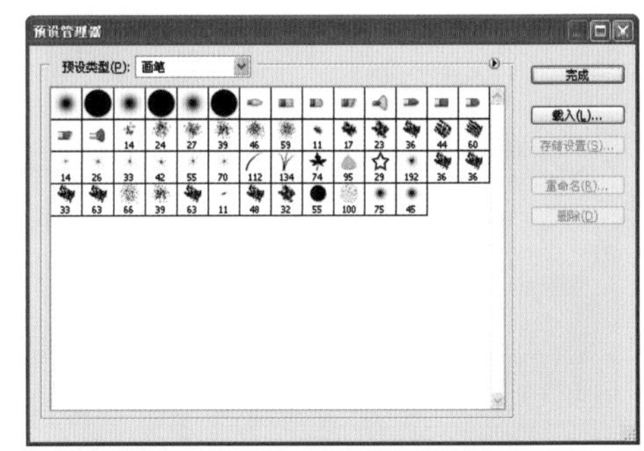

图2-41

图2-42

㉜ 选择工具箱中的【画笔工具】，在工具选项栏中单击【画笔】按钮，弹出【画笔】对话框，找到“星星”笔刷，调整画笔大小，将前景色设置为白色。新建图层，将图层名称改为“发光”，并使用

画笔涂抹，如图2-43所示。

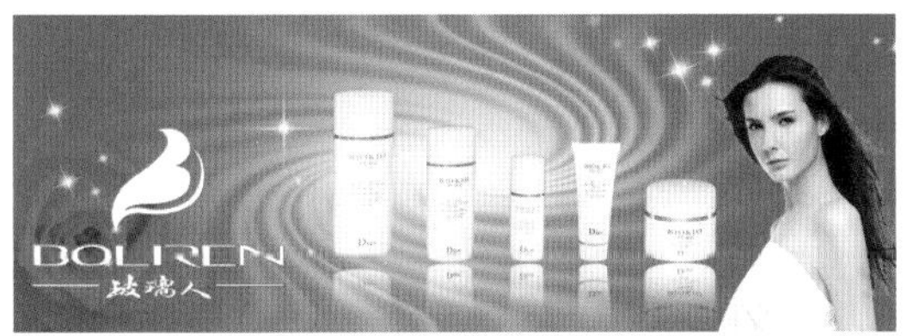

图2-43

33 选择工具箱中的【横排文字工具】，【字体】设置为“方正准圆_GBK”，【颜色】设置为白色， 输入文字“ 因为养 所以白”、“玻璃人养白精华”和“Essence of Yang white glass”，如图2-44所示。

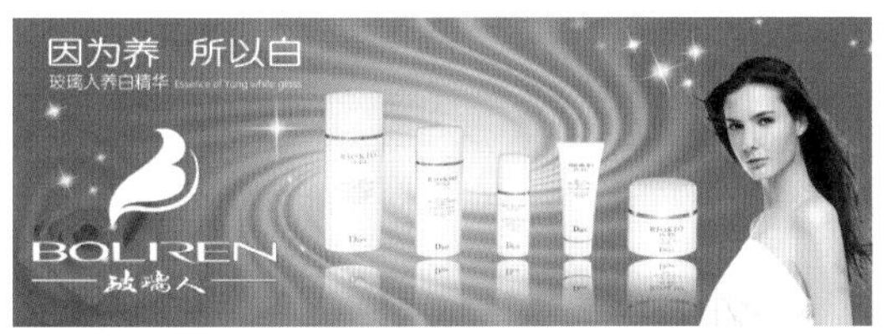

图2-44

34 选择图层“图层2”，设置拾色器【前景色】为“R250、G90、B0”，选择工具箱中的【画笔工具】，在工具选项栏中设置【笔刷】为“散步枫叶”，【大小】为“600px”，【模式】为“正片叠底”，【不透明度】为“65%”，【流量】为“50%”，在图像中涂抹得到如图2-45所示的效果。

图2-45

35 选择图层“人物”，选择工具箱中的【模糊工具】，在工具选项栏中设置【笔刷】为“柔边”，【大小】为“300px”，在图中人物图像的边缘部分涂抹，模糊人物图像的边缘，如图2-46所示。

图2-46

36 执行【文件】>【存储为】命令，在弹出的【存储为】对话框中设置保存路径，在【格式】下拉列表框中选择“JPEG”选项，单击【保存】按钮，如图2-47所示。

图2-47

知识点拓展

01 喷绘

喷绘就是一种基本的、较传统的表现技法，具有着其他表现手法不可替代的特点和优越性；相对其他手绘技法，喷绘的表现更细腻真实，可以超写实地表现物象，达到以假乱真的画面效果。相对电脑、摄影等现代技法，喷绘所表现的物象更自然、生动。因此，掌握喷绘技法是设计师所必备的基本功，也是设计学科学生必要的一门课程。

在实际制作与使用中发现，很多人认为分辨率越高越好，这是一个错误的认识，分辨率的选择应由画面大小和实际安装决定，过高的分辨率在远距离观察时效果反而不好。根据经验，分辨率一般选用36～72dpi比较合适。

知 识：

喷样是由无数细小颜色的颗粒组成的覆盖面。每点颗粒都是以饱和的状态雾化喷洒在画面上，在雾化的瞬间，颜色的水分迅速蒸发，喷在画面上的颜色几乎是即干状态。颜色的干湿变化很小，色彩变化易把握。

02 画笔工具组

画笔工具组中包括【颜色替换工具】、【铅笔工具】、【画笔工具】三种。【铅笔工具】用户绘制硬边缘的线条，【颜色替换工具】可以用前景色替换掉图像中的特定颜色，这两个工具在实际工作中很少用到。下面主要介绍【画笔工具】。

【画笔工具】是Photoshop CS5中最常用到的工具之一，【画笔工具】可以创建柔边的线条。选择【画笔工具】，在文档中按住鼠标左键拖曳鼠标，可以绘制图像，但是使用【画笔工具】并不能精确地控制鼠标，从而也不能绘制出流畅的线条或图案，所以在实际工作中【画笔工具】常常用于编辑蒙版，如图2-48所示。

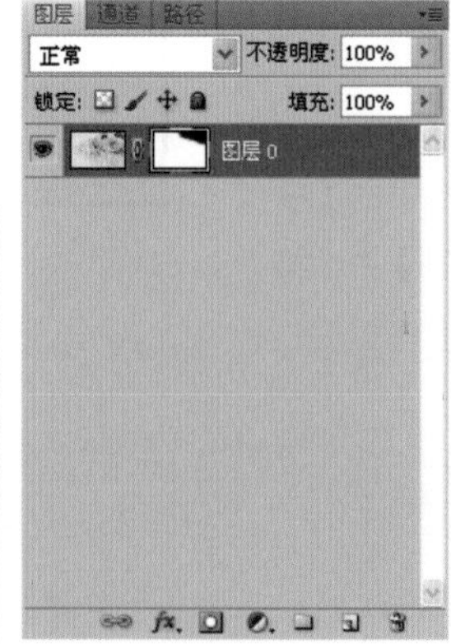

图2-48

选择【画笔工具】之后，在其工具选项栏中可以设置【画笔工具】的相关参数，如图2-49所示。

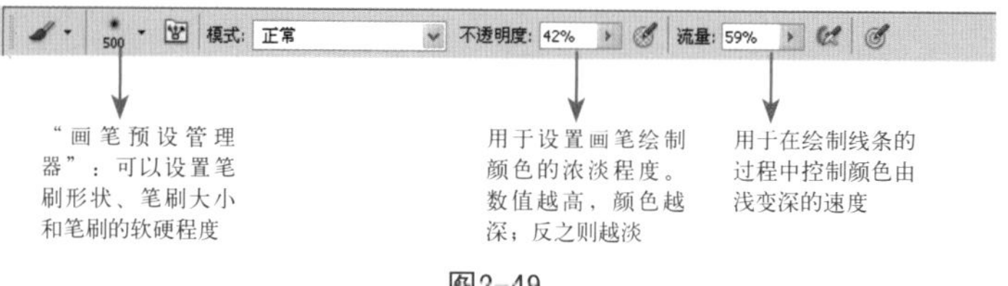

图2-49

使用工具选项栏可以简单设置画笔笔刷的属性，在【画笔】面板中可以完成对画笔笔刷进行更为复杂的设置。

执行【窗口】>【画笔】命令，弹出【画笔】面板，面板被大致分成三个区：画笔预设、笔刷形状和预览区，如图2-50所示。

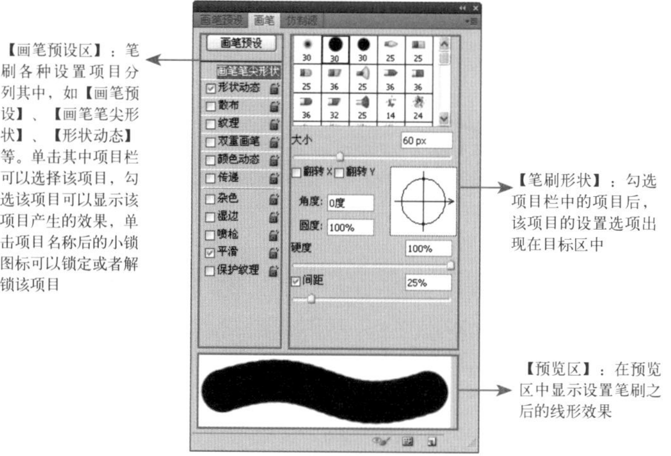

图2-50

1. 画笔预设

【画笔预设】面板中提供了各种预设的画笔，单击以选中该项目，在右侧的画笔形状区域的笔刷库中将显示多种笔刷效果，单击其中的一个笔刷可以选中该笔刷，拖曳【大小】滑块可以设置该笔刷的笔尖大小，选择其中的一个笔刷，可以绘制图像，如图2-51所示。

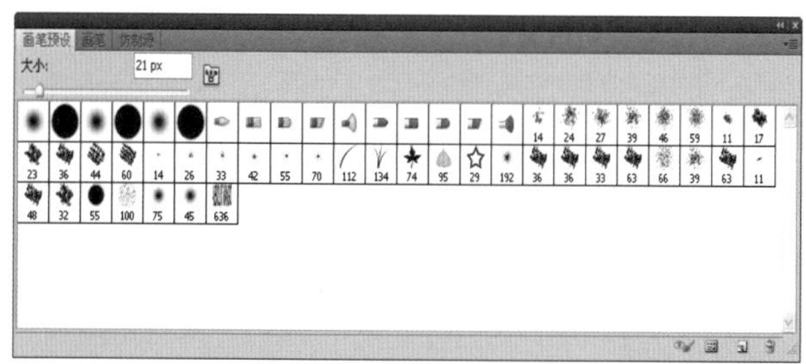

图2-51

2. 画笔笔刷形状

【画笔笔尖形状】用于显示Photoshop CS5中所提供的画笔笔

单击【画笔预设选取器】中的下三角按钮，弹出画笔设置面板，单击【主直径】右侧的下三角按钮，弹出下拉菜单，如下图所示。【载入画笔】可以将第三方的笔刷载入面板中；【储存画笔】可以将设置好的画笔笔刷储存起来以备后用，菜单最下栏列出了载入的第三方画笔笔刷 。

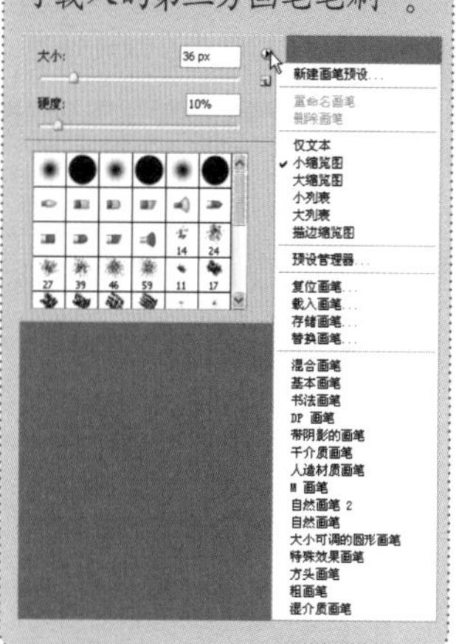

刷形状，修改画笔笔刷的形状、大小、硬度等参数。例如将笔尖设置为椭圆形，将线条效果设置为虚线形状，如图2-52所示。

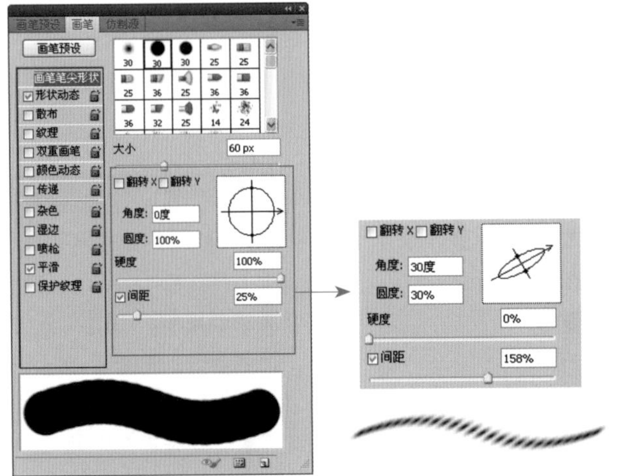

图2-52

3. 形状动态

【形状动态】是在绘制线条时随着鼠标的移动不断调整笔刷形状的选项，它使绘制的线条出现一种抖动效果，如图2-53所示。

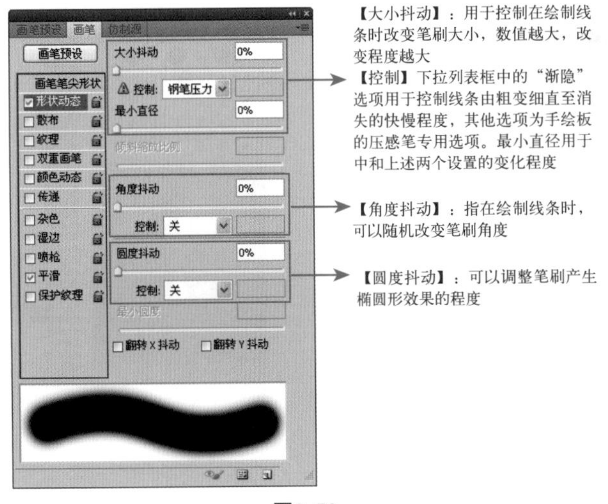

图2-53

4. 散布

【散布】决定了描边中笔迹的位置和数目，图2-54为设置散布的画笔，图2-55为未设置散布的画笔。

图2-54

知 识：

画笔目标区中的【硬度】表示笔刷的虚化程度，其参数用百分比表示，【硬度】设置的百分比参数可以指定从笔刷中心多少距离开始产生虚化效果。

如“0%”表示从墨点笔刷中心开始向外产生虚化，“50%”表示墨点从笔刷半径一半处开始向外产生虚化，如下图所示。

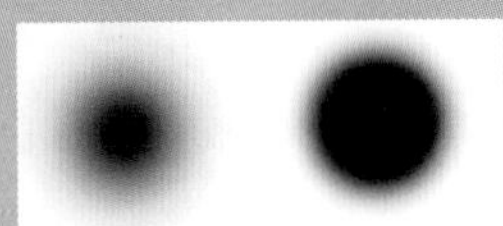

笔刷大小的数值越大，绘制的线条越粗，如下图所示。

大小: 6 px

大小: 20 px

大小: 40 px

大小: 80 px

图2-55

5. 纹理

【纹理】可以为线条添加纹理效果，如图2-56所示。

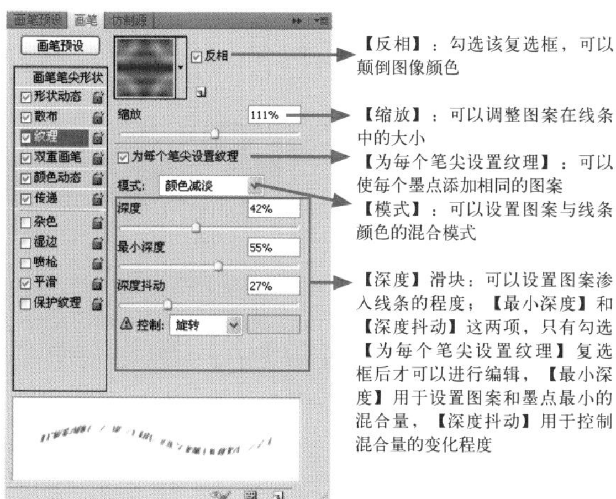

图2-56

6. 双重画笔

【双重画笔】可以绘制出两种笔刷的图像效果，在设置【双重画笔】选项之前需要先设置好“主笔刷”的笔刷样式，然后再激活【双重画笔】画笔选项进行相关设置，如图2-57所示。

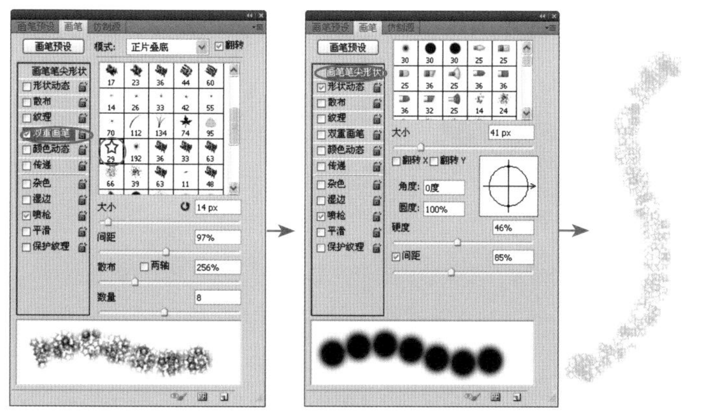

图2-57

【双重画笔】选项中的设置内容与其他选项一样，请参考其他的选项描述。

提示：

修改预设画笔的大小、形状或硬度时，修改是临时性的。下一次选取该预设时，画笔将使用其原始设置。要使所做的更改成为永久性的更改，需要创建一个新的画笔预设，保存该修改的画笔属性。

7. 颜色动态

【颜色动态】可以用来设置线条墨点的颜色变化，【其他动态】主要用于设置线条的不透明和流量变化，如图2-58所示。

8. 传递

【传递】画笔选项确定色彩在描边路线中的改变方式，如图2-59所示。

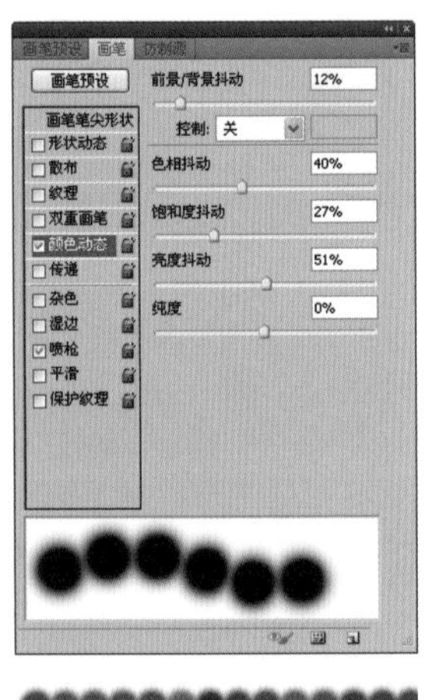

图2-58

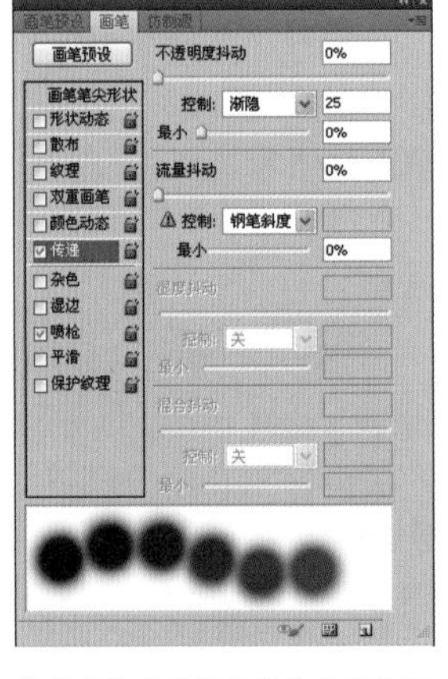

图2-59

提 示:

使用键盘上的【[】和【]】键可以缩小和放大画笔笔刷的直径大小。

03 橡皮擦工具组

橡皮擦工具组中共包含【橡皮擦工具】、【背景橡皮擦工具】和【魔术橡皮擦工具】。

1. 橡皮擦工具

【橡皮擦工具】可将像素更改为背景色或透明。如果正在背景中或已锁定透明度的图层中工作，像素将更改为背景色；否则，像素将被抹成透明，如图2-60和图2-61所示。

图2-60

图2-61

还可以使用【橡皮擦工具】使受影响的区域返回到【历史记录】面板中选中的状态。

2. 背景橡皮擦工具

【背景橡皮擦工具】可以将图层上的像素抹成透明，从而可以在抹除背景的同时在前景中保留对象的边缘。通过指定不同的取样和容差，可以控制透明度的范围和边界的锐化程度。

3. 魔术橡皮擦工具

【魔术橡皮擦工具】是通过单击的方式，删除图像中的单色区域，相当于使用【魔棒工具】进行选择后再删除。

用【魔术橡皮擦工具】在图层中单击时，该工具会将所有相似的像素更改为透明。如果在已锁定透明度的图层中工作，这些像素将更改为背景色。如果在背景中单击，则将背景转换为图层并将所有相似的像素更改为透明，如图2-62所示。

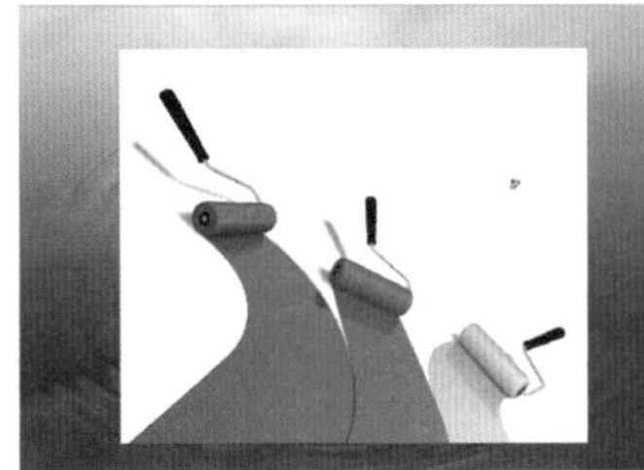
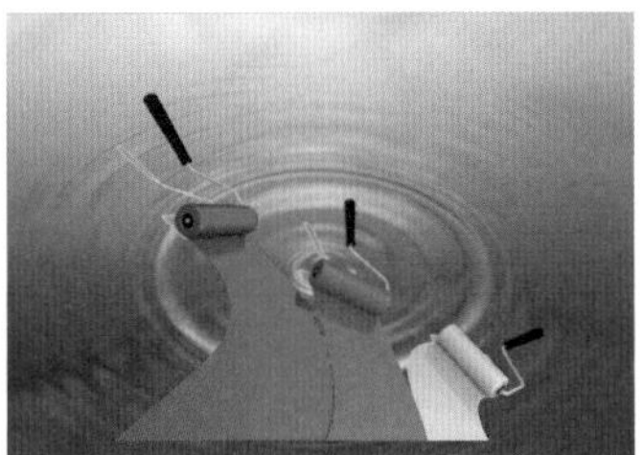

图2-62

在使用【魔术橡皮擦工具】时，可以选择在当前图层上，是只抹除邻近像素还是要抹除所有相似像素。

04 融合工具组

融合工具组中共包括【模糊工具】、【锐化工具】和【涂抹工具】，该组中的工具主要用于图像的融合。

1. 模糊工具

【模糊工具】可柔化硬边缘或减少图像中的细节。使用此工具在某个区域上方绘制的次数越多，该区域就越模糊，如图2-63所示，如果反复涂抹同一个区域，会使该区域更加模糊。

图2-63

2. 锐化工具

【锐化工具】用于增加边缘的对比度以增强外观上的锐化程度。用此工具在某个区域上方绘制的次数越多，增强的锐化效果就越明显，如图2-64所示。

知识:

按照选择的【模式】与【限制】选项对图像进行清除，【模式】中有三种选项：【连续】、【一次】、【背景色板】；【限制】中也有三种选项：【不连续】、【连续】、【查找边缘】，如下图所示。

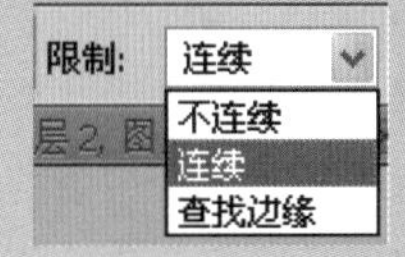

提 示:

如果要抹除边缘复杂或细小的对象的背景，请使用快速选择工具。

图2-64

3. 涂抹工具

【涂抹工具】模拟将手指拖过湿油漆时所看到的效果。该工具可拾取描边开始位置的颜色，并沿拖曳的方向展开这种颜色，如图2-65所示。

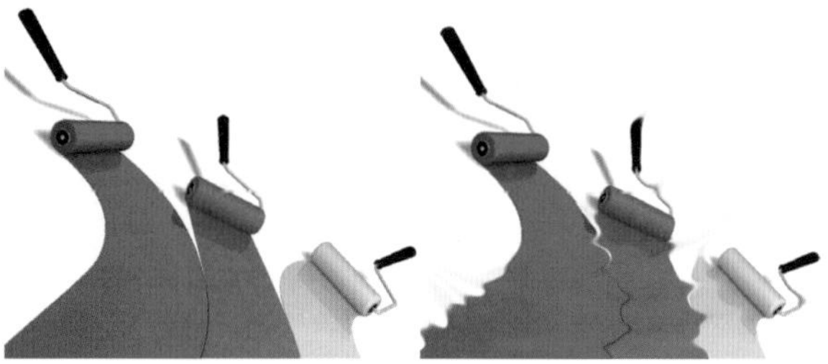

图2-65

05 填色工具组

填色工具组有两个工具：【渐变工具】和【油漆桶工具】，使用填色工具组可以给图像填充对应的颜色。

1. 渐变工具

一种颜色向另一种颜色均匀过渡称为渐变，【渐变工具】是经常用到的工具。选择工具箱中的【渐变工具】，设置好需要的渐变颜色，在文档中按住鼠标左键拖曳鼠标，即可建立一个最简单的渐变。在默认情况下，【渐变工具】默认为前景色到背景色的渐变，如图2-66所示。

图2-66

知识：

拾色器用于创建前景色、背景色和渐变颜色，在【选择色标颜色】的拾色器对话框中左侧是颜色区，将鼠标移动到颜色区中单击可以吸取颜色，也可以在右侧的设置区中通过设置数值来定义颜色。

需要注意的是在设置区设置颜色时，最好根据图像的颜色模式来确定设置颜色的类型，如RGB颜色模式的图像在“RGB”设置栏中设置数值，如下图所示。

知识：

【渐变工具】不能用于位图图像或索引颜色图像。

通过设置【渐变工具】选项栏可以得到更加复杂的渐变效果，如图2-67所示。

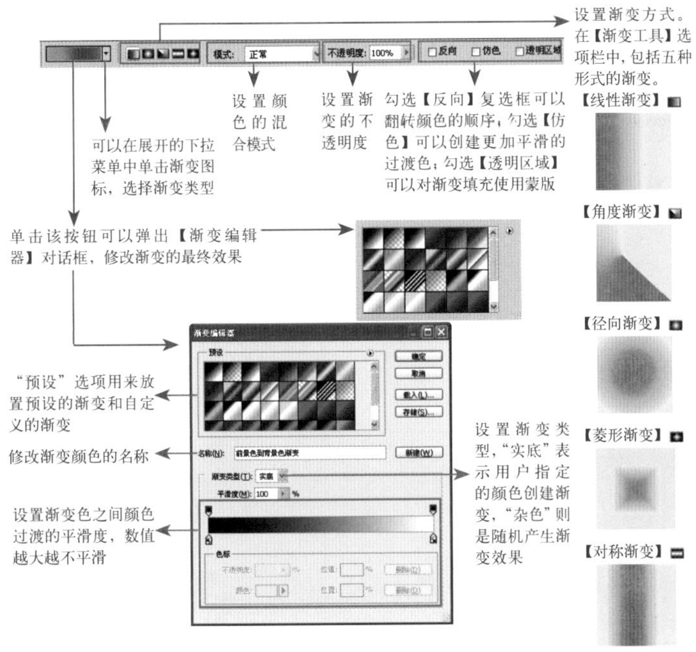

图2-67

单击【渐变编辑器】对话框中渐变条下方的【色标】滑块，在弹出的【选择色标颜色】对话框中设置颜色，单击【确定】按钮，如图2-68所示。

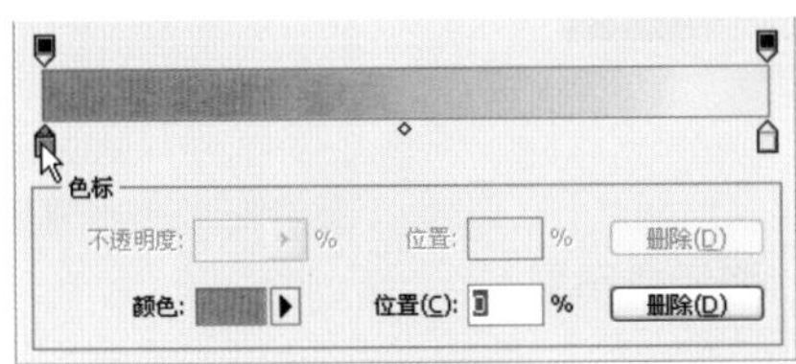

图2-68

【色标】滑块颜色改变的是在【拾色器】中设置的颜色，在左侧滑块上按住鼠标左键并向右拖曳，渐变条颜色相应发生改变，将滑块拖曳到合适位置释放鼠标，渐变的起始点位置可被调整，如图2-69所示。

图2-69

单击渐变条左上方的【不透明度色标】滑块，在【不透明度】选项栏中输入数值“50”，可修改左侧颜色的不透明度，如图2-70所示。

提 示:

起点（按下鼠标处）和终点（释放鼠标处）会影响渐变外观，具体取决于所使用的渐变工具。

知 识:

渐变条上滑块之间的菱形图标表示两滑块的中点，如下图所示。

提 示:

拖曳鼠标时按住【Shift】键，可以将线条角度限定为45°的倍数。

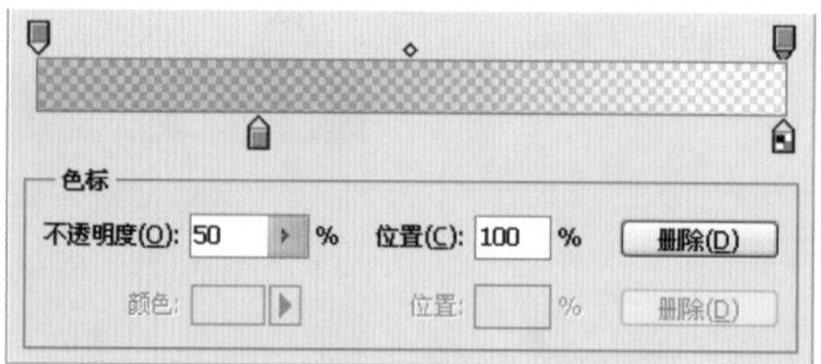

图2-70

在渐变条右上方的【不透明度色标】滑块上，按住鼠标左键向左拖曳到合适位置释放鼠标，如图2-71所示。

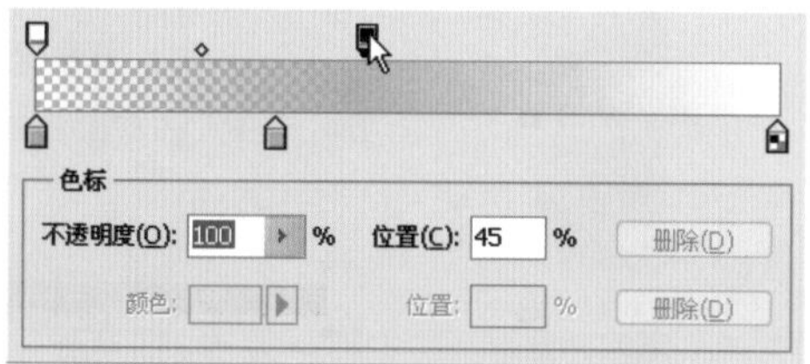

图2-71

单击【确定】按钮，即可完成一个渐变设置。

将【渐变类型】设置为“杂色”，【粗糙度】设置为“50%”，选择“径向渐变”选项，可出现如图2-72所示效果。

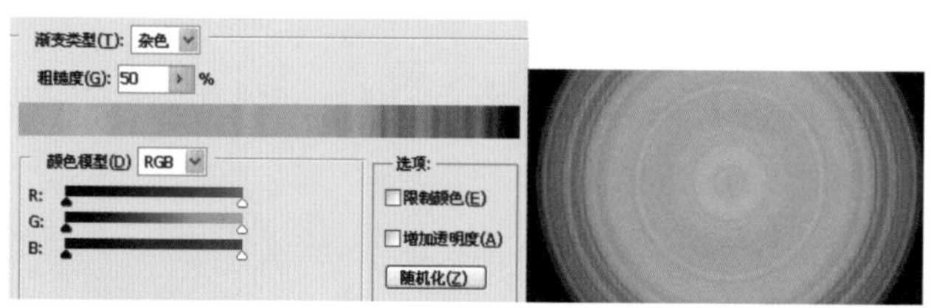

图2-72

2. 填充与描边

【填充】命令可以使用颜色或图案填充选区、路径或图层内部。

执行【编辑】>【填充】命令，弹出【填充】对话框，如图2-73所示。

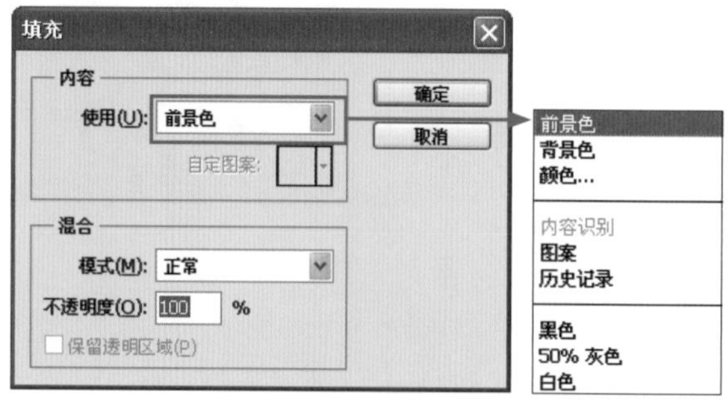

图2-73

【前景色】：使用工具箱中【拾色器】的前景色颜色填充

知识：

【油漆桶工具】可以对图像中相似的颜色重新使用前景色进行填充，如下图所示。

知识：

使用【Alt+Delete】组合键可以将当前的图层或者选区填充为前景色。

使用【Ctrl+Delete】组合键可以将当前的图层或者选区填充为背景色。

图像。

【背景色】：使用工具箱中【拾色器】的背景色颜色填充图像。

【颜色】：使用该选项时，会弹出【拾色器】对话框，设置一种颜色填充图像。

【内容识别】：使用附近的相似图像内容不留痕迹地填充选区。为获得最佳结果，让创建的选区略微扩展到要复制的区域之中，如图2-74所示。

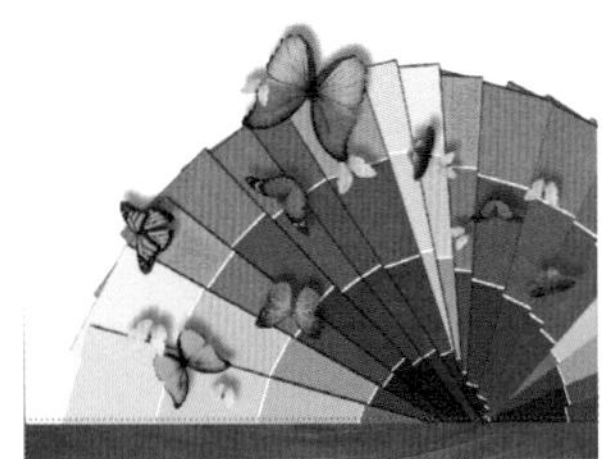
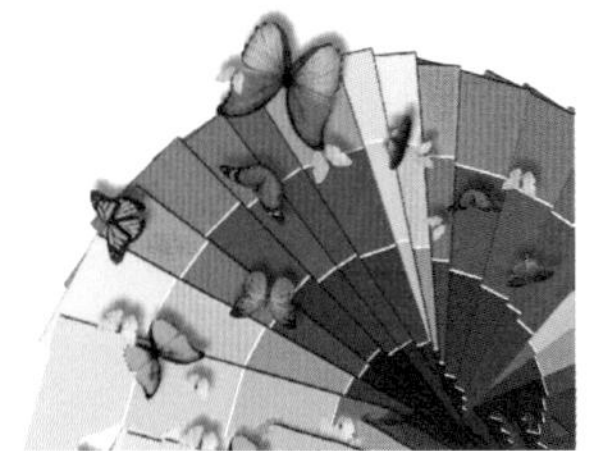

图2-74

【图案】：单击图案样本旁边的倒三角箭头，并从弹出式面板中选择一种图案，如图2-75所示。

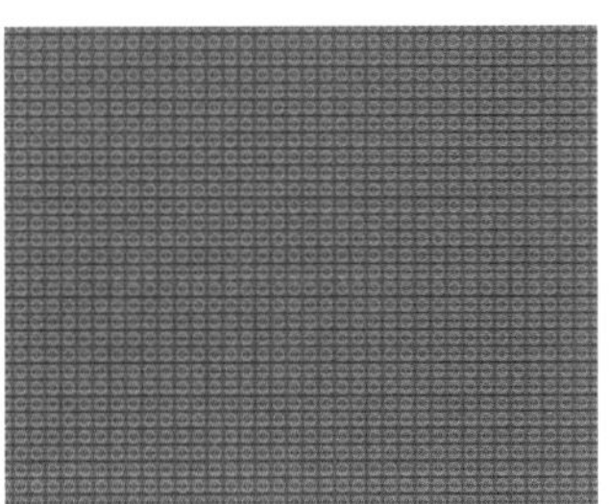

图2-75

可以使用弹出式面板菜单载入其他图案。选择图案库的名称，或选取"载入图案"并定位到要使用的图案所在的文件夹。

【历史记录】：将所选区域恢复为原状态或【历史记录 】面板中设置的快照。

【描边】命令可以向选区或路径的轮廓添加颜色，此操作称做描边，如图2-76所示。

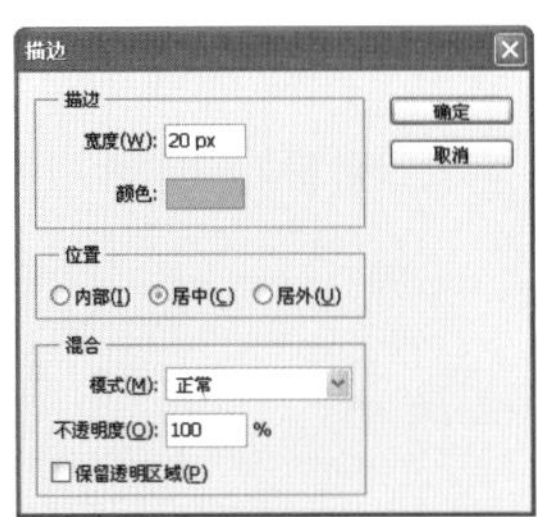

图2-76

提 示：

使用【油漆桶工具】可以将当前的图层或者已经创建的选区填充为前景色或者是图案。

【油漆桶工具】不能用于位图模式的图像。

06 图章工具组

图章工具组包括【仿制图章工具】和【图案图章工具】两个工具。

【仿制图章工具】是通过复制源图像的像素来替换目标图像像素。使用【仿制图章工具】首先要确定源对象，然后开始操作。源对象有两种，一种是同一文档的源对象，另一种是不同文档的源对象。

同一文档的源操作示意如图2-77所示。

图2-77

不同文档的源操作示意如图2-78所示，需要注意的是只有使用同样的颜色模式才能进行此操作。

图2-78

选择工具箱中的【仿制图章工具】，【仿制图章工具】的工具选项栏如图2-79所示。

知识：

复制源图像到目标图像位置：释放【Alt】键和鼠标，在图像中的目标处按住鼠标左键并拖曳涂抹，直到源图像都复制到目标中。

知识：

没有选择"仿制源"时，在图像中单击将弹出警告对话框。

【仿制图章工具】也是修补人脸上小瑕疵的一个很好的工具。

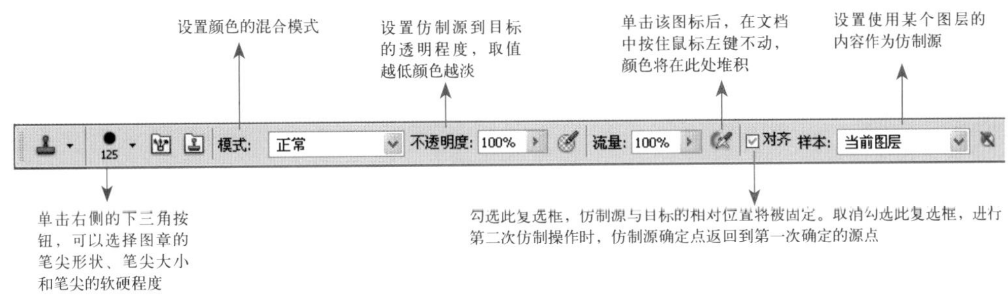

图2-79

【图案图章工具】相对于【仿制图章工具】则简单得多，在实际工作中也很少能用到。可以通过修改工具选项栏中的【模式】、【不透明度】、【流量】的参数来调整和绘制图像的效果，如图2-80所示。

图2-80

07 图像的变换操作

执行【编辑】>【变换】命令，弹出的【编辑】下拉菜单中包含了许多命令，【变换】下拉菜单中的命令可以对图层、路径和矢量形状等选中的对象进行变换操作。如图2-81所示为使用【扭曲】命令改变图像形状。

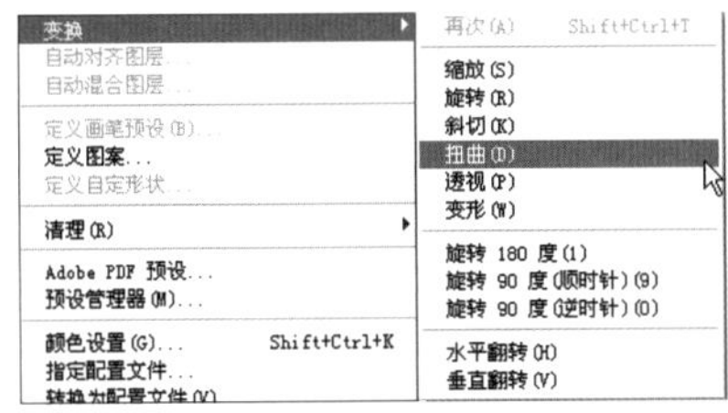

图2-81

在【变换】下拉菜单中的【缩放】、【旋转】、【斜切】、【扭曲】、【透视】、【变换】和执行【编辑】>【自由变换】命令时会在当前对象周围出现定界框，定界框四边的中央有一个中心点，四周有控制点，如图2-82所示。

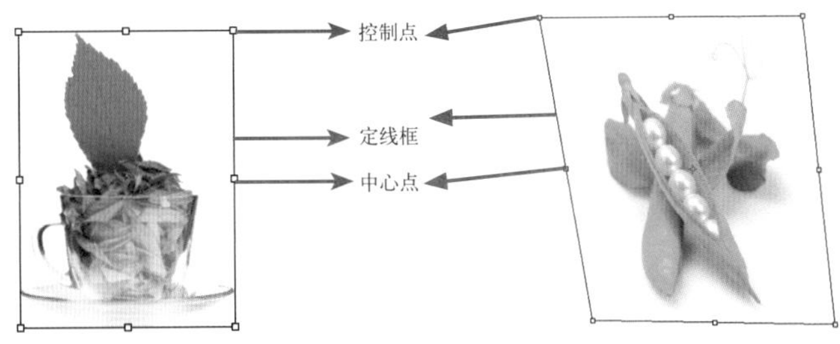

图2-82

【缩放】：执行【编辑】>【变换】>【缩放】命令，可以对图像进行缩放，按住【Alt】键拖曳则会按中心点进行缩放，按住【Shift】键拖曳则会进行等比缩放，同时按住【Alt+Shift】组合键拖曳则会进行等比中心缩放。

【旋转】：执行【编辑】>【变换】>【缩放】命令，可以以中心点为轴心旋转，将鼠标指针放到图像轴心点处，可以改变图像的位置，旋转图像，图像的位置会发生改变，如图2-83所示。按住【Shift】键后再旋转则会以15°角增量进行。

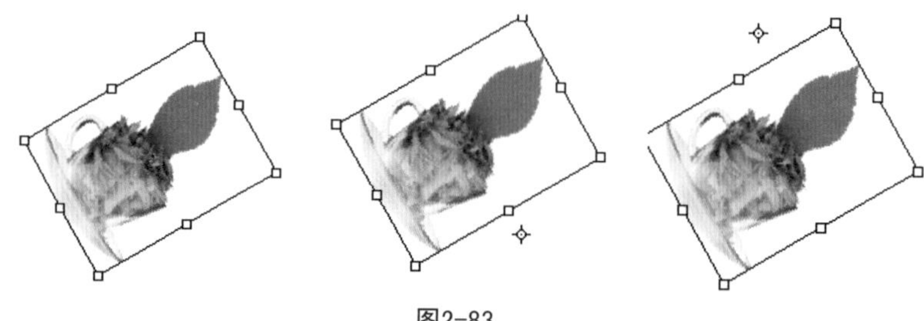

图2-83

【斜切】：执行【编辑】>【变换】>【斜切】命令，拖曳边角点可以使图像倾斜，但是控制点只可以在X轴和Y轴移动，如图2-84所示。

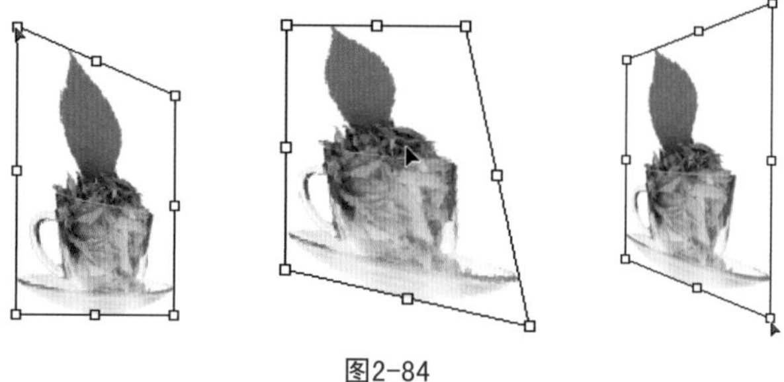

图2-84

【扭曲】：执行【编辑】>【变换】>【扭曲】命令，控制点可以任意拖曳，如图2-85所示。按住【Shift】键拖曳则会临时切换成【斜切】命令。

图2-85

【透视】：执行【编辑】>【变换】>【透视】命令，可以拖曳边角点使图像产生透视变化，如图2-86所示。

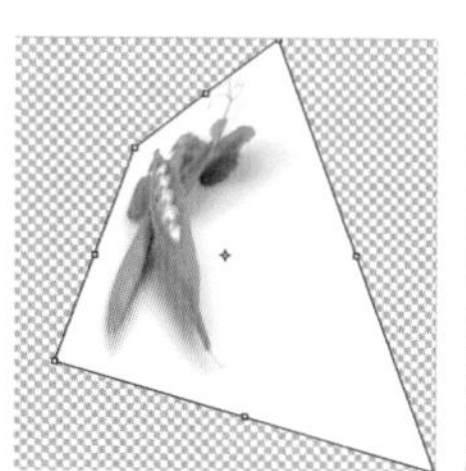
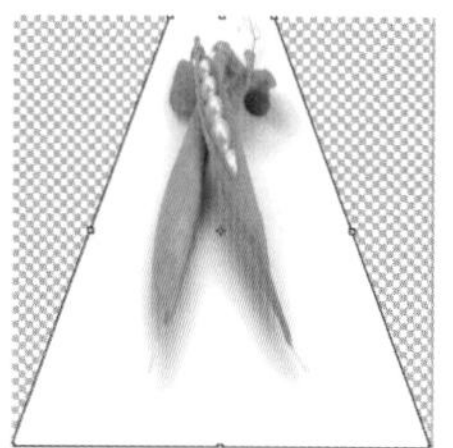

图2-86

【变形】：执行【编辑】>【变换】>【变形】命令，可以从选项栏中的变形样式中选取一种变形或执行自定义变形，可以直接手动调节图形的形状，如图2-87所示，在选择一种变形样式后只能通过控制点调整（选择变形样式后只有一个控制点），如图2-88所示，在自定情况下可任意调节，如图2-89所示。

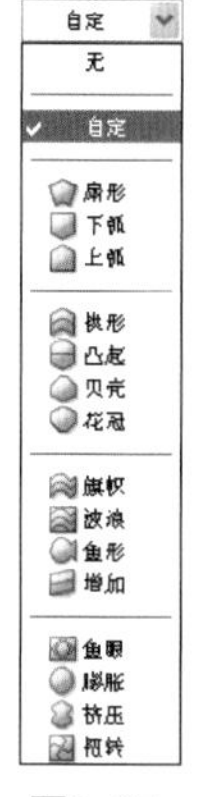

图2-87

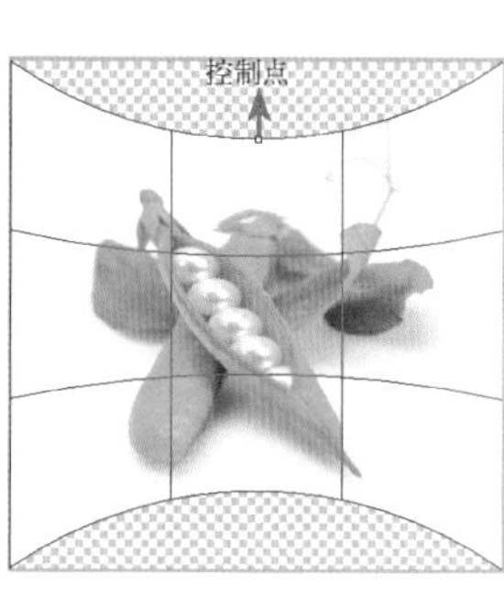

图2-88

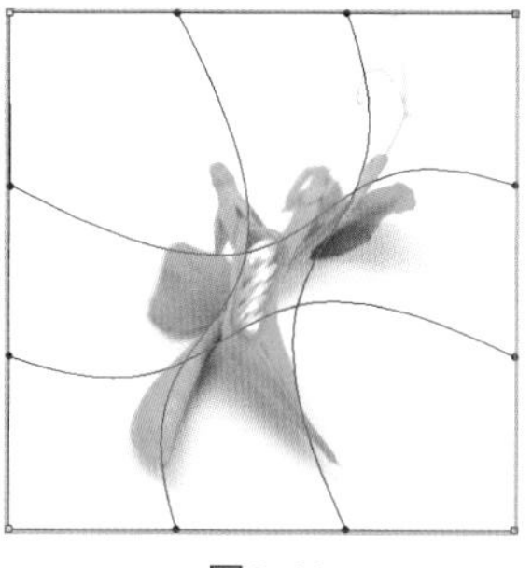

图2-89

【旋转180度】、【旋转90度（顺时针）】和【旋转90度（逆时针）】都是按中心点进行相应的角度旋转。

【水平翻转】：执行【编辑】>【变换】>【水平翻转】命令后，图片将会按照水平方向进行翻转，如图2-90所示。

图2-90

【垂直翻转】：执行【编辑】>【变换】>【垂直翻转】命令后，图片将会按照垂直方向进行翻转，如图2-91所示。

图2-91

知识：

按【Ctrl+T】组合键后，右击，弹出快捷菜单，可以进行【缩放】、【旋转】、【斜切】、【扭曲】、【透视】、【变换】等操作。

08 修复画笔工具组

1. 污点修复画笔工具

【污点修复画笔工具】可以快速修复图像中的污点和其他不理想部分。【污点修复画笔工具】的工作方式与【修复画笔工具】类似，能使用图像或图案中的样本像素进行绘画，并将样本像素的纹理、光照、透明度和阴影与所修复的像素相匹配。与【修复画笔工具】不同，【污点修复画笔工具】不要求指定样本点。【污点修复画笔工具】将自动从所修饰区域的周围取样，修复图像中的瑕疵或者想要去掉的部分，如图2-92所示。

图2-92

【近似匹配】：使用选区边缘周围的像素，找到要用作修补的区域。

【创建纹理】：使用选区中的像素创建纹理。如果纹理不起作用，请尝试再次拖过该区域。

【内容识别】：比较附近的图像内容，不留痕迹地填充选区，同时保留让图像栩栩如生的关键细节，如阴影和对象边缘。

2. 修复画笔工具

【修复画笔工具】可用于校正瑕疵，使它们消失在周围的图像中。与仿制工具一样，使用【修复画笔工具】可以利用图像或图案中的样本像素来绘画。但是，【修复画笔工具】还可将样本像素的纹理、光照、透明度和阴影与所修复的像素进行匹配，从而使修复后的像素不留痕迹地融入图像的其余部分。

可通过将指针定位在图像区域的上方，然后按住【Alt】键并单击来设置取样点。

如果要修复的区域边缘有强烈的对比度，则在使用【修复画笔工具】之前，可以先建立一个选区，如图2-93所示。

如图2-94所示为【修复画笔工具】的工具选项栏，通过工具选项栏可以调节【修复画笔工具】的参数。

【模式】：指定混合模式。选择“替换”选项可以在使用柔边画笔时，保留画笔描边的边缘处的杂色、胶片颗粒和纹理。

知识：

如果使用数字手绘板，请从【大小】菜单中选取一个选项，以便在描边的过程中改变修复画笔的大小。选取【钢笔压力】根据钢笔压力而变化。选取【喷枪轮】根据钢笔拇指轮的位置而变化。如果不想改变大小，请选择【关】。

图2-93

图2-94

【源】:指定用于修复像素的源。【取样】单选按钮可以使用当前图像的像素,而【图案】单选按钮可以使用某个图案的像素。如果选择了【图案】单选按钮,可以从【图案】选项中选择一个图案。

【对齐】:勾选该复选框,连续对像素进行取样,即使释放鼠标,也不会丢失当前取样点。如果取消勾选【对齐】复选框,则会在每次停止并重新开始绘制时使用初始取样点中的样本像素。

【样本】:从指定的图层中进行数据取样。要从现用图层及其下方的可见图层中取样,请选择"当前和下方图层"选项。要仅从现用图层中取样,请选择"当前图层"选项。要从所有可见图层中取样,请选择"所有图层"选项。要从调整图层以外的所有可见图层中取样,请选择"所有图层"选项,然后单击【取样】弹出式菜单右侧的【忽略调整图层】图标。

3. 修补工具

通过使用【修补工具】,可以用其他区域或图案中的像素来修复选中的区域。像【修复画笔工具】一样,【修补工具】会将样本像素的纹理、光照和阴影与源像素进行匹配。在图像中拖曳以选择想要修复的区域,并在选项栏中选择【源】单选按钮,在图像中拖曳,选择要从中取样的区域,并在选项栏中选择【目标】单选按钮,如图2-95所示。

图2-95

知识:

如果要修复的区域边缘有强烈的对比度,则在使用【修复画笔工具】之前,可以先建立一个选区。选区应该比要修复的区域大,当用【修复画笔工具】绘画时,该选区将防止颜色从外部渗入,如下图所示。

提示:

还可以使用【修补工具】来仿制图像的隔离区域。修补工具可处理8位/通道或16位/通道的图像。

4. 红眼工具

【红眼工具】可以去除人物或动物的闪光照片中的红眼。红眼是由于相机闪光灯在主体视网膜上反光引起的。在光线暗淡的房间里照相时，由于主体的虹膜张开得很宽，将会更加频繁地看到红眼。

09 色彩范围

提示：

如果想替换选区，在应用【色彩范围】命令前确保已取消选择所有内容。【色彩范围】命令不可用于32位/通道的图像。

【色彩范围】命令用于选择现有选区或整个图像内指定的颜色或色彩范围。执行【选择】>【色彩范围】命令，则可以弹出【色彩范围】对话框，如图2-96所示。

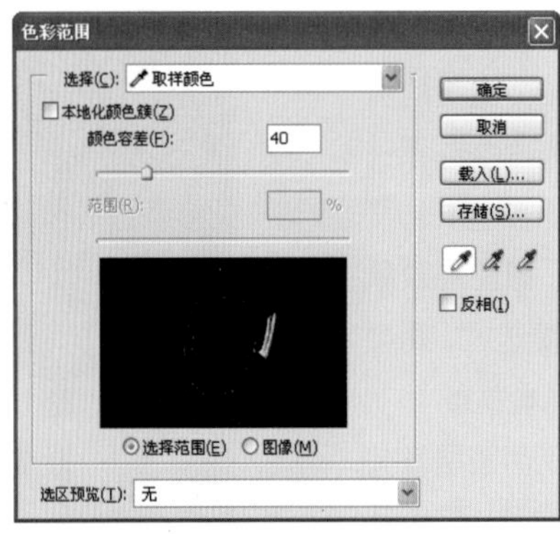

图2-96

【选区预览图】：对话框中有一个选区预览图，在【选区预览图】下包含两个选项，分别是【选择范围】和【图像】。当选择【选择范围】单选按钮时，预览区域将无色彩信息，“白色”代表被选择，“黑色”代表未被选择，“灰色”代表部分被选择；若选择【图像】单选按钮，则预览图区域将会显示原图，如图2-97、图2-98所示。

提示：

要在【色彩范围】对话框中的【图像】和【选择范围】预览之间切换，请按【Ctrl】键。

图2-97

图2-98

【选择】：用来设置选区的创建方式，包括取样颜色、红色和高光等选项。选择“取样颜色”选项后，可以通过对话框中的工具来创建选区；如果需要添加颜色，可按下按钮继续选取；如

图2-99所示。如果需要减去颜色，可按下按钮来减去所选颜色，如图2-100所示。

图2-99

图2-100

选择“红色”、“黄色”和“绿色”等选项时，可选择图像中的特定颜色，如图2-101所示。选择“高光”、“中间调”和“阴影”选项时，可选择图像中的特定色调，如图2-102所示。

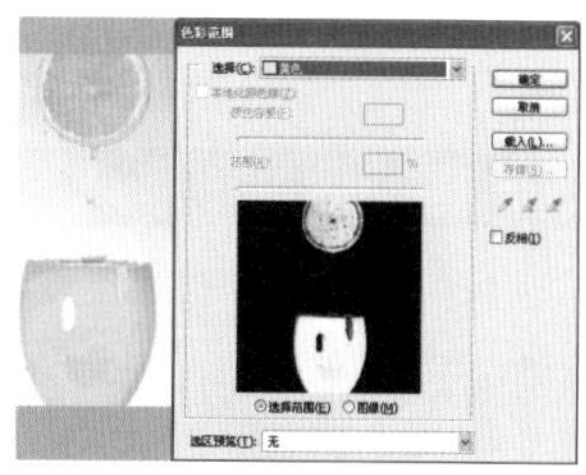

图2-101

图2-102

【本地化颜色簇】：勾选该复选框，选择图像区域后，【范围】滑块被激活，可以调整需要包含在蒙版中的颜色与取样点的最大和最小距离。可以只选择图像中相同颜色的一部分，如图2-103所示。

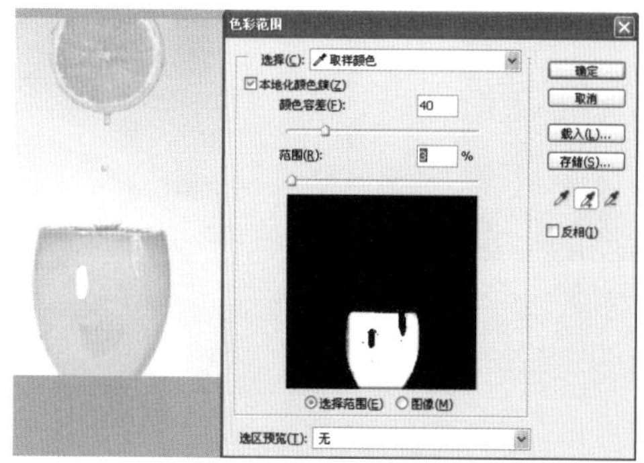

图2-103

【颜色容差】：用来控制颜色的选区范围，该值越高则包含的颜色越广，如图2-104所示，左图与右图的【颜色容差】值分别为

知识：

如果正在图像中选择多个颜色范围，可以勾选【本地化颜色簇】复选框来构建更加精确的选区。

“40”和“200”。

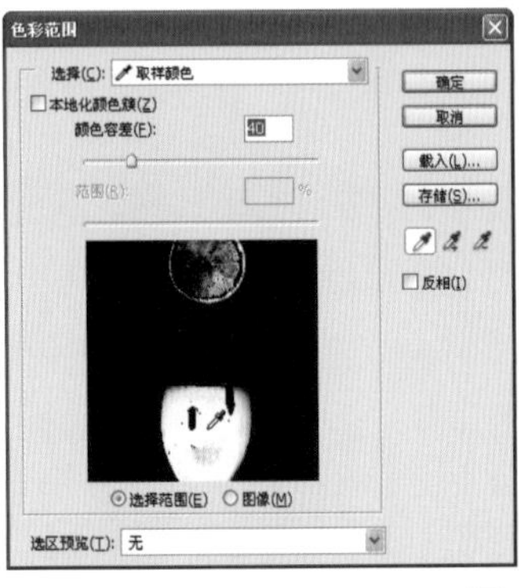

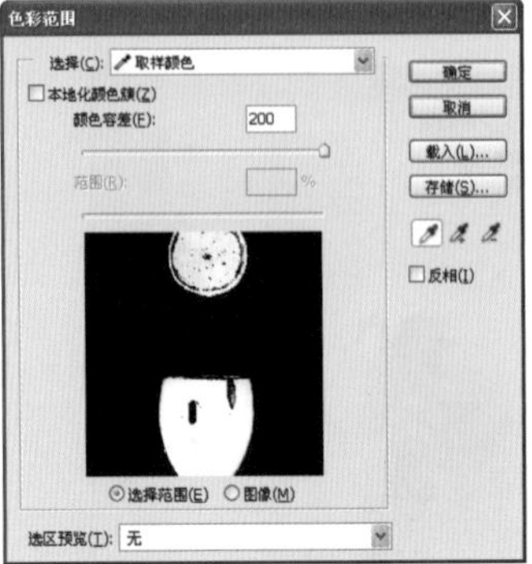

图2-104

【选区预览】：用来设置图像中预览选区的方式，包括“无”、“灰度”、“黑色杂边”、“白色杂边”和“快速蒙版”五项。

【无】表示不在窗口显示选区，如图2-105所示。

【灰度】表示在窗口中按照选区显示【黑色】、【白色】与【灰色】，如图2-106所示。

【黑色杂边】可在没有选择的区域上填充黑色，如图2-107所示。

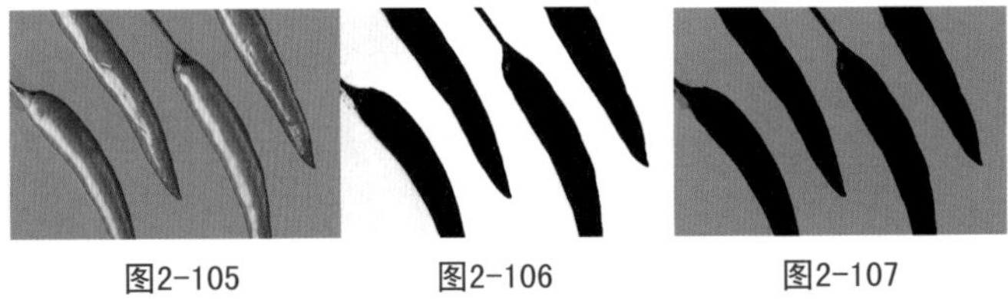

图2-105　　图2-106　　图2-107

【白色杂边】可在没有选择的区域上填充白色，如图2-108所示。

【快速蒙版】可以显示快速蒙版下的图像效果，如图2-109所示。

图2-108

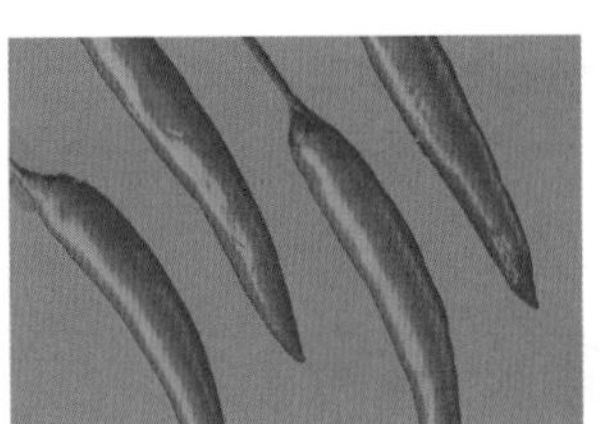

图2-109

【存储】：可以将当前的设置保存。

【载入】：可以载入存储的选区预设文件。

【反相】：可以反转选区，相当于在创建选区后使用【Ctrl+Shift+I】组合键反选命令。

知识：

如果要还原到原来的选区，可以按住【Alt】键并单击【复位】按钮。

提示：

如果看到“选中的像素不超过50%”的信息，则选区边界将不可见。您可能已从【选择】菜单中选取一个颜色选项，例如“红色”，此时图像不包含任何带有高饱和度的红色色相。

独立实践任务 2课时

任务2

户外喷绘设计

任务背景和任务要求

为某化妆品公司的唇彩设计户外广告，大小为“1000毫米×1500毫米”。

任务分析

建立一个“1000毫米×1500毫米”的新文档，将背景填充为“C20、M0、Y0、K100”，将人物素材拖入。打开口红素材使用选区工具将其抠选并拖入文件，将其进行复制并使用【Ctrl+T】组合键进行拖曳，制作出倒影效果，使用【橡皮擦工具】对其进行修改。使用【椭圆选框工具】绘制出正圆，用【渐变工具】进行绘制，对其添加图层混合模式，对图像添加文字。

任务素材

任务素材参见素材\模块02\任务2

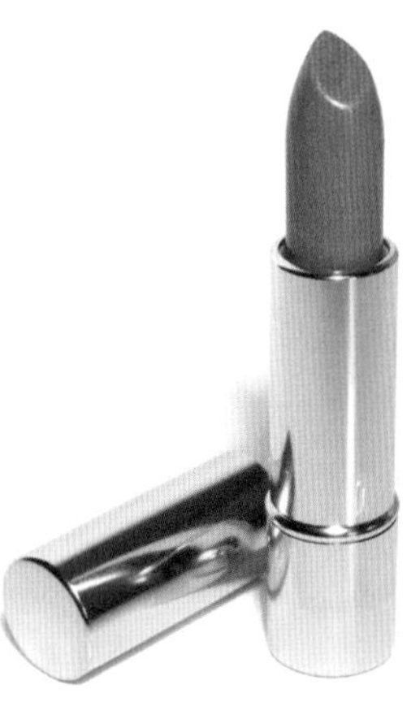

任务参考效果图

Sale
50%
Signr
slkjdiep lsei slkjei.
lskdjl sljepo sl;al,wpuf nkopkip nuope
sllieonlo nopm ,le ,poiium jwseon jdoeuj.

模块03

设计制作电影海报
——矢量工具的综合应用

任务参考效果图

能力目标

正确使用【钢笔工具】抠选背景复杂但是轮廓清晰的图像

软件知识目标

1. 能使用【钢笔工具】创建选区、抠取图像
2. 能使用形状工具创建矢量图案，使用文字工具创建文字

专业知识目标

理解宣传海报常用尺寸、出血设置

课时安排

4课时（讲课2课时，实践2课时）

模拟制作任务 2课时

任务1

电影海报的设计与制作

任务背景

某电影院为推出新电影《赌场杰克》，需要设计制作一款电影海报。

任务要求

选择的图像要清晰，符合印刷要求，要紧扣电影主题，使海报具有视觉冲击力。

尺寸要求：成品尺寸为“840毫米×570毫米”。

任务分析

设计师在开始设计之前要理解设计意图，并提出合理建议。任务要求海报要有视觉冲击力，那就要选择具有吸引消费者眼球的素材。成品尺寸为“840毫米×570毫米”，因为要留出出血位，因此海报的尺寸应设为“846毫米×576毫米”。由于海报是通过印刷方式完成的，所以要注意分辨率应为“300像素/英寸”。

本案例的难点

使用【钢笔工具】抠选图像

使用【钢笔工具】抠选图像

操作步骤详解

制作渐变背景

❶ 打开Photoshop CS5软件，执行【文件】>【新建】命令，在弹出的【新建】对话框中设置【名称】为“电影海报”，【宽度】和【高度】分别为“576毫米”和“846毫米”，【分辨率】为“200像素/英寸”，【颜色模式】为“RGB颜色”，【背景内容】为“透明”，单击【确定】按钮，如图3-1所示。

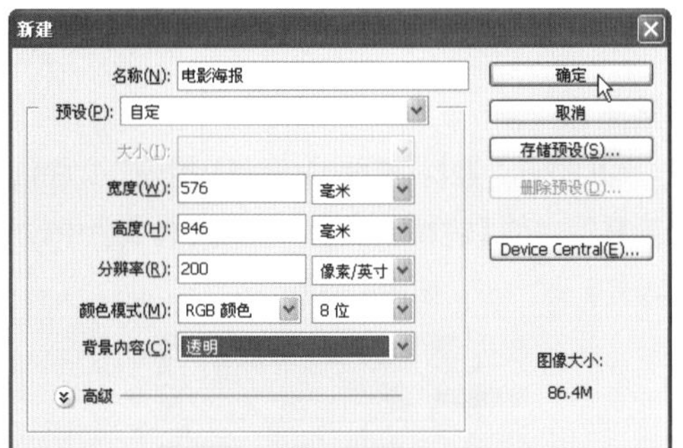

图3-1

❷ 选择工具箱中的【渐变工具】，单击工具选项栏中的【点按可编辑渐变】按钮，如图3-2所示。

图3-2

❸ 在弹出的【渐变编辑器】对话框中单击渐变条左下侧的滑块，再单击【色标】下的【颜色】色块，如图3-3所示。

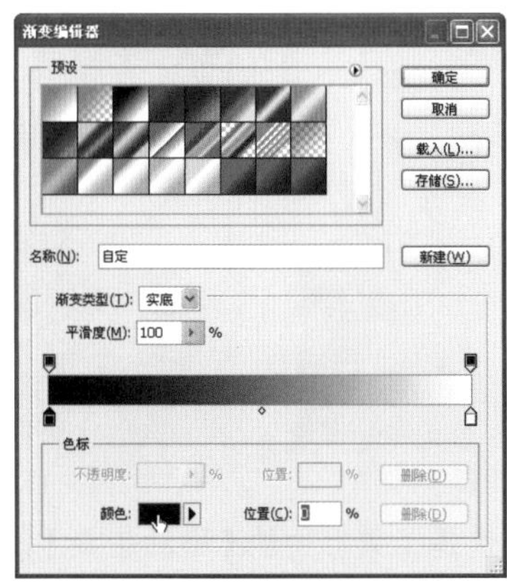

图3-3

❹ 在弹出的【选择色标颜色】对话框中设置渐变颜色分别为：“R180、G180、B182”，位置为“0%”；“R94、G104、B122”，位置为“49%”；“R46、G55、B69”，位置为“100%”，再单击【确定】按钮，如图3-4所示。

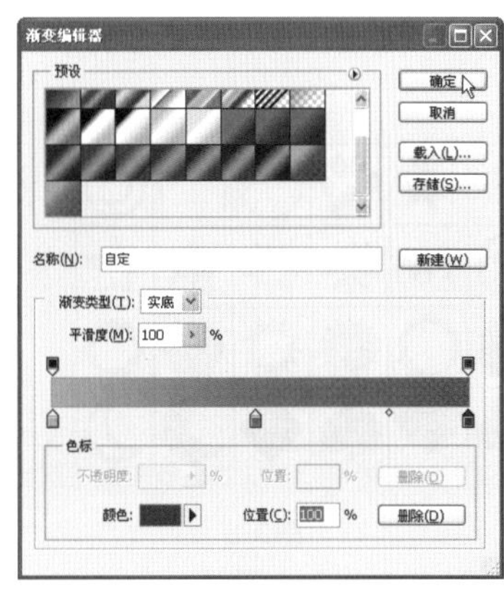

图3-4

❺ 确认前景色为黑色，然后按【Alt+ Delete】组合键为背景填充前景色，将图层命名为“背景”。在工具选项栏中单击【径向渐变】按钮，在文档的中心靠下的位置单击并拖曳至边角位置，将图层命名为“渐变背景”，【透明度】设置为“75%”，如图3-5和图3-6所示。

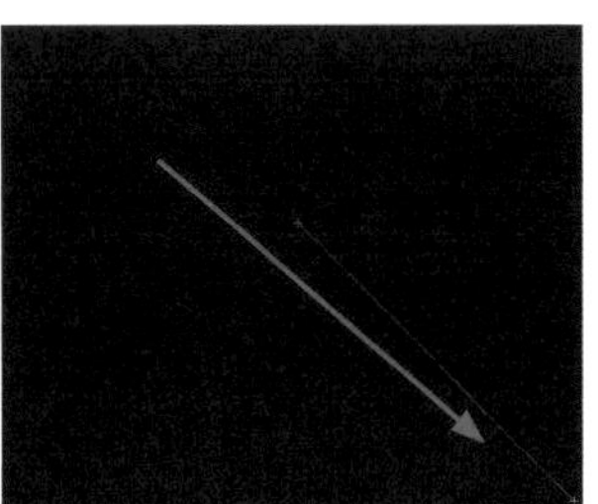

图3-5

图3-6

绘制星星

❻ 新建图层，将图层命名为“星星”。选择工具箱中的【自定形状工具】，如图3-7所示。单击【形状】右侧的下三角按钮，在弹出的下拉菜单中选择“星形”选项，如图3-8所示。

图3-7

图3-8

❼ 设置星星颜色分别为“C82、M72、Y62、K29”，然后按【Alt+Delete】组合键为星星填充颜色，如图3-9所示。按【Ctrl+J】组合键复制图层“星星”，多次复制图层“星星”后，将星星按照圆形的弧度调整至合适位置，如图3-10所示。

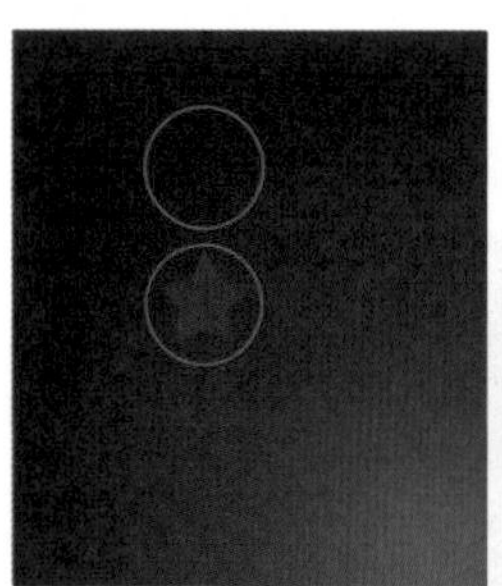

图3-9　图3-10

❽ 将鼠标指针放在【图层】面板的【创建新组】按钮上，单击创建新组，将组命名为“群星”，如图3-11所示。

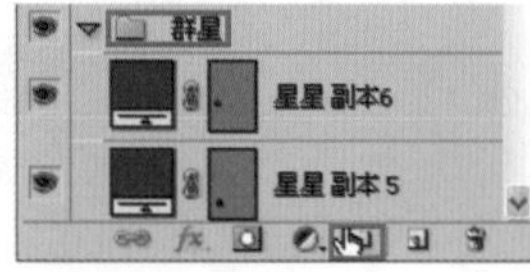

图3-11

❾ 选择“群星”组，按【Ctrl+J】组合键复制“群星”组，将组命名为“群星小”。按【Ctrl+T】组合键将会出现自由变换定界框，将鼠标放在自由定界框的右上角，鼠标指针将会变成 ，然后按住【Shift+Alt】组合键并将箭头向左下方拉至合适大小，按【Enter】键结束命令，如图3-12所示。

图3-12

抠选图像

❿ 打开“素材\模块03\任务1\男模”文件，选择工具箱中的【魔棒工具】，在工具选项栏中设置【容差】为“35”，如图3-13所示。

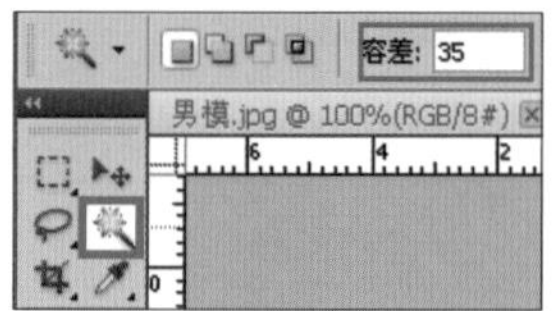

图3-13

⓫ 在文档中单击，可以看见蚂蚁线出现在文档上部的空白处，如图3-14所示。按【Delete】键删除男模背景色，然后按【Ctrl+D】组合键取消选区，如图3-15所示。

图3-14　图3-15

⓬ 选择工具箱中的【移动工具】，将男模拖曳到“电影海报”文档中，将图层命名为“男模”。按住【Ctrl】键单击图层“男模”，将会出现选区，执行【选择】>【修改】>【收缩】命令，在弹

出的【收缩选区】对话框中输入【收缩量】数值为“10”，如图3-16所示。然后再按【Ctrl+Shift+I】组合键反选选区，按【Delete】键删除收缩边缘选区，如图3-17和图3-18所示。

图3-16

图3-17　　图3-18

⑬ 选择工具箱中的【钢笔工具】，鼠标移动到文档后，鼠标指针变成形状。将鼠标指针移动到文档中男模手指处单击，将鼠标指针沿着男模手绘制路径。路径绘制结束后，右击，在弹出的快捷菜单中选择“建立选区”选项，如图3-19所示。在弹出的【建立选区】对话框中输入【羽化半径】数值为“1”，如图3-20所示。然后单击【确定】按钮，将会出现手部选区，如图3-21所示。

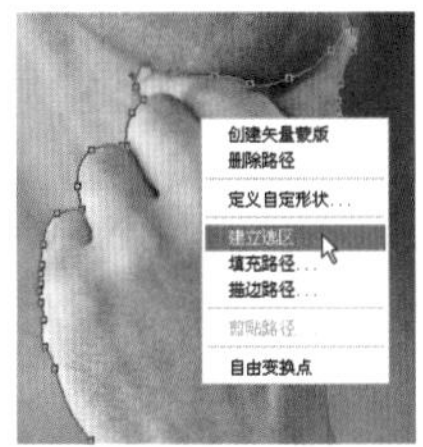

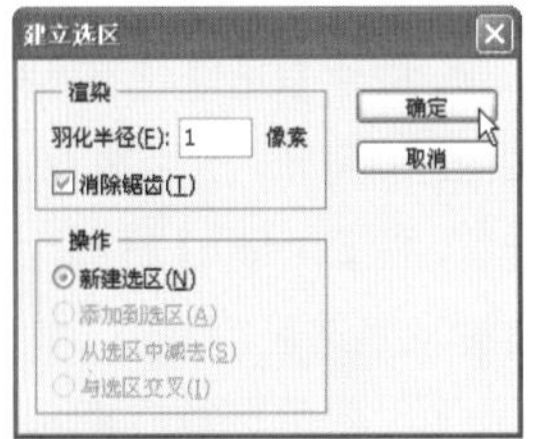

图3-19　　图3-20

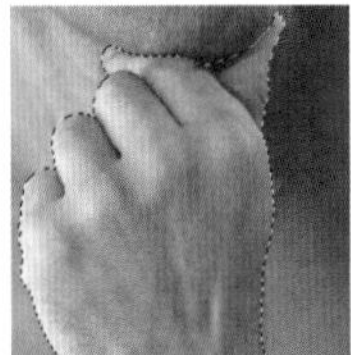
图3-21

⑭ 按【Ctrl+J】组合键复制图层“男模”，将会出现图层“男模副本”，将图层“男模副本”命名为“男模手”，按【Ctrl+Shift+I】组合键反选选区，然后按【Delete】键删除选区部分，如图3-22所示。将图层“男模”命名为“男模头”，如图3-23所示。

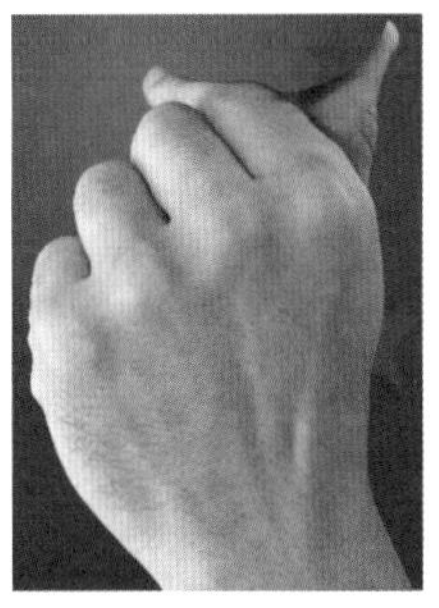

图3-22　　图3-23

⑮ 打开“素材\模块03\任务1\商务男”文件，选择工具箱中的【钢笔工具】，鼠标移动到文档后，鼠标指针变成形状。将鼠标指针移动到文档中商务男衣领处单击，将鼠标指针沿着商务男衣领进行路径的绘制。路径绘制结束后，右击，在弹出的快捷菜单中选择“建立选区”选项，在弹出的【建立选区】对话框中输入【羽化半径】数值为“0”，并将图层命名为“衣领”，如图3-24所示。然后单击【确定】按钮，将会出现衣领部选区，按【Ctrl+Shift+I】组合键反选选区，然后按【Delete】键删除选区，并按【Ctrl+D】组合键取消选区，如图3-25所示。

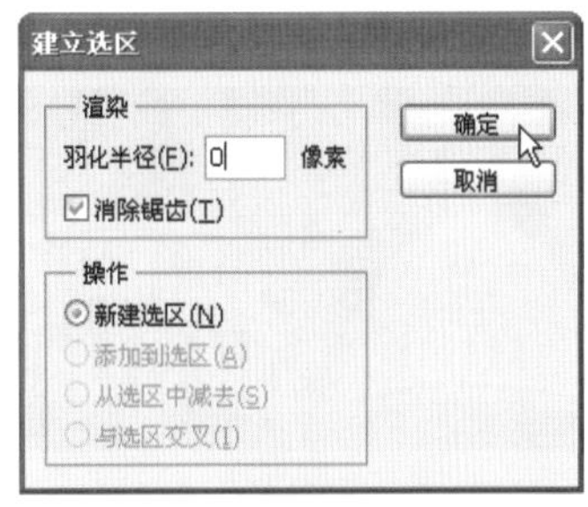

图3-24

图3-25

⑯ 将鼠标指针放在图层“衣领”上并右击，在

弹出的快捷菜单中选择“混合模式”选项，在弹出的【图层样式】对话框中，勾选【投影】复选框，并根据图3-26输入数值。将图层“男模头”放在图层“衣领”下方，将图层“男模手”放在图层“衣领”上方，如图3-27和图3-28所示。

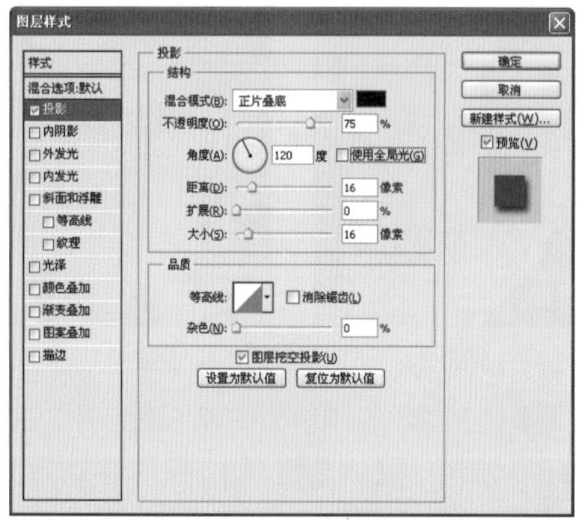

图3-26

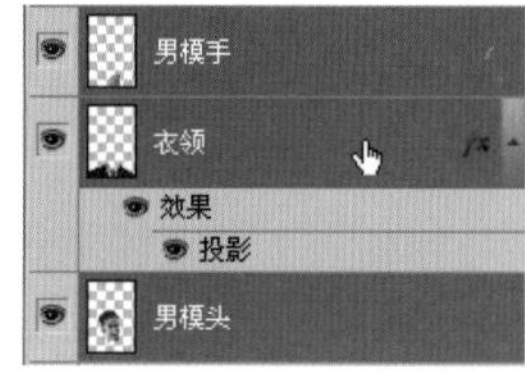

图3-27

图3-28

⑰ 打开“素材\模块03\任务1\建筑”文件，选择工具箱中的【钢笔工具】，分别抠选建筑图形，并将抠选出来的图形图层命名为“建筑”和“建筑顶部”，如图3-29所示。

图3-29

⑱ 选择图层“建筑”，按【Ctrl+T】组合键将会出现自由变换定界框，将鼠标移至定界框的右上角，鼠标指针将会出现形状，然后根据男模头的尺寸将建筑旋转至合适位置和大小，然后执行【编辑】>【变换】>【变形】命令，将会出现形状控制选框，用鼠标拖曳控制选框的变形锚点拖曳至适合模特头的形状，如图3-30所示。将鼠标指针放在图层“建筑”上并右击，在弹出的快捷菜单中选择“混合模式”选项，在弹出的【图层样式】对话框中，勾选【投影】复选框，并根据图示输入数值，如图3-31所示。

图3-30

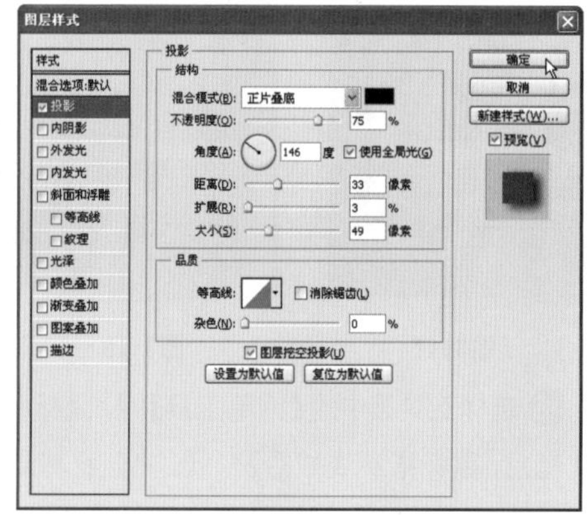

图3-31

⑲ 打开“素材\模块03\任务1\手”文件，选择工具箱中的【钢笔工具】，沿着手的轮廓添加锚点，直至形成闭合路径。打开【路径】面板，双击工作路径[1]，在弹出的【存储路径】对话框中设置【名称】为“路径1”，单击【确定】按钮，如图3-32所示。按住【Ctrl】键在“路径1”上单击调出选区，如图3-33所示。然后按【Ctrl+Shift+I】组合键反选选区，按【Delete】键删除选区，并按【Ctrl+D】组合键取消选区，如图3-34所示。

⑳ 将鼠标放在图层“手”上，并右击，在弹出的快捷菜单中选择“复制图层”选项，在弹出的【复制图层】对话框中选择“文档”中的“电影海报.psd”选项，单击【确定】按钮，如图3-35所示。

图3-32

图3-33

图3-34

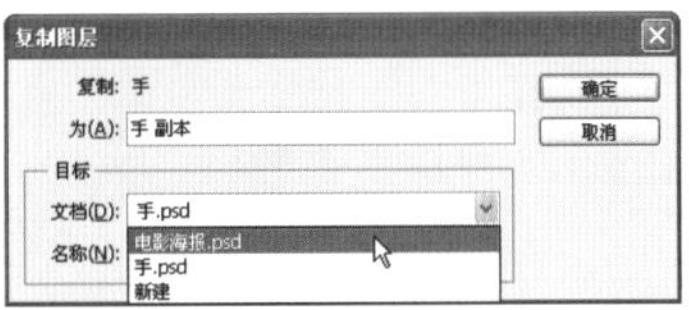
图3-35

㉑ 按【Ctrl+T】组合键将会出现自由变换定界框，将鼠标移至定界框的右上角对图层“手”进行旋转至合适位置，如图3-36所示。

图3-36

㉒ 打开“素材\模块03\任务1\钱箱包”文件，如图3-37所示。选择在工具箱中的【钢笔工具】，沿着图片中包的轮廓添加锚点，直至形成闭合路径，然后右击，在弹出的快捷菜单中选择“建立选区”选项，然后再按【Ctrl+Shift+I】组合键反选选区，按【Delete】键删除选区，并按【Ctrl+D】组合键取消选区，将图层命名为“包”，如图3-38所示。

图3-37

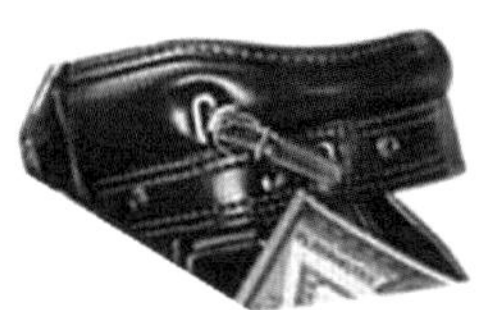
图3-38

㉓ 打开“素材\模块03\任务1\高尔夫”文件，如图3-39所示。选择工具箱中的【钢笔工具】进行图形抠选，将抠选出来的图层命名为“高尔夫棒”，如图3-40所示。

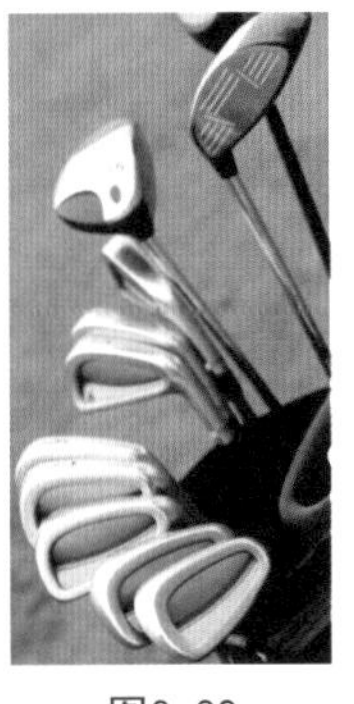
图3-39

图3-40

㉔ 选择图层“高尔夫棒”，并按【Ctrl+J】组合键复制图层，分别将复制的图层命名为“高尔夫棒1”、“高尔夫棒2”、“高尔夫棒3”、“高尔夫棒4”，如图3-41所示。然后单击【图层】面板下方的【创建新组】按钮，创建新组并将组命名为“golf”，单击图层“高尔夫棒1”，按住【Shift】键再单击图层“高尔夫棒4”，选中四个图层后将这四个图层拖曳至“golf”组，如图3-42所示。

图3-41

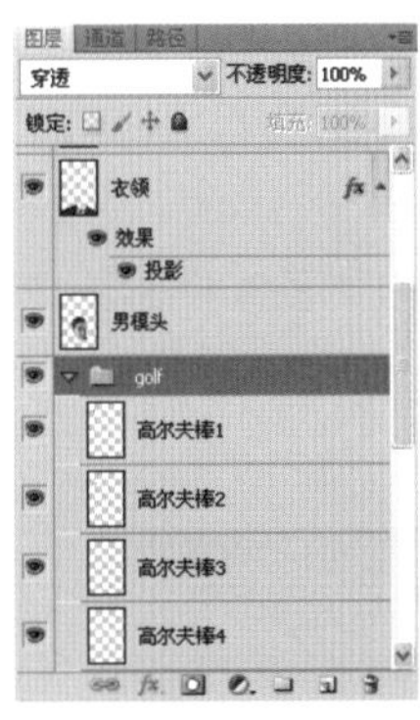
图3-42

㉕ 按【Ctrl+J】组合键复制图层“高尔夫棒1”，并将图层命名为“高尔夫棒1副本”和“高尔夫球棒1副本1”，再按【Ctrl+J】组合键复制图层“高尔夫棒2/3/4”三个图层，并将图层命名为“高尔夫棒2/3/4副本”，选择图层“高尔夫棒4副本”并右击，在弹出的快捷菜单中选择“混合模式”>“投影”选项，弹出【图层样式】对话框，在其中设置数值，单击【确定】按钮，如图3-43所示。按住【Shift】键选择图层“高尔夫棒2/3副本”并右击，在弹出的快捷菜单中选择“合并图层”选项，并将合并后的图层命名为“高尔夫棒2+3”，如图3-44所示。

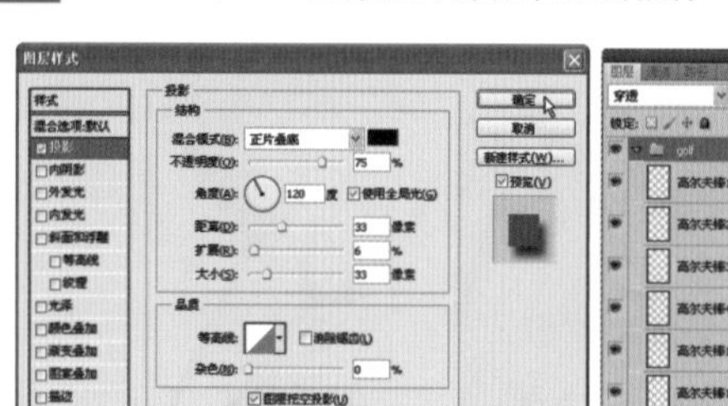

图3-43　　图3-44

㉖ 按【Ctrl+T】组合键对“golf”组中的图层进行调整，如图3-45和图3-46所示。

图3-45　　图3-46

㉗ 按【Ctrl+T】组合键对“golf”组和图层“包”进行调整，然后将图层“包”拖曳至“golf”组中，如图3-47所示。将“golf”组复制到“电影海报.psd”文档中，如图3-48所示。

图3-47　　图3-48

㉘ 打开“素材\模块03\任务1\美腿”文件，选择工具箱中的【钢笔工具】进行图形抠选，将抠选出来的图层命名为“美腿”，然后选择图层“美腿”并右击，在弹出的面板中选择“混合模式”>“投影”选项，在弹出的对话框中设置数值，单击【确定】按钮，如图3-49所示。将图层“美腿”复制到“电影海报.psd”文档中，按【Ctrl+T】组合键对图层“美腿”进行调整，如图3-50所示。

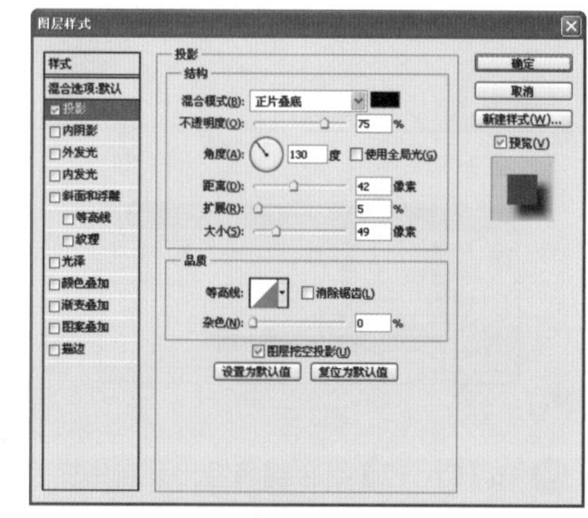

图3-49

图3-50

㉙ 打开“素材\模块03\任务1\钱币”文件，选择“钱币”组，右击，在弹出的快捷菜单上选择“复制组”选项，弹出【复制组】对话框，在【目标】选项组的【文档】下拉列表框中选择“电影海报.psd”选项，如图3-51所示。

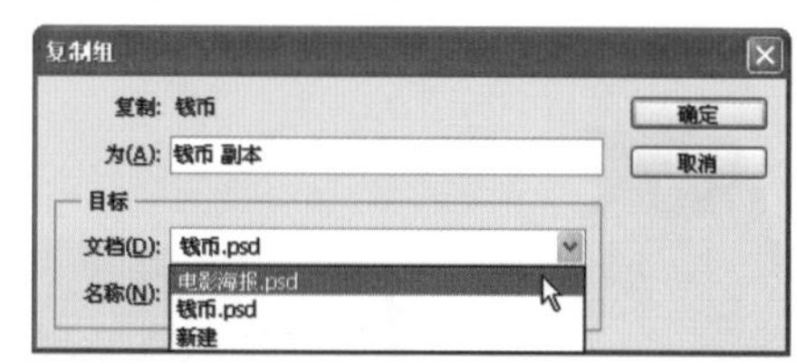

图3-51

㉚ 选择“钱币”组，并将其拖曳至图层“美腿”下方，然后将“钱币”组调整至如图3-52所示位置。

图3-52

㉛ 打开“素材\模块03\任务1\扑克”文件，选择“扑克牌”组，右击，在弹出的快捷菜单中选择“复制组”选项，弹出【复制组】对话框，在【目标】选项组的【文档】下拉列表框中选择“电影海报.psd”选项，结果如图3-53所示。

图3-53

㉜ 选择“扑克牌”组，将其拖曳至图层“城堡”的上方，按【Ctrl+T】组合键将“扑克牌”组调整至如图3-54所示位置，然后按【Enter】键结束命令。

图3-54

㉝ 选择图层“建筑顶部”，然后执行【图像】>【调整】>【亮度/对比度】命令，在弹出的【亮度/对比度】对话框中设置数值如图3-55所示。按【Ctrl+T】组合键将图层“建筑顶部”调整至合适大小和位置，如图3-56所示。

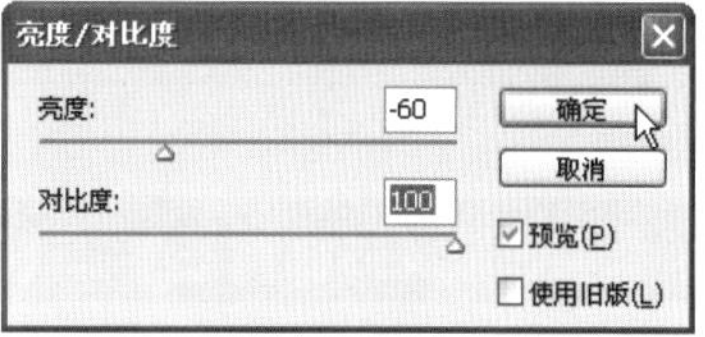

图3-55

图3-56

制作文字

㉞ 打开“素材\模块03\任务1\电影海报文本”文件，选择“文本一”中的内容，将其复制。选择工具箱中的【横排文字工具】，在画面上单击鼠标指针会出现形状，粘贴文字，如图3-57和图3-58所示。

图3-57

Casino Jack

图3-58

㉟ 打开“素材\模块03\任务1\电影海报文本”文件，选择“文本二”中的内容，将其复制。选择工具箱中的【横排文字工具】，粘贴文字，如图3-59和图3-60所示。

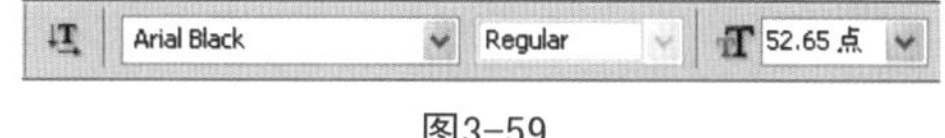

图3-59

and the United States of Money

图3-60

㊱ 打开“素材\模块03\任务1\电影海报文本”文件，选择“文本三”中的内容，将其复制。选择工具箱中的【横排文字工具】，粘贴文字，如图3-61和图3-62所示。

图3-61

AN ALEX GIBNEY FILM

图3-62

37 打开“素材\模块03\任务1\电影海报文本x”文件，选择“文本四”中的内容，将其复制。选择工具箱中的【横排文字工具】，粘贴文字，如图3-63和图3-64所示。

图3-63

Come See Where Your Democracy Went

图3-64

38 打开“素材\模块03\任务1\电影海报文本”文件，选择“文本五”中的内容，将其复制。选择工具箱中的【横排文字工具】，粘贴文字，如图3-65和图3-66所示。

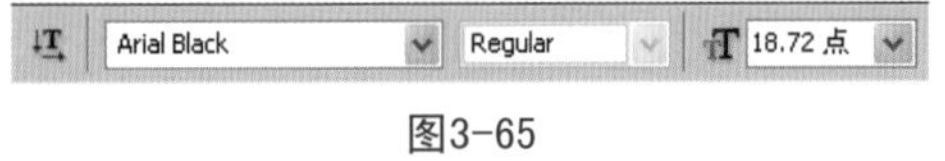

图3-65

Kahfe Haoih;a apdoa khi Iksjda Ikhdihise khi ks ahhi sh dfhai dkshfa khdiah khkshia
oiy ie shiehko kabfjhu niyie hu hjhu liiile higfiag Where you arehehreh is comming sopn.

图3-66

39 打开“素材\模块03\任务1\电影海报文本”文件，选择“文本六”中的内容，将其复制。选择工具箱中的【横排文字工具】，粘贴文字，如图3-67和图3-68所示。

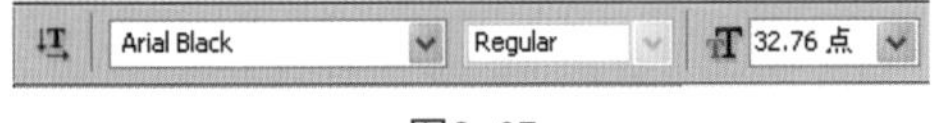

图3-67

COMING SOON

图3-68

40 打开“素材\模块03\任务1\电影海报文本”文件，选择“文本七”中的内容，将其复制。选择工具箱中的【横排文字工具】，粘贴文字，如图3-69和图3-70所示。

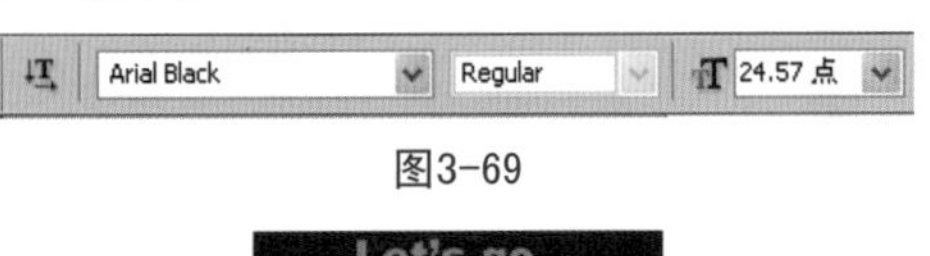

图3-69

Let's go
now

图3-70

41 选择工具箱中的【移动工具】，将输入好的文字图层调整至合适位置。单击【图层】面板中的【创建新组】按钮，并将组命名为“文字”，然后按【Shift】键，全选文字图层，将其拖曳到“文字”组中，如图3-71和图3-72所示。

图3-71

图3-72

42 按【Shift】键选择图层“衣领”、“男模手”、“男模头”，右击合并图层，将合并后的图层命名为“男模”。选择工具箱中的【加深工具】，如图3-73所示，并将前景色设为黑色，对图层“男模”加深至适当效果，如图3-74所示。

图3-73

图3-74

知识点拓展

01 钢笔工具

在Photoshop CS5中提供了很多钢笔工具，标准钢笔工具可用于绘制具有最高精度的图像；自由钢笔工具可像使用铅笔在纸上绘图一样来绘制路径；磁性钢笔选项可用于绘制与图像中已定义区域的边缘对齐的路径。可以组合使用【钢笔工具】和【形状工具】以创建复杂的形状。

1. 使用【钢笔工具】绘图

（1）使用【钢笔工具】创建直线路径

选择工具箱中的【钢笔工具】，然后在工具选项栏中单击按钮，然后将鼠标放在画板中，当鼠标指针变成形状以后，就可以通过单击创建一个锚点，然后释放鼠标左键，将鼠标指针移至另一位置，再单击创建第二个锚点，然后将鼠标指针放回第一个锚点的位置后，鼠标指针会变成形状，单击便闭合路径，如图3-75所示。

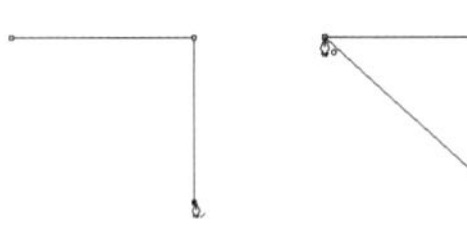

图3-75

（2）使用【钢笔工具】创建曲线路径

选择工具箱中的【钢笔工具】，然后在工具选项栏中单击按钮，然后将鼠标放在画板中，当鼠标指针变成形状以后，就可以单击创建一个平滑点，然后释放鼠标左键，将鼠标指针移至另一位置，再单击创建第二个平滑点，然后将鼠标指针放回第一个平滑点的位置后，鼠标指针会变成形状，单击便闭合路径，如图3-76所示。

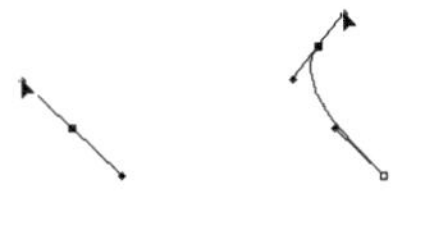

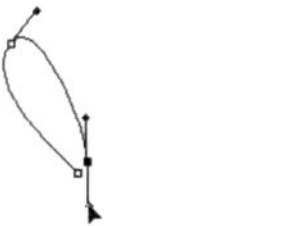

图3-76

（3）使用【钢笔工具】创建转角曲线路径

选择工具箱中的【钢笔工具】，然后在工具选项栏中单击按钮，然后将鼠标放在画板中，当鼠标指针变成形状以后，就可以单击创建一个平滑点，然后释放鼠标左键，将鼠标指针移至下一个锚点的位置，再单击但是不要拖曳创建第二个角点，然

知识：

钢笔工具组中包括【钢笔工具】、【自由钢笔工具】、【添加锚点工具】、【删除锚点工具】、【转换点工具】五个工具，如下图所示。

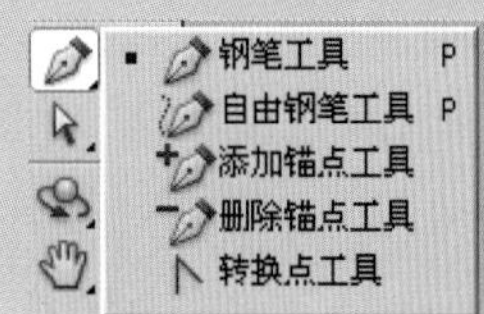

知识：

使用钢笔工具组中的工具绘制的曲线又叫做贝塞尔曲线，和CorelDraw中的贝塞尔工具是一样的。

后将鼠标指针放回第一个平滑点的位置后，鼠标指针会变成 形状，单击便闭合路径，如图3-77所示。

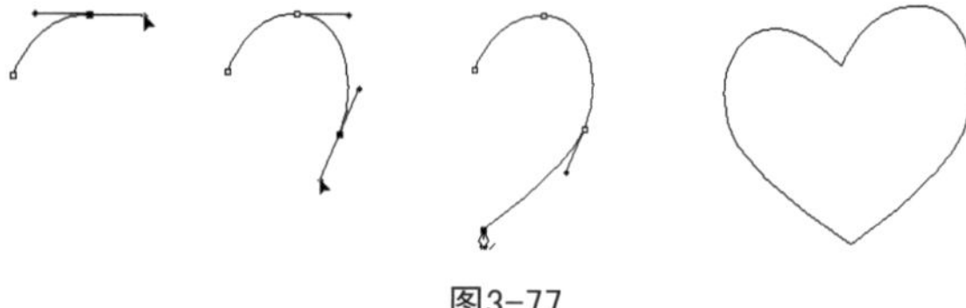
图3-77

2. 编辑路径

（1）选择、移动路径和锚点

路径选择工具组有【路径选择工具】和【直接选择工具】两个工具。【路径选择工具】可以将整个路径选中，【直接选择工具】可以选择路径上的锚点，如图3-78所示。

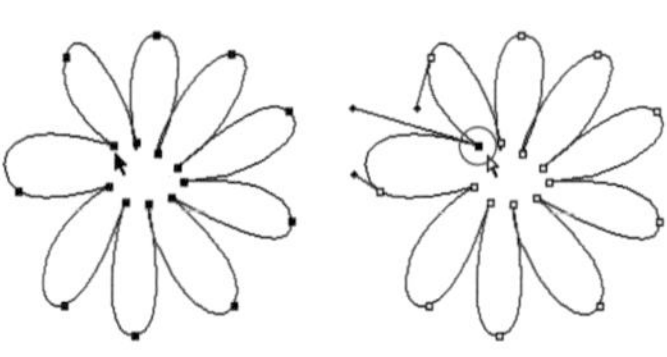
图3-78

（2）删除和添加锚点

在【钢笔工具】中  按钮是用来添加锚点，  按钮是用来删除锚点的。添加锚点时将鼠标指针放在需要添加锚点的路径上，然后当鼠标指针变成 形状后，单击即可添加一个锚点；删除锚点则是将鼠标指针放在需要删除锚点的路径上，然后当鼠标指针变成 形状后，单击即可删除一个锚点。添加和删除锚点操作如图3-79所示。

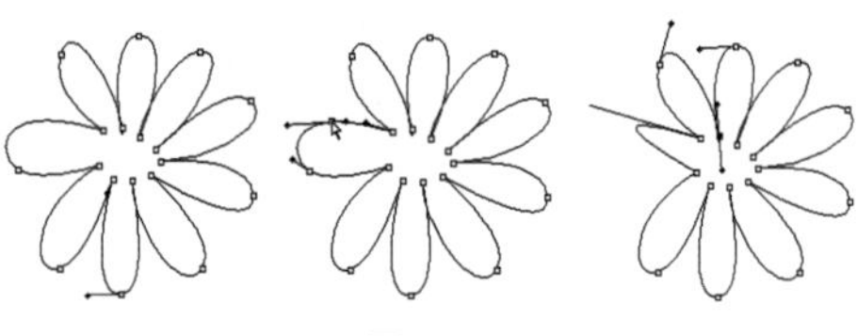
图3-79

（3）转换锚点

如果要转换锚点的类型可以单击 按钮，如果当前锚点是平滑点，单击 按钮可以使其变成角点；如果当前锚点是角点，单击 按钮并拖曳鼠标则可以将锚点转换成平滑点，如图3-80所示。

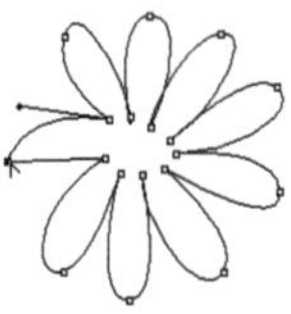
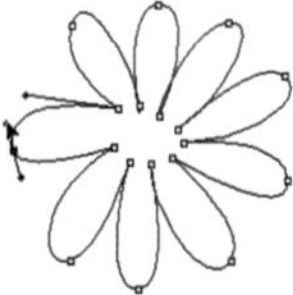
图3-80

知识：

使用【钢笔工具】绘制锚点时，如果上一个锚点绘制的是平滑点，第二个锚点要绘制角点，那么可以在绘制角点的时候按住【Alt】键，然后再绘制角点。

提示：

按住【Alt】键单击一个路径段，然后再绘制角点。可以选择该路径及路径段上所有的锚点。

知识：

使用【直接选择工具】 时，按住【Ctrl+Alt】组合键，即可切换为【转换点工具】，单击并拖曳锚点可将其转换为平滑点；按住【Ctrl+Alt】组合键，即可切换为【转换点工具】，单击可将其转换为角点；使用 时，将鼠标指针放在锚点上，按住【Alt】键，即可切换为转换点工具。

3.【路径】面板

【路径】面板是用来管理和保存路径的，面板中显示的是工作区中的【工作路径】和【矢量蒙版】的缩略图。

（1）了解【路径】面板

执行【窗口】>【路径】命令，打开【路径】面板。单击面板右上角的下拉菜单按钮，可以弹出【路径】面板的其他选项，如图3-81所示。

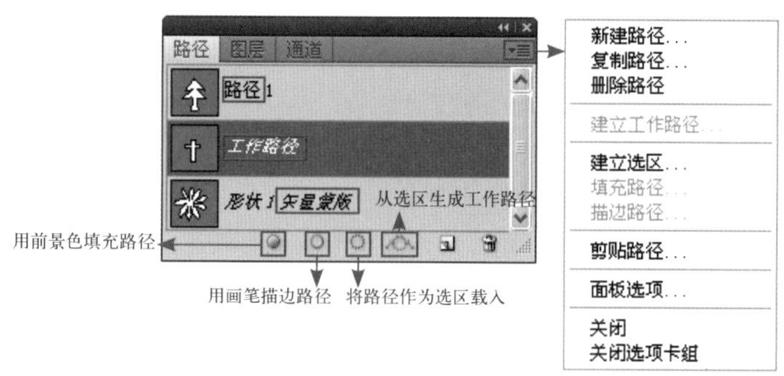

图3-81

（2）了解工作路径和新建路径

绘制路径后【路径】面板中会出现“工作路径”层，此时的“工作路径”层是临时路径，是不被保存的可以被新的路径层所替代，如图3-82所示。双击“工作路径”层，默认会将其命名为“路径1”，“路径1”层是被保护的路径，不会被覆盖，如图3-83所示。

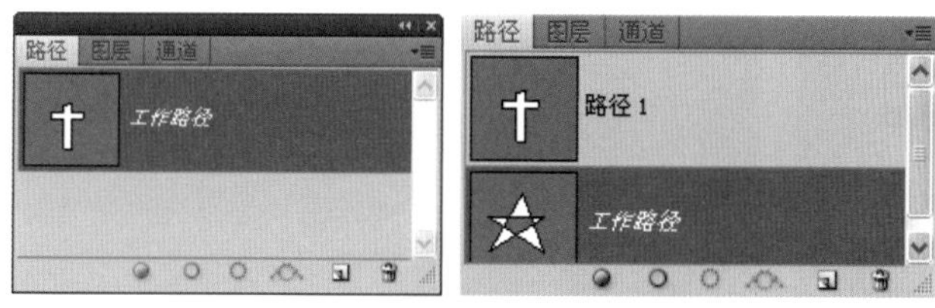

图3-82

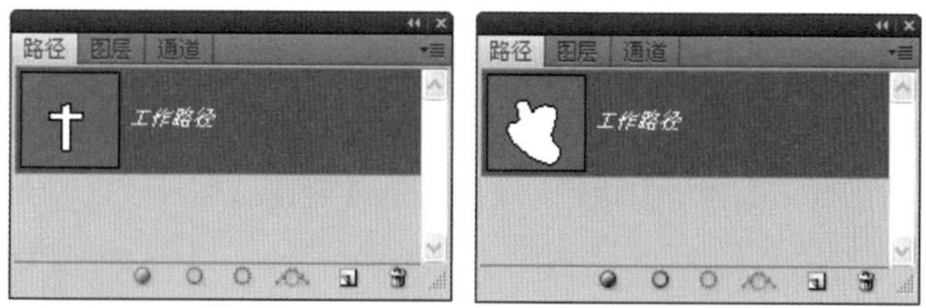

图3-83

单击【路径】面板中的【创建新路径】按钮，可以创建新路径层，如图3-84所示。还可以按住【Alt】键单击按钮，在弹出的【路径】对话框中输入路径名称，如图3-85所示。

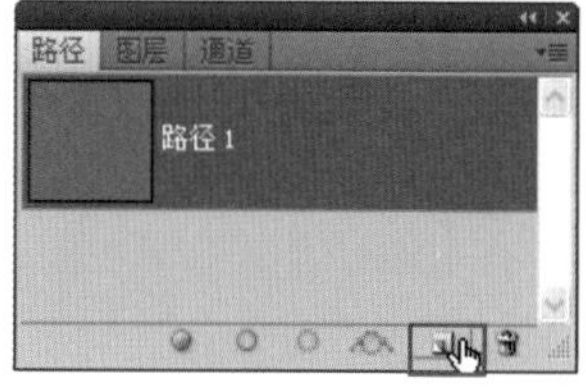

图3-84

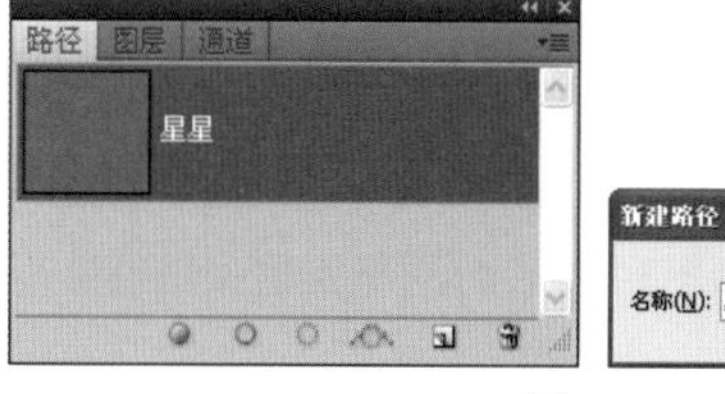

图3-85

（3）选择和隐藏路径

将鼠标指针放在路径层上，单击即可选择路径；将鼠标指针放在【路径】面板的空白处单击则取消选择路径，上述操作如图3-86所示。

图3-86

（4）复制和删除路径

在【路径】面板中复制路径层，可以用鼠标左键单击选中需要复制的路径层，然后按住路径层拖曳到按钮上，如图3-87所示；也可以选择路径层，选择工具箱中的【路径选择工具】，然后选择画面中的路径，执行【编辑】>【拷贝】命令，然后再执行【编辑】>【粘贴】命令，即完成路径的复制，如图3-88所示。

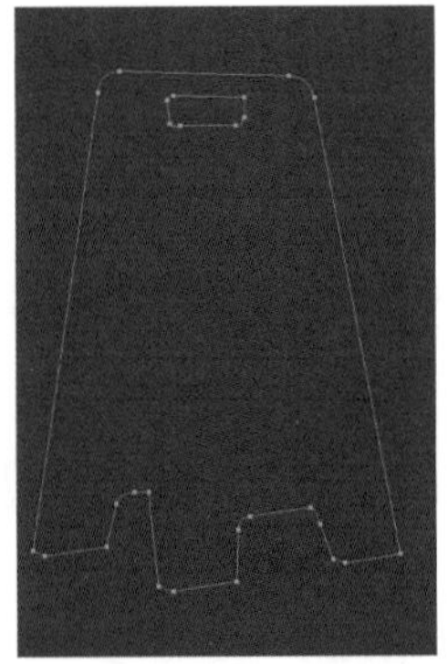

图3-87 图3-88

在【路径】面板中选择路径，单击【删除】按钮，在弹出的对话框中单击【是】按钮，即可删除路径；也可以选择工具箱中的【路径选择工具】，然后选中画面中的路径，按【Delete】键删除路径。

4. 路径与选区

使用【钢笔工具】绘制路径以后，可以右击，在弹出的快捷菜单中选择“建立选区”选项，即可将路径转换为选区，如图3-89所示；也可以选择【路径】面板中的路径层，然后按住【Ctrl】键单击路径层缩略图，路径即可转换为选区。

如果要修改选区边界，可以执行【选择】>【修改】>【边界/平滑/扩展/收缩/羽化】命令，如图3-90所示，可根据需要进行选择来修改选区。

提 示：

可以按【Ctrl+H】组合键隐藏面板中的路径层，然后再次按【Ctrl+H】组合键可以重新显示面板中的路径层。

知 识：

路径绘制完成后右击，在弹出的快捷菜单中选择“建立选区”选项后会弹出【建立选区】对话框，在对话框中可以通过改变【羽化半径】的数值，来对选区进行羽化，数值越大，羽化的程度越明显；数值越小，羽化的程度越不明显。

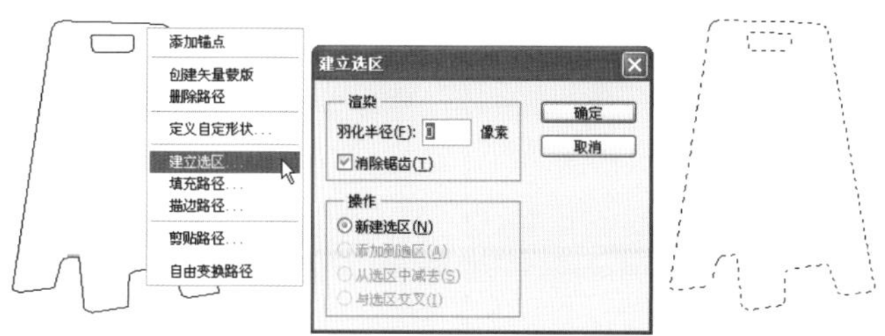

图3-89

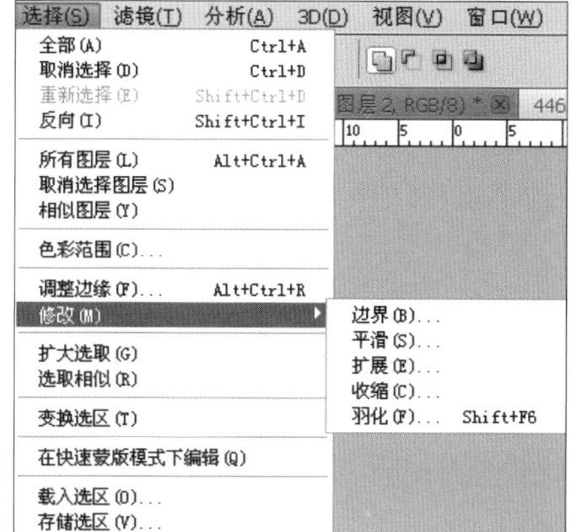

图3-90

02 形状工具

在Photoshop CS5中包含了六种形状工具：【矩形工具】、【圆角矩形工具】、【椭圆工具】、【多边形工具】、【直线工具】、【自定形状工具】，如图3-91所示。

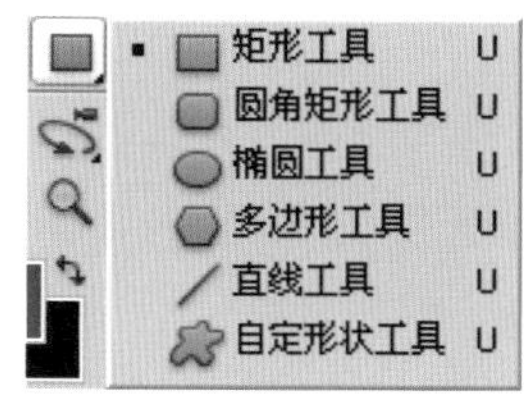

图3-91

1. 矩形工具

选择工具箱中的【矩形工具】，单击鼠标并拖曳可以创建矩形。选择【矩形工具】并按住【Shift】键拖曳鼠标可以绘制正方形；按住【Alt】键以鼠标单击时鼠标指针为中心点向外绘制矩形；按住【Shift+Alt】组合键则会以鼠标单击时鼠标指针为中心点向外绘制正方形。

2. 圆角矩形工具

【圆角矩形工具】的绘制可以通过对工具选项栏中“半径”数值的调整来绘制出不同的圆角矩形，如图3-92所示。

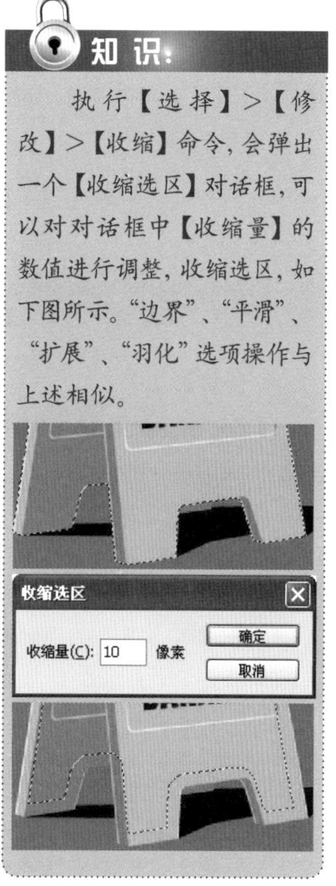

知识：

执行【选择】>【修改】>【收缩】命令，会弹出一个【收缩选区】对话框，可以对对话框中【收缩量】的数值进行调整，收缩选区，如下图所示。“边界”、“平滑”、“扩展”、“羽化”选项操作与上述相似。

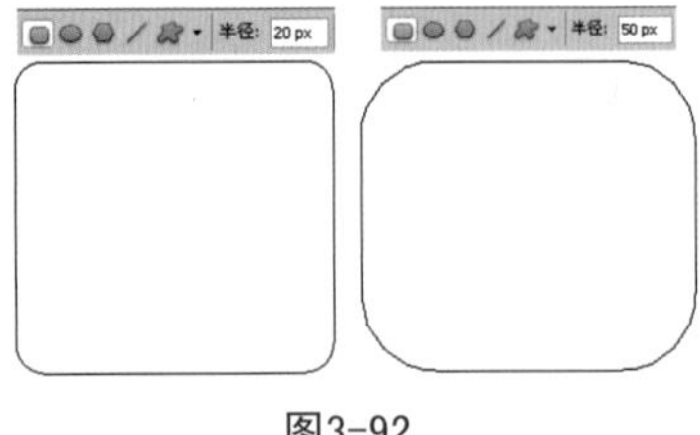

图3-92

3. 椭圆工具

【椭圆工具】可以用来绘制椭圆和正圆。通过按住【Shift】键可以绘制圆形，如图3-93所示。

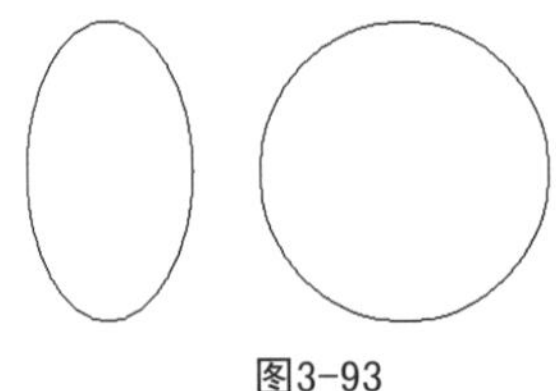

图3-93

4. 多边形工具

【多边形工具】可以通过设置【边】的数值来绘制不同的多边形，如图3-94所示。

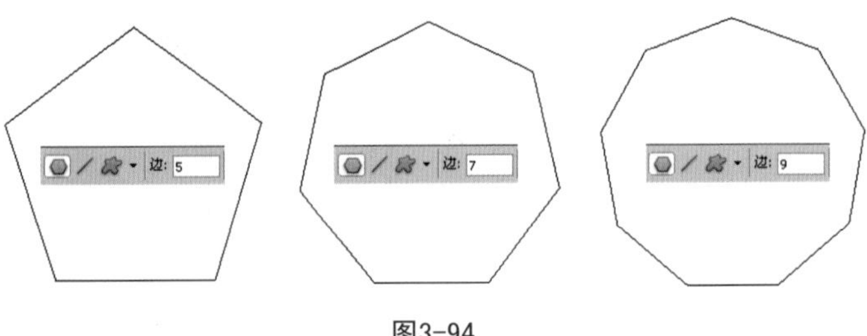

图3-94

5. 直线工具

【直线工具】可以用来创建直线。选择此工具后，还可以通过按住【Shift】键来创建水平、垂直、45°角的直线，如图3-95所示。

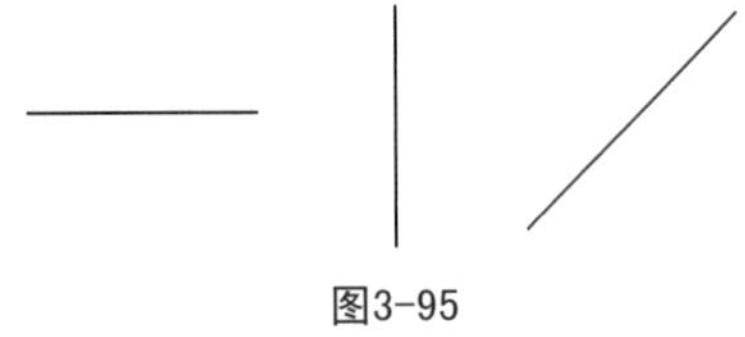

图3-95

6. 自定形状工具

【自定形状工具】可以自定义形状或者选择由外部提供的形状，在选择【自定形状工具】之后，单击工具选项栏中的【形状】旁边的下三角按钮，会弹出如图3-96所示的快捷菜单，然后在其中选择所需图形在画板中绘制即可。

提示：

在使用【形状工具】绘制图形的过程中，如果想要移动正在绘制的图形，可以按住空格键，然后拖曳鼠标，就可以在绘制图形的过程中不改变图形形状的情况下，移动图形。

如果想要绘制更多的自定义形状。还可以单击形状库面板右侧的▶按钮，在弹出的菜单中，可以选择所需要的类型的形状（例如：选择动物），然后会弹出一个对话框，单击【追加】按钮，则可在原图形的基础上添加载入的图形。

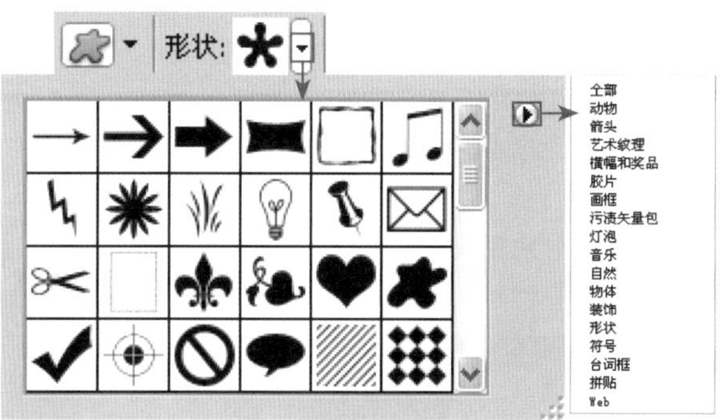

图3-96

03 文字

文字是用来传达作品信息的最主要的方式，在平面设计中文字除了具有记录和表达的功能外，还起到美化版面、强化主体的作用，是作品的重要组成部分。

在Photoshop CS5中，文字工具包括【横排文字工具】、【直排文字工具】、【横排文字蒙版工具】和【直排文字蒙版工具】。运用文字工具可以创建横排文字和直排文字，并能很方便地为文字设置字体、字号和颜色。

1. 文字工具的选项栏

在使用文字工具输入文字之前，先要做好准备工作，就是要将文字工具选项栏中各个选项按照其所需进行设置，如图3-97所示。

图3-97

（1）更改文本方向

根据需要单击按钮，可以将横排文本转换成为直排文本，也可以将直排文本转换成为横排文本。

（2）设置消除文字锯齿

可通过对这个选项的设置，改变文字轮廓的锯齿使其平滑，如图3-98所示。

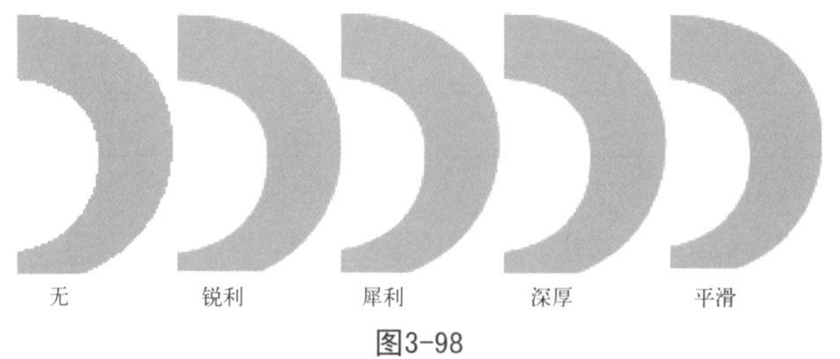

图3-98

2. 创建点文字和段落文字

(1) 创建点文字

点文字通常指的是水平或垂直的较少文字组成的文本行，选择工具箱中的【横排文字工具】T，然后设置字体、字号和颜色，如图3-99所示。

图3-99

在画板空白处单击，鼠标指针则会变成I形状，然后输入文字，同时【图层】面板中也会生成一个文字图层，如图3-100所示。

图3-100

(2) 创建段落文字

选择工具箱中的【横排文字工具】T，然后将鼠标放在画板空白处，当鼠标指针变成I形状时，按住鼠标左键并向画板右下角拖曳鼠标，此时会出现一个文本框，如图3-101所示，在其中输入文本后，按【Ctrl+Enter】组合键即可创建段落文本，如图3-102所示。

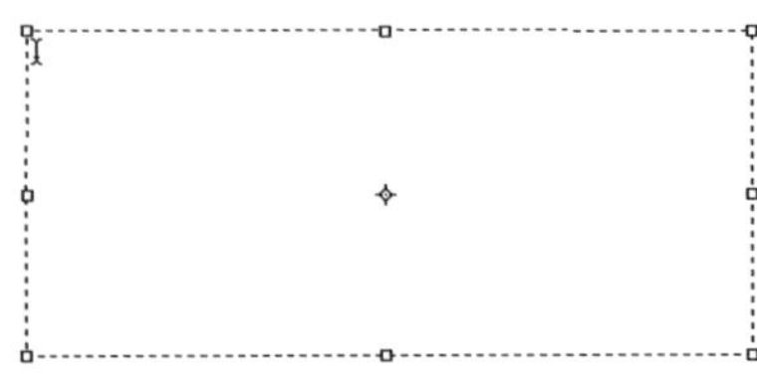

图3-101

图3-102

3. 文字的变形

变形文字只是对文字进行如扇形、拱形等简单的形状处理。

知 识:

单击并拖曳鼠标定义文本框时，如果同时按住【Alt】键，则会弹出【段落文字大小】对话框，在对话框中设置【宽度】和【高度】值，可以精确定义文字区域的大小。

提 示:

在Photoshop中虽然能很方便地对文字进行设置，但不能处理大段文字，因为它不是排版软件。在遇到大段文字时，应该用专业的排版软件进行处理，如InDesign。

(1) 创建变形文字

执行【图层】>【文字】>【文字变形】命令，在弹出的【文字变形】对话框中，单击【样式】右边的下拉按钮，在弹出的下拉菜单中选择“变形”选项，如图3-103所示。

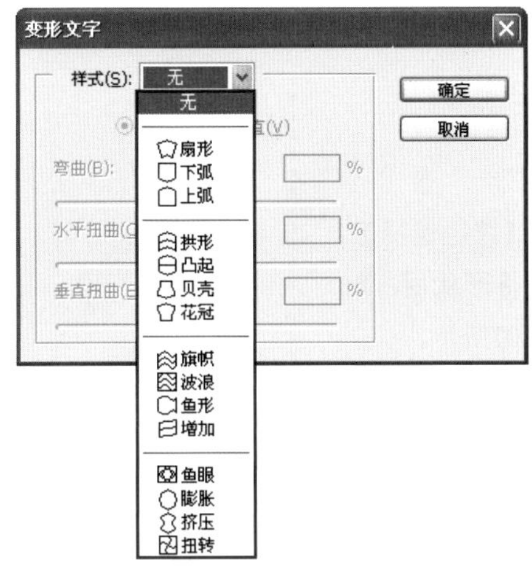

图3-103

(2) 设置变形选项

在【变形文字】对话框中可以选择不同的变形选项，每种变形选项都有不同的效果，如图3-104所示。还可以通过对【弯曲】、【水平扭曲】、【垂直扭曲】数值的设置来控制不同选项的效果。

图3-104

4. 路径文字

路径文字指的是沿路径的轮廓形状排列的文字，创建路径文字可以使文字在设计中更加活泼生动，吸引读者。

(1) 创建路径文字

选择工具箱中的【钢笔工具】，绘制一段路径，然后选择【横排文字工具】，将鼠标指针放在路径上，鼠标指针会变成形状，单击并输入文字，按【Ctrl+Enter】组合键即可创建路径文字，如图3-105所示。

图3-105

知识：

使用【横排文字蒙版工具】和【直排文字蒙版工具】创建选区时，在文本输入状态下同样可以进行变形操作，这样可以得到变形的文字选区。

在路径文字上右击，在弹出的快捷菜单中勾选【垂直】复选框，路径文字会变成如图3-106所示的效果（若勾选【水平】复选框，则出现如图3-105所示效果）。

图3-106

（2）移动和翻转路径文字

选择工具箱中的【直接选择工具】或者选择【路径选择工具】，将鼠标指针放在路径上，当鼠标指针变成形状后，单击并沿着路径轮廓形状拖曳可以移动文字，如图3-107所示。

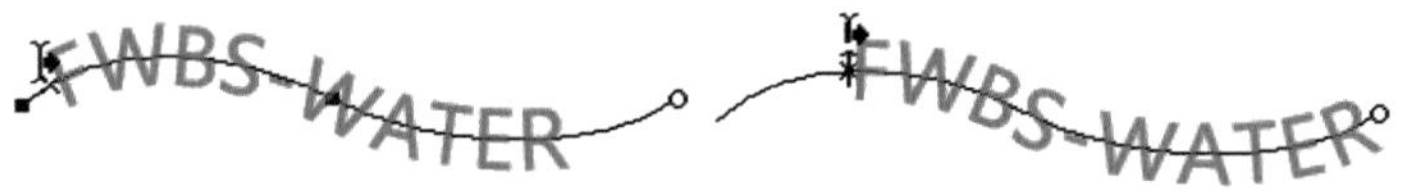

图3-107

在路径上单击，当鼠标指针变成形状后，向路径另一方向拖曳文字，可以翻转文字，如图3-108所示。

图3-108

5. 使用【字符】面板设置文字属性

执行【窗口】>【字符】命令，会打开【字符】面板，也可以单击文字工具选项栏中的按钮，也可打开【字符】面板，如图3-109所示。

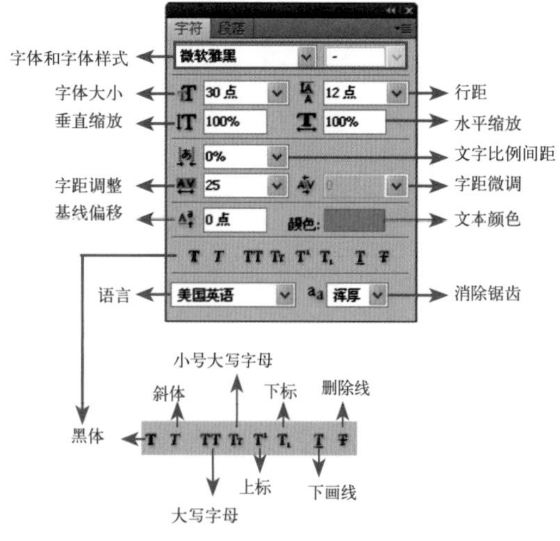

图3-109

> **提 示：**
> 用于排列文字的路径既可以是开放的，也可以是闭合的。

(1) 行距

【行距】指的是行与行之间的距离，通过调整的数值大小，可以改变文字行之间的距离，如图3-110所示。

图3-110

(2) 水平/垂直缩放

【水平/垂直缩放】用来调整文字的宽高比例，如图3-111所示。【水平缩放】通过调整宽度来改变文字的宽高比例；【垂直缩放】通过调整高度来改变文字的宽高比例。

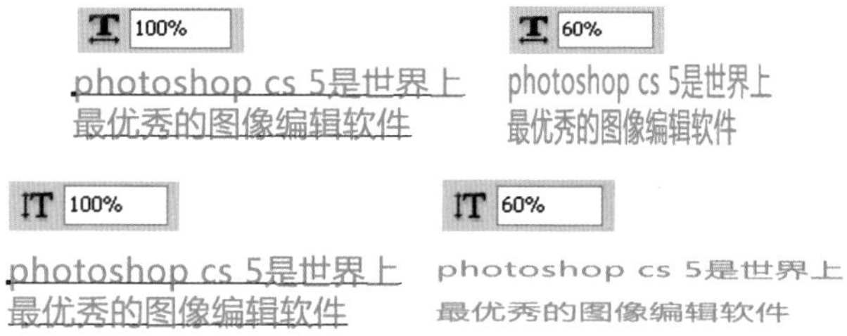

图3-111

(3) 字距微调和字距调整

【字距调整】和【字距微调】相对于【比例间距】来讲可以使得字符距离产生更大的效果。【字距调整】用于设置多个字符之间的距离；【字距微调】用于设置两个字符之间的距离。这两个选项针对的字符数量不同，因此它们选取文字的方式也不同，如图3-112所示。

图3-112

6. 使用【段落】面板设置段落属性

使用【横排文字工具】在文档中按住鼠标左键并拖曳，绘制出一个文字定界框，然后输入文字，得到一个段落文本。对于段落文本，使用【段落】面板可以很方便设置段落的属性。执行【窗口】>【段落】命令，打开【段落】面板，也可以单击属性栏中的按钮，也可打开【段落】面板，如图3-113所示。

知识：

【字符】面板只能对已经选择的文字进行处理，但是在【段落】面板中，无论是否选择了文字，都会针对段落进行处理。

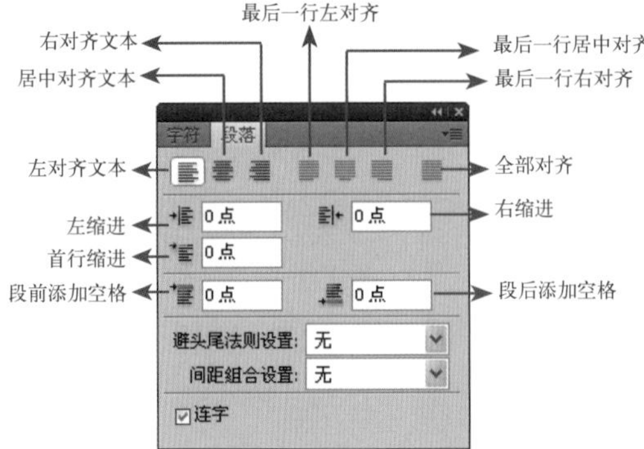

图3-113

单击段落对齐方式的图标，可以设置段落不同的对齐方式，如图3-114所示。

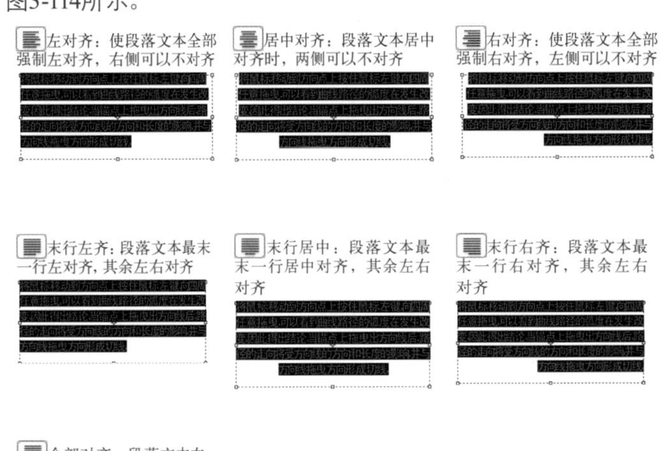

图3-114

知识：

缩进影响选择的一个或多个段落，因此，我们可以为各个段落设置不同的缩进量。

独立实践任务 2课时

任务2

【变形金刚3】电影宣传海报的设计与制作

任务背景和任务要求

为【变形金刚3】设计一款电影宣传海报，要求【宽度】和【高度】分别为“28厘米”和“40厘米”，【分辨率】为“300像素/英寸”。

任务分析

建立一个“28厘米×40厘米”的新文档，使用填充、涂抹、变形工具，调整图像大小和位置，最后完成图像效果。

任务素材

任务素材见素材\模块03\任务2

任务参考效果图

TRANSFORMERS
ELLADOOSCUROOELALU NAFORAN
NILAKHLOIU KHIL KHOILAH ASDFAE KHIYDFAHJ SHDIA SLHF KY A KHWEB OILAH ASD
FAE KHIY DFAHJ SHDIAAKH LOIU KHIL OILAH ASD FAE KHIY DFAHJ SHDIA SLHFSVAY
NIYHGLAKG QIHY HUY GUTI JHUIY HUIOLIH AEF ASDFALI ADGFH YYYQO AGUWIH AI
AHI J SHDIAAKH LOIU KHILED OILAH ASD FAE KHIY DFAHJ SHDIA SLHFSVAY KHIYDFA
HJ SHDIA SLHF KY A KHWEB NIHAO MA LIWEI BIANXING JINGANG HAOKAN.
TAMBIEN DISPONIBLE DIGITAL RL MAX'3D EM CINES
绝对震撼高清3D变形金刚

模块04

设计制作DM宣传单
——图层知识的综合应用

任务参考效果图

能力目标

能使用图层样式制作特殊图像效果

软件知识目标

1. 掌握图层的基础操作
2. 掌握图层样式与图层混合模式的使用方法

专业知识目标

了解宣传单知识，创建合格文件

课时安排

4课时（讲课2课时，实践2课时）

模拟制作任务 2课时

任务1

DM宣传单的设计与制作

任务背景

伏特加推出了新品种ABSOLUT MANGO，需要设计一款DM宣传单对其进行宣传。

任务要求

选择的图像要清晰，符合印刷要求，要紧扣新品种主题。

尺寸要求：285毫米×210毫米。

任务分析

设计师在开始设计之前要理解设计意图，并提出合理建议。任务要求DM宣传单要紧扣宣传主题，成品尺寸为“285毫米×210毫米”，因为要留出出血位，因此海报的尺寸应设为“291毫米×216毫米”。由于海报是通过印刷方式完成的，所以要注意分辨率应为“200像素/英寸”。

本案例的难点

使用【变形工具】对水花的操控变形

使用【涂抹工具】对水花的涂抹

操作步骤详解

建立新文档

❶ 打开Photoshop CS5软件，执行【文件】>【新建】命令，在弹出的【新建】对话框中设置【名称】为“DM宣传单”，【宽度】和【高度】分别为“291毫米”和“216毫米”，【分辨率】为“200像素/英寸”，【颜色模式】为“RGB颜色”，【背景内容】为“透明”，如图4-1所示，单击【确定】按钮。

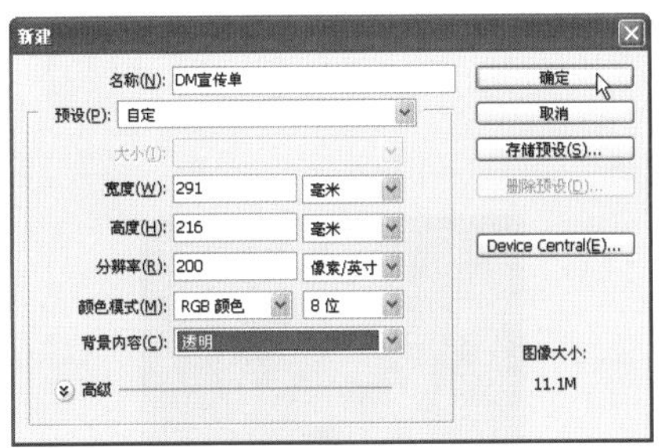

图4-1

建立渐变背景层

❷ 在工作区右侧的面板中选择【颜色】选项，在打开的【颜色】面板①中将RGB分别设置为“R0、G0、B0”，如图4-2所示。

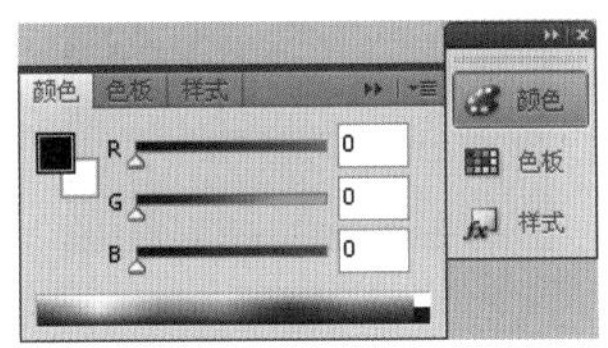

图4-2

❸ 选择前景色，弹出【拾色器（前景色）】对话框，如图4-3所示。按【Alt+Delete】组合键将（前景色）“图层1”填充为前景色，并将其命名为“背景”①，如图4-4所示。

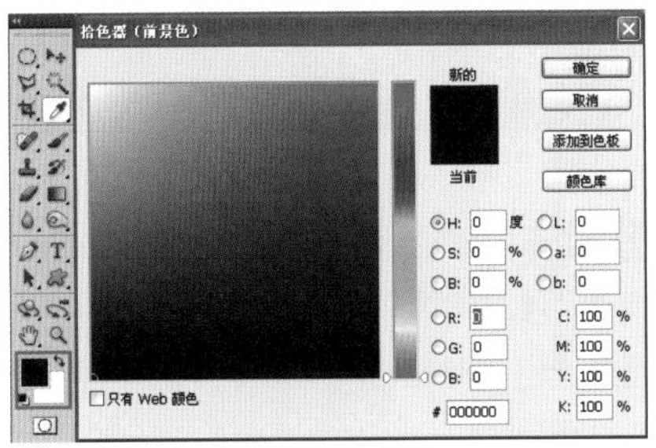

图4-3

图4-4

❹ 执行【图层】>【新建】>【图层】②命令，如图4-5所示，并将新建的图层命名为“渐变背景”，如图4-6所示。

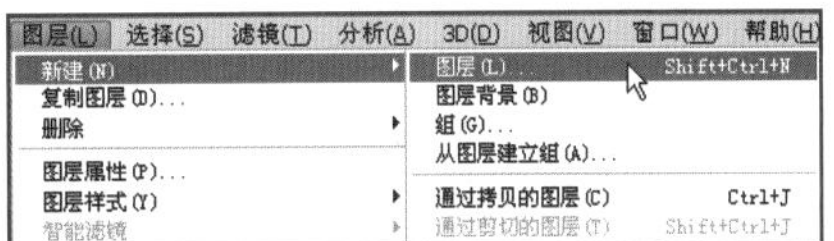

图4-5

图4-6

❺ 选择工具箱的【渐变工具】，单击【径向渐变】按钮，单击选项栏中渐变图标右侧的下三角按钮，然后选择“前景色到透明渐变”，如图4-7所示。

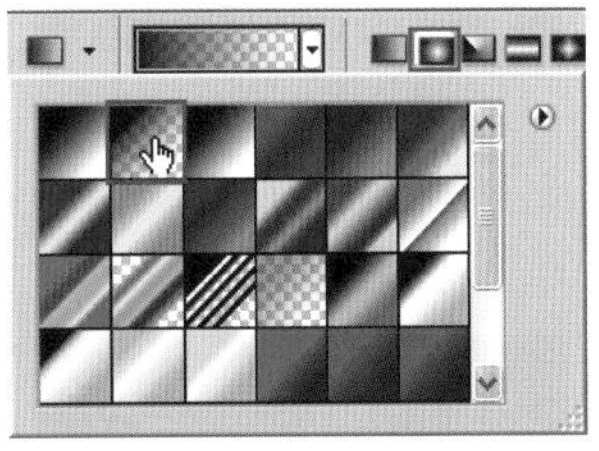

图4-7

❻ 在弹出的【渐变编辑器】对话框中设置渐变颜色分别为：“R35、G24、B21”，位置为“0%”；“R0、G0、B0”，位置为“100%”，再单击【确定】按钮，如图4-8所示。

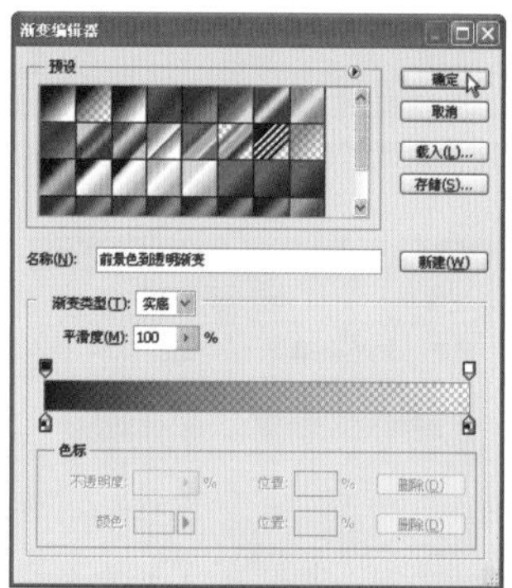

图4-8

⑦ 在图层“渐变背景”上单击并向右下角拖曳，如图4-9所示。图层“渐变背景”将会出现渐变效果，如图4-10所示。

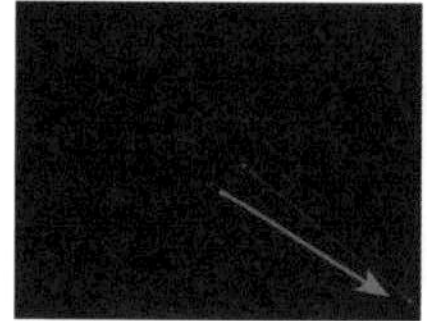

图4-9

图4-10

抠选酒瓶

⑧ 打开“素材\模块04\任务1\酒”文件，选择工具箱中的【缩放工具】，在酒瓶瓶盖处单击三下，将该区域放大显示，如图4-11所示。

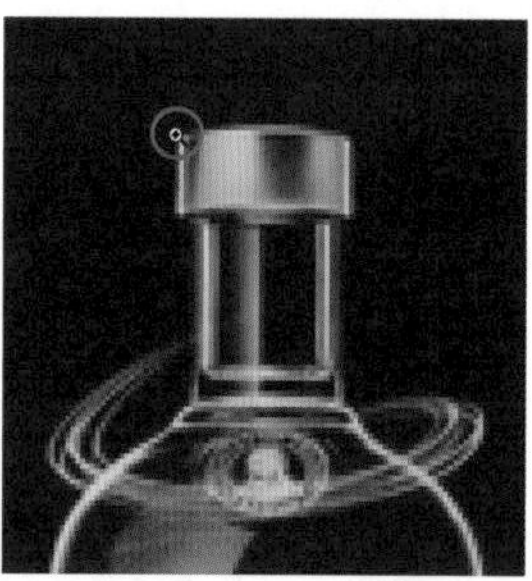

图4-11

⑨ 选择工具箱中的【钢笔工具】，在酒瓶的瓶盖转角处单击，如图4-12所示。

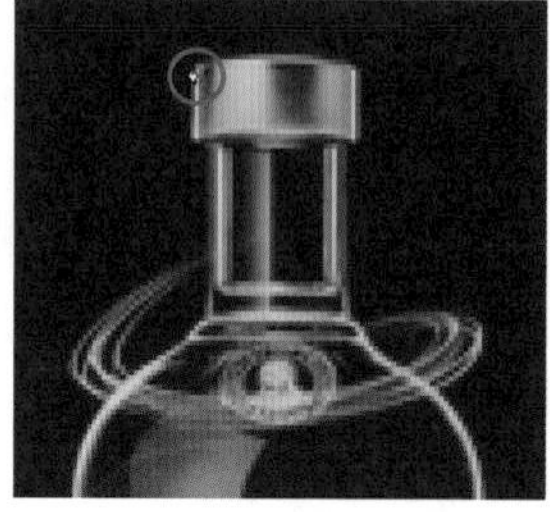

图4-12

⑩ 在瓶盖右上角单击建立第二个锚点，并拖曳锚点至路径与瓶盖完全贴齐，如图4-13所示。

图4-13

⑪ 沿着瓶子的轮廓边缘不断建立新的锚点，当终点与起点重合时，在起点处单击，得到一个闭合的路径，如图4-14所示。

图4-14

⑫ 打开【路径】面板，将闭合的“工作路径”命名为“酒瓶路径”，如图4-15和图4-16所示。

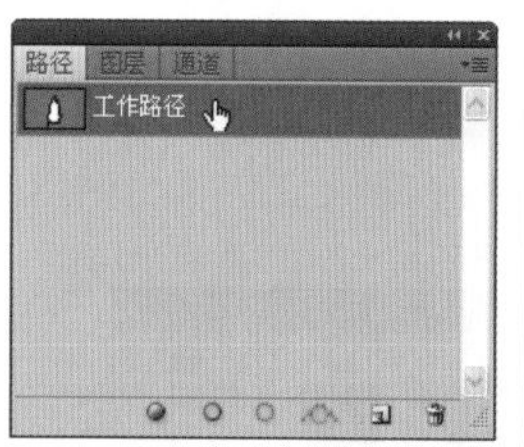

图4-15

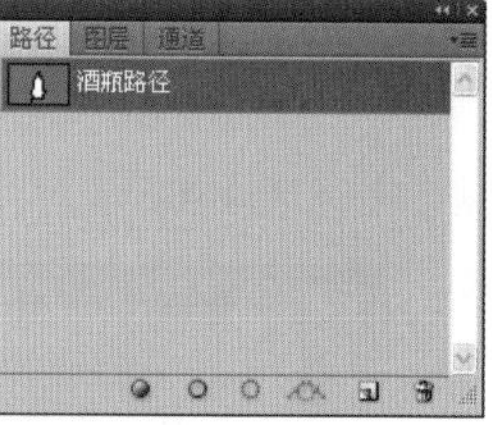

图4-16

⑬ 打开【图层】面板，右击，在弹出的快捷菜单中选择“建立选区”选项，如图4-17所示。在弹出的【建立选区】对话框中，将【羽化半径】设置为“0”，如图4-18所示。

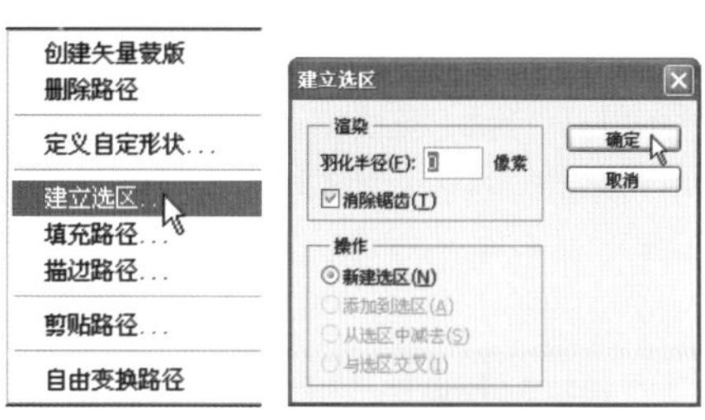

图4-17　　图4-18

⓮ 单击【确定】按钮后，将会出现图形选区，如图4-19所示。按【Ctrl+Shift+I】组合键反选选区，如图4-20所示。

图4-19　　图4-20

⓯ 按【Delete】键，删除选区选中的图像，如图4-21所示。按【Ctrl+D】组合键，取消选区，如图4-22所示。

图4-21　　图4-22

⓰ 选择工具箱中的【钢笔工具】，在背景处单击建立锚点，如图4-23所示。

图4-23

⓱ 选择工具箱中的【钢笔工具】，对两处背景进行抠选，如图4-24和图4-25所示。

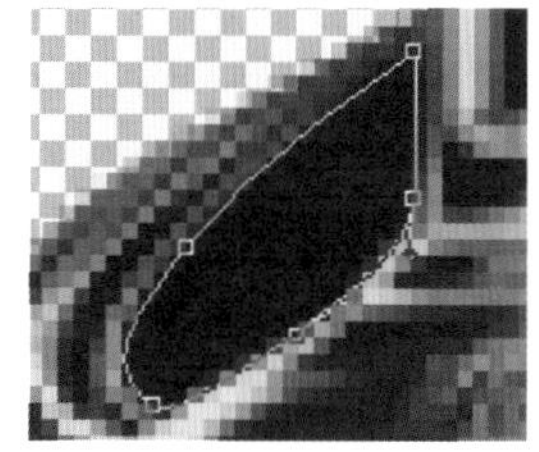
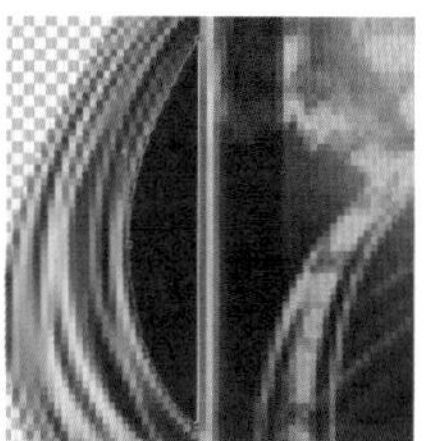

图4-24　　图4-25

⓲ 打开【图层】面板，右击，在弹出的快捷菜单中选择“建立选区”选项，然后在弹出的【建立选区】对话框中，将【羽化半径】设置为“0”，如图4-26和图4-27所示。

图4-26

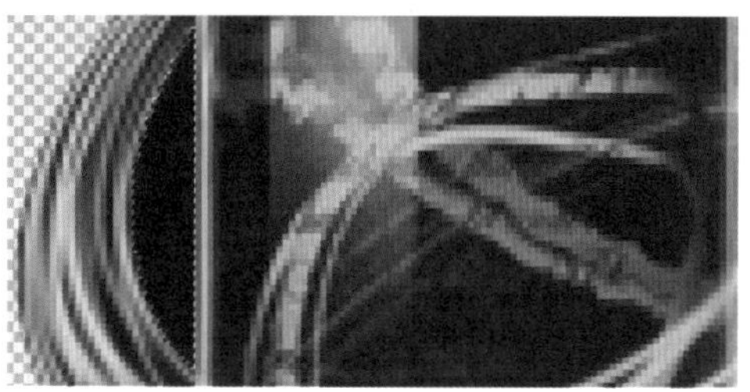

图4-27

⓳ 按【Delete】键，删除选区，按【Ctrl+D】组合键，取消选区，如图4-28所示。

图4-28

复制、调整图层

⑳ 右击，在弹出的快捷菜单中选择“复制图层”③选项，弹出【复制图层】对话框，在【文档】下拉列表框中选择“DM宣传单.psd”选项，如图4-29所示，单击【确定】按钮。

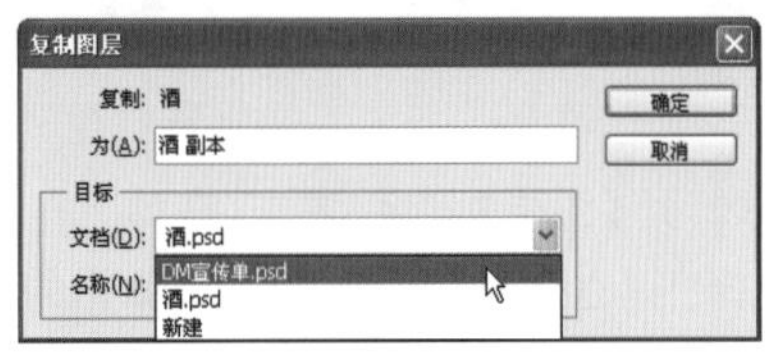

图4-29

㉑ 按【Ctrl+T】组合键出现自由变换定界框，然后将复制到“DM宣传单.psd”文档中的图层“酒”，调整至合适大小、位置，如图4-30和图4-31所示。

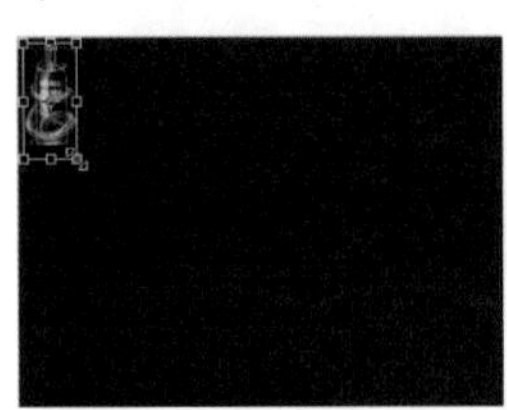

图4-30　　图4-31

㉒ 按【Enter】键取消自由变换定界框，如图4-32所示。

图4-32

制作水花

㉓ 打开“素材\模块04\任务1\水花”文件，双击图层“背景”，在弹出的【新建图层】对话框中将【名称】设置为“水花”，如图4-33所示，然后单击【确定】按钮。

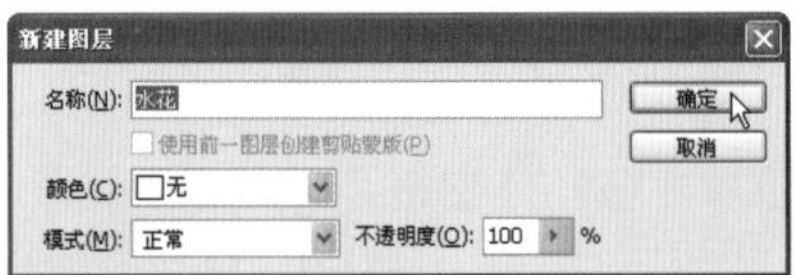

图4-33

㉔ 双击图层“水花”，在弹出的【图层样式】④对话框中选择【混合选项】为“默认”，如图4-34所示。

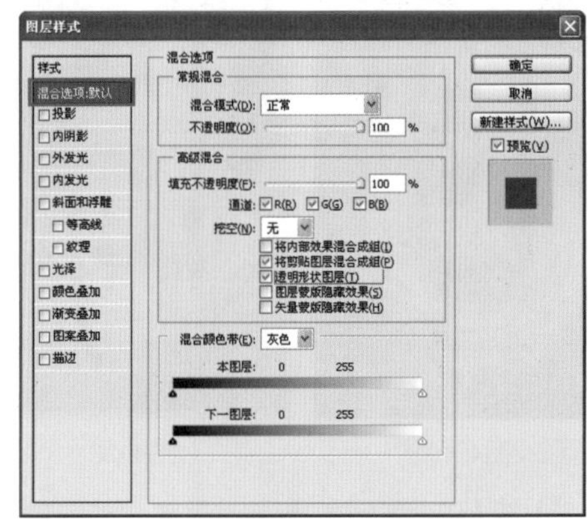

图4-34

㉕ 调整【混合颜色带】选项组下【本图层】滑块，按【Alt】键将【本图层】灰色渐变条下的三角滑块分离至“0/144”，如图4-35所示。

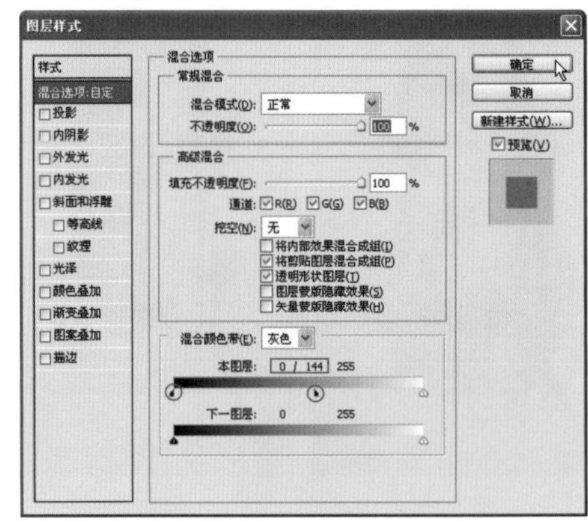

图4-35

㉖ 单击【确定】按钮，将得到如图4-36所示的水花效果。

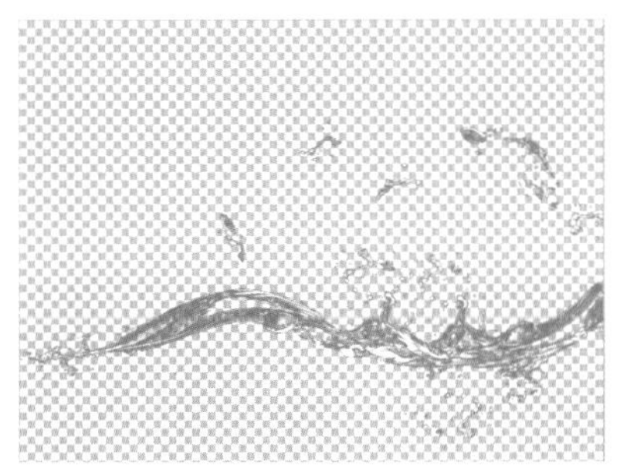

图4-36

㉗ 选择图层“水花”，右击，在弹出的快捷菜单中选择“复制图层”选项，弹出【复制图层】对话框，在【文档】下拉列表框中选择“DM宣传单.psd”选项，如图4-37所示，单击【确定】按钮。

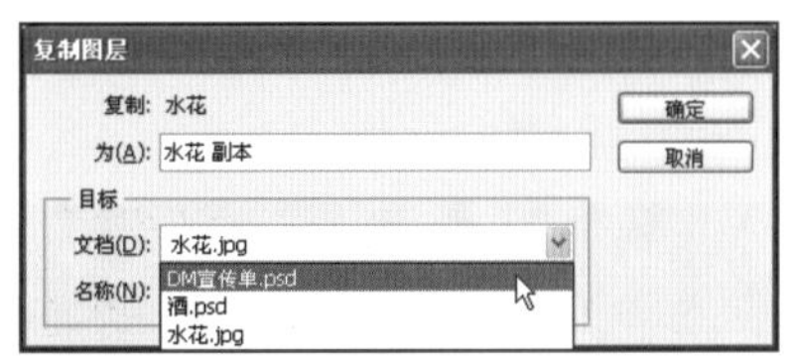

图4-37

㉘ 选择工具箱中的【移动工具】，将图层“水花”移动至如图4-38所示位置，然后在图层混合模式下拉列表框中选择“滤色”⑤选项，如图4-39所示，将会出现如图4-40所示效果。

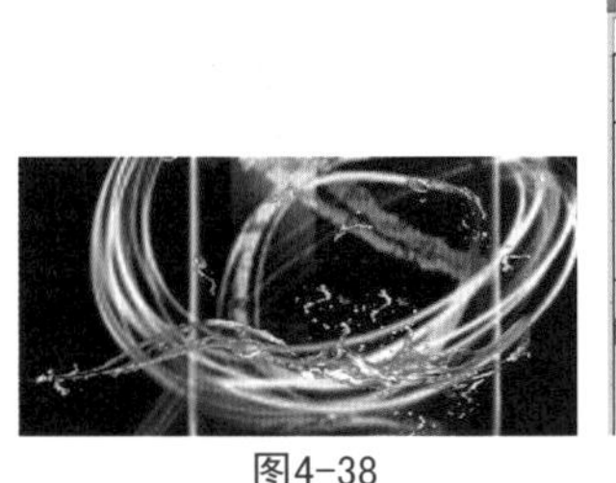

图4-38

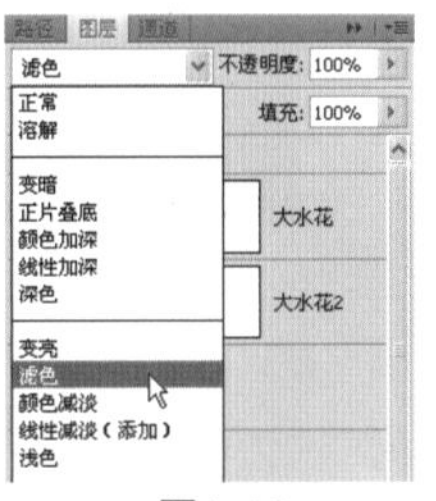

图4-39

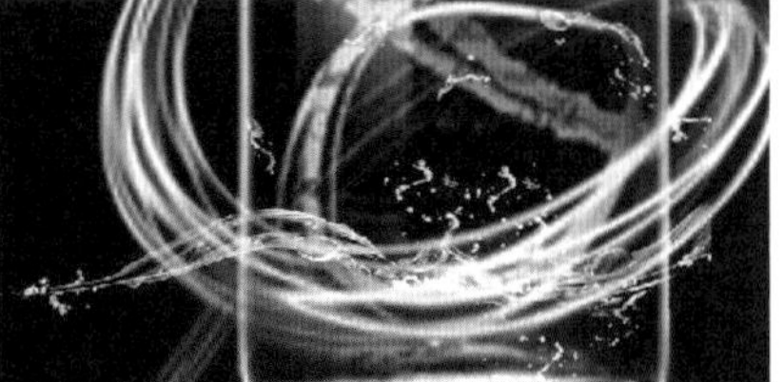

图4-40

㉙ 选择图层“水花”，按【Ctrl+J】组合键，复制图层③并将其命名为“水花1”。选择工具箱中的【涂抹工具】，如图4-41所示。在工具选项栏中设置涂抹画笔【大小】为“100px”，【强度】为“40%”，如图4-42所示。

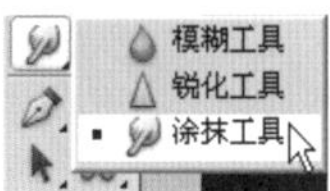

图4-41

图4-42

㉚ 将【涂抹工具】放在水花右边的末尾上，如图4-43所示，然后单击并进行拖曳，达到所需效果，如图4-44所示。

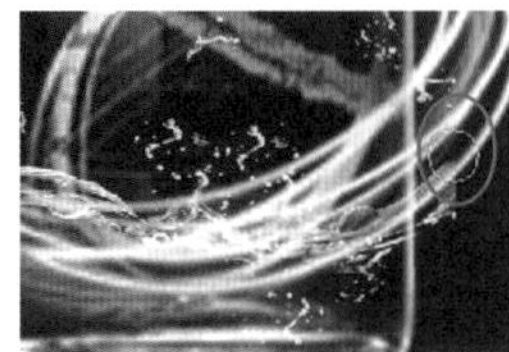

图4-43

图4-44

㉛ 按【Ctrl+T】组合键，在出现自由变换定界框后，右击，在弹出的快捷菜单中选择“垂直翻转”选项，然后再逆时针旋转约130°，如图4-45所示。选择工具箱中的【移动工具】，将水花移动至酒瓶左下方，如图4-46所示。

图4-45

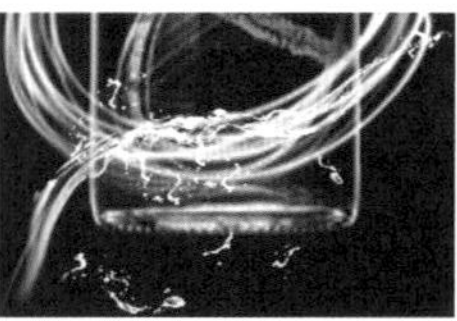

图4-46

㉜ 选择工具箱中的【橡皮擦工具】，将画笔【大小】设置为“100px”，【硬度】设置为“0%”，【不透明度】和【流量】均设置为“50%”，擦除图层“水花1”中右上角的水花部分，如图4-47所示。

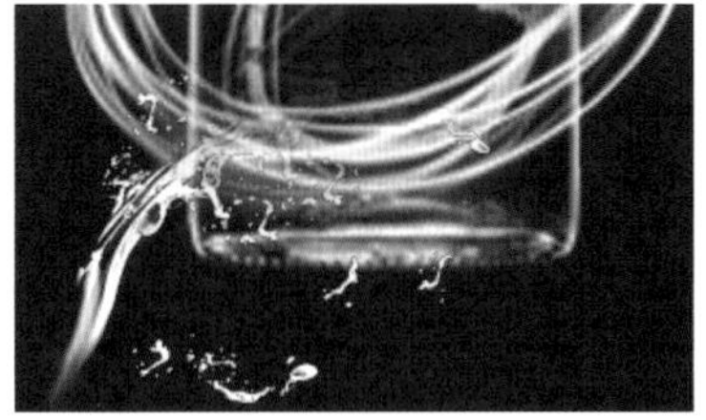

图4-47

㉝ 选择图层“水花”，按【Ctrl+J】组合键复制图层，并将其命名为“水花2”，按【Ctrl+T】组合键，右击，在弹出的快捷菜单中选择“变形”选项，如图4-48所示。拖曳锚点对水花进行变形，如图4-49和图4-50所示。

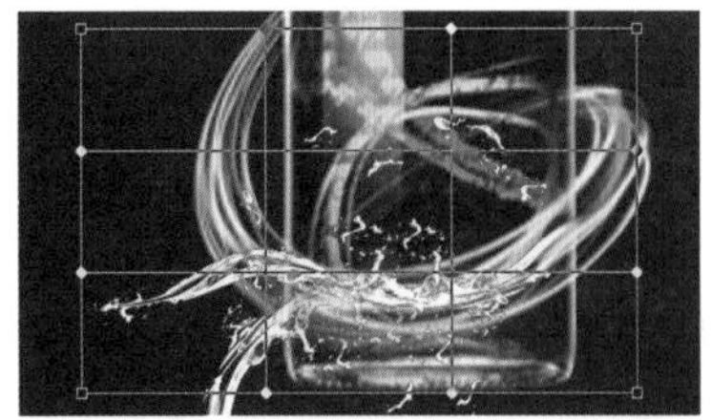

图4-48

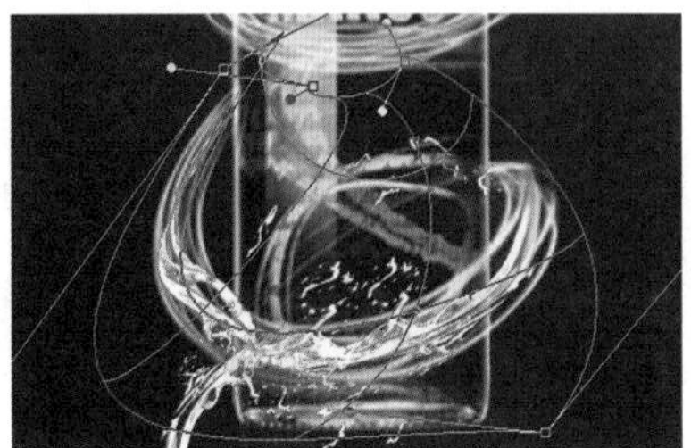

图4-49

图4-50

㉞ 选择图层“水花”，按【Ctrl+J】组合键复制图层，并将其命名为“水花3”，用上述相同的操作方法，对图层“水花3”进行变形，如图4-51所示。

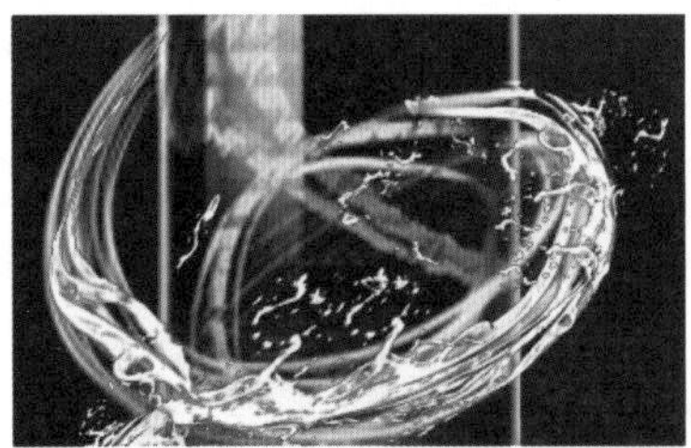

图4-51

㉟ 选择图层“水花”，按【Ctrl+J】组合键复制图层，并将其命名为“水花4”。用上述相同的操作方法对图层“水花4”进行变形，如图4-52所示。

图4-52

㊱ 选择图层“水花”，按【Ctrl+J】组合键复制图层，并将其命名为“水花5”。用上述相同的操作方法，对图层“水花5”进行变形，如图4-53所示。

图4-53

㊲ 选择图层“水花”，按【Ctrl+J】组合键复制图层，并将其命名为“水花6”、“水花7”。用上述相同的操作方法，对图层“水花6”、“水花7”进行变形，如图4-54和图4-55所示。

图4-54

图4-55

㊳ 打开“素材\模块04\任务1\水psd分层素材”文件，复制图层“大水花”，在弹出的【复制图层】对话框中选择【文档】下拉列表框中的“DM宣传单.psd”选项，如图4-56所示，单击【确定】按钮。

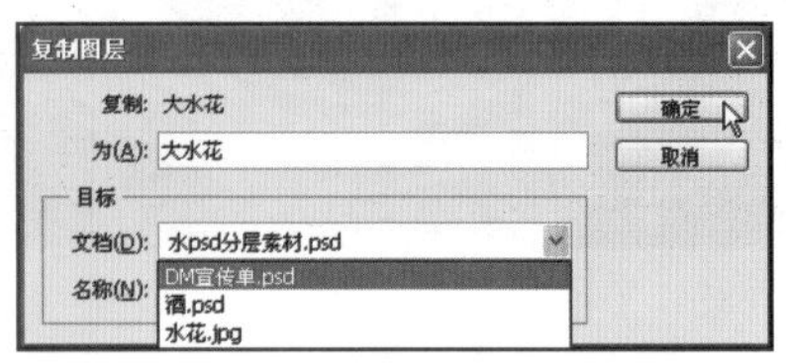

图4-56

㊴ 按【Ctrl+J】组合键复制图层“大水花”，并将其命名为“大水花1”，选择工具箱中的【橡皮擦工具】，并将【大小】设置为“100px”，【硬

度】设置为“0%”，【不透明度】和【流量】均为“50%”，擦除图层“大水花1”中右下角的水花部分，如图4-57所示。将图层“大水花1”拖曳到图层“酒”下边。按【Ctrl+T】组合键将“大水花1”调整至如图4-58所示。

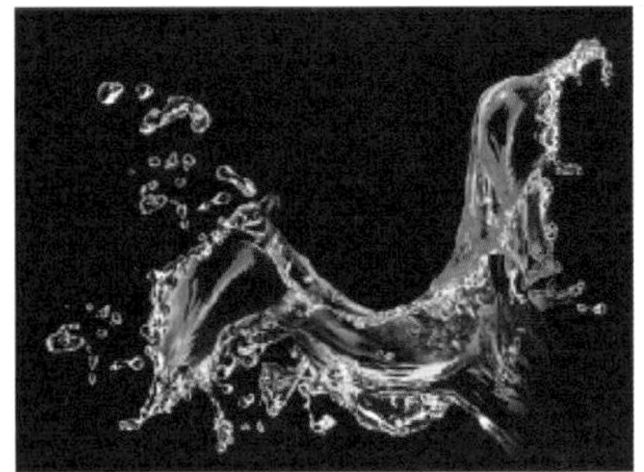

图4-57

图4-58

㊵ 按【Ctrl+J】组合键复制图层“大水花1”，并将其命名为“大水花2”，按【Ctrl+T】组合键，右击，在弹出的快捷菜单中选择“变形”选项，拖曳锚点对水花进行变形，调整至如图4-59所示。

图4-59

㊶ 按【Ctrl+T】组合键，将会出现自由变换定界框，右击，在弹出的快捷菜单中选择“水平翻转”选项，如图4-60所示。选择图层“大水花”，选择工具栏中的【移动工具】将其移动至酒瓶中部，如图4-61所示。选择工具箱中的【橡皮擦工具】，将【主直径】设置为“100px”，【硬度】为“0%”，【不透明度】和【流量】均为“50%”，擦除图层“大水花”中左半部的水花部分，如图4-62所示。

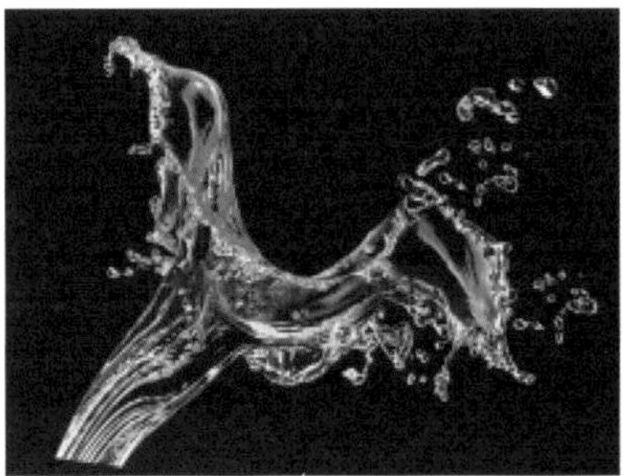

图4-60

图4-61

图4-62

㊷ 打开“素材\模块04\任务1\杧仔”文件，右击，在弹出的快捷菜单中选择“复制组”选项，复制“冲浪杧仔”组至文档“DM宣传单.psd”中，如图4-63所示。将“冲浪杧仔”组拖曳到图层“酒”上方，按【Ctrl+T】组合键，对“冲浪杧仔”组进行调整，按【Enter】键结束命令，如图4-64所示。

图4-63

图4-64

绘制杧果

㊸ 打开"素材\模块04\任务1\杧果"文件，将图层名称命名为"杧果"，将图层"杧果"复制到文档"DM宣传单.psd"中，如图4-65所示。按【Ctrl+T】组合键对"杧果"组进行调整，按【Enter】键结束命令，如图4-66所示。将图层"杧果"拖曳至图层"大水花"上方③，如图4-67所示。

图4-65

图4-66

图4-67

㊹ 新建图层将其命名"杧果渐变"，选择工具箱中的【缩放工具】，在杧果头处单击三下，然后选择工具箱中的【钢笔工具】，沿着图层"杧果"中杧果的轮廓开始创建、添加锚点，当起点与终点重合时得到一个闭合路径，如图4-68所示。右击，在弹出的快捷菜单中选择"建立选区"选项，在弹出的对话框中将【羽化半径】设置为"0"，如图4-69所示。

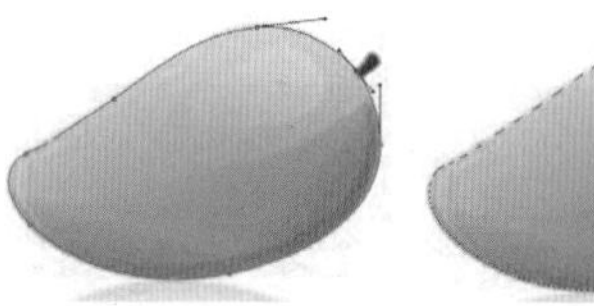
图4-68　　图4-69

㊺ 选择工具箱中的【渐变工具】，单击【线性渐变】按钮，在弹出的【渐变编辑器】对话框中设置渐变颜色分别为"R230、G214、B106"、"R223、G116、B24"、"R228、G124、B4"，位置分别为"0%"、"60%"、"100%"，再单击【确定】按钮，如图4-70所示。在图层"杧果渐变"上单击

并从右上方向自左下方拖曳，如图4-71所示。图层“渐变背景”将会出现渐变效果，如图4-72所示。

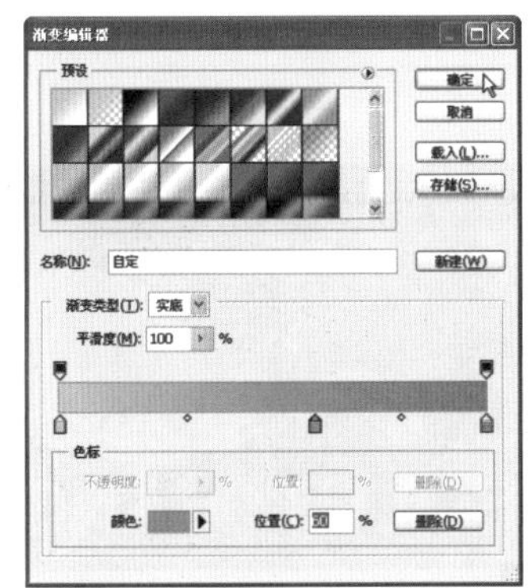

图4-70

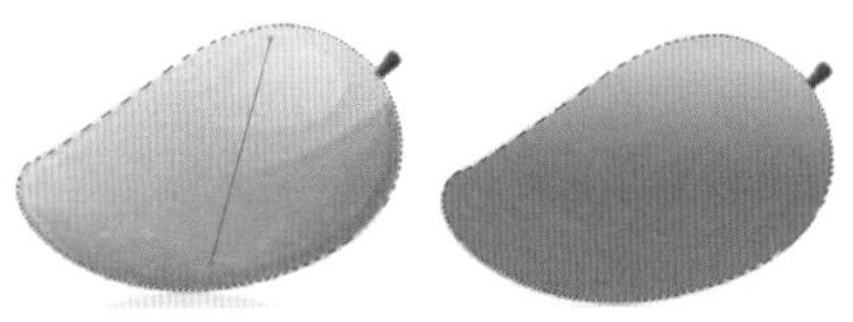

图4-71　　图4-72

㊻ 新建图层并将其命名为“杧果梗”，并将图层“杧果梗”拖曳到图层“杧果渐变”下方。选择工具箱中的【钢笔工具】，沿着杧果梗外轮廓进行创建、添加锚点，当起点与终点重合时得到一个闭合路径，如图4-73所示。右击，在弹出的快捷菜单中选择“建立选区”选项，在弹出的对话框中将【羽化半径】设置为“0”，将前景色设置为“R55、G35、B38”后按【Alt+Delete】组合键填充颜色，然后按【Ctrl+D】组合键取消选区，如图4-74所示。

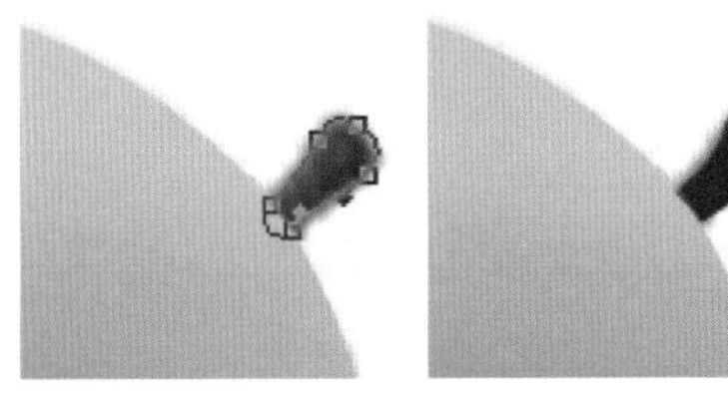

图4-73　　图4-74

合并图层

㊼ 选择图层“杧果”，按【Delete】键删除图层⑨，按【Shift】键并选择图层“杧果梗”和图层“杧果渐变”，右击，在弹出的快捷菜单中选择“合并图层”选项，并将合并后的图层命名为“杧果”，如图4-75所示。

图4-75

设置杧果图层样式

㊽ 选择工具箱中的【移动工具】，将图层“杧果”移动至如图4-76所示位置。双击图层“杧果”，在弹出的【图层样式】④对话框中将投影颜色设置为“R90、G56、B3”，其他选项设置如图4-77所示。投影效果如图4-78所示。

图4-76

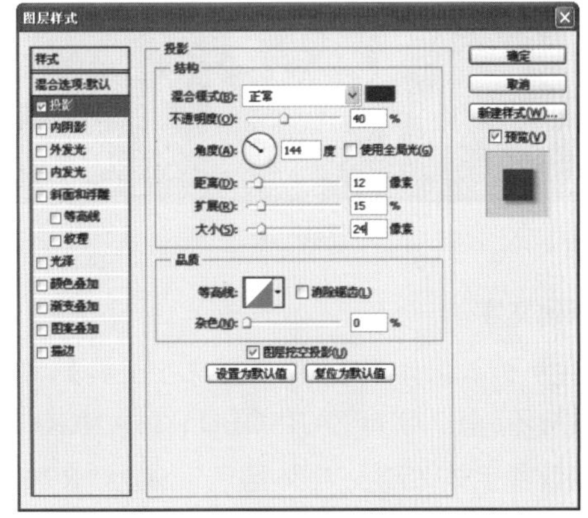

图4-77

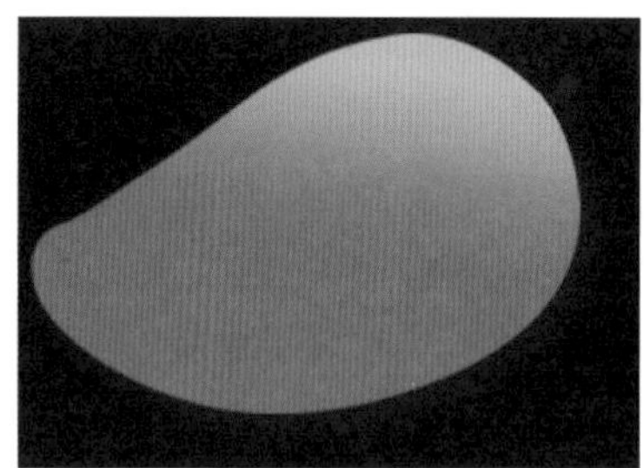

图4-78

㊾ 打开“素材\模块04\任务1\小水花”文件，将图层“小水花”复制至文档“DM宣传单.psd”中，如图4-79所示。将图层“小水花”拖曳到图层“杧果”上方，按【Ctrl+T】组合键将图层“小水花”调整至合适位置，如图4-80所示，按【Enter】键结束命令。

图4-79

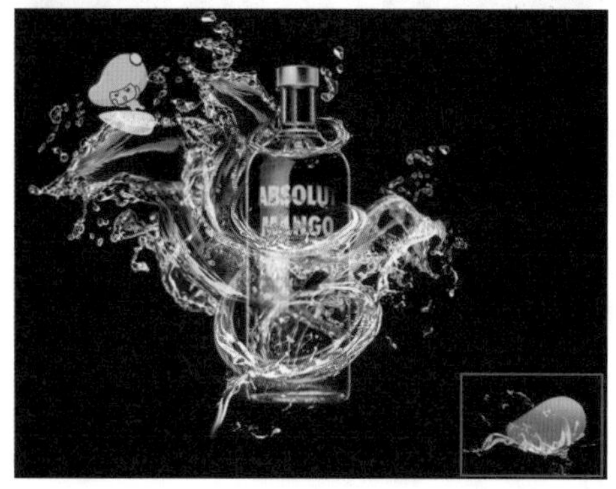

图4-80

栅格化文字

㊿ 选择工具箱中的【横排文字工具】，如图4-81所示。输入字母“ABSOLUT MANGO”并分别设置字体、字号，字体颜色设置为“R243、G216、B103”。选择工具箱中的【移动工具】，将“ABSOLUT MANGO”移动至如图4-82所示的位置。

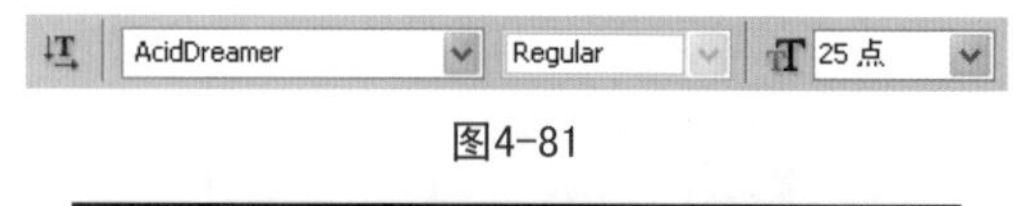

图4-81

图4-82

51 选择文字图层，右击，在弹出的快捷菜单中选择“栅格化文字”选项，如图4-83所示，将文字图层转化为普通图层，如图4-84所示。

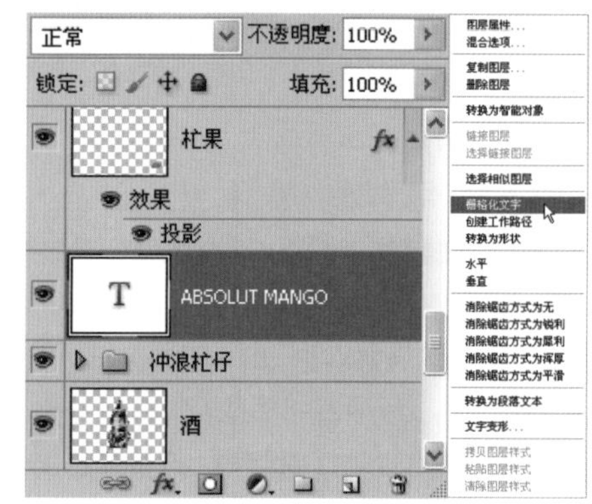

图4-83

图4-84

绘制渐变投影

52 按【Ctrl+Shift+N】组合键新建图层并将其命名为“渐变投影”，然后将图层“渐变投影”拖曳至图层“渐变背景”上方。选择工具箱中的【椭圆选框工具】，在酒瓶底部画一个椭圆，如图4-85所示。选择工具箱中【渐变工具】，在弹出的【渐变编辑器】对话框中设置渐变颜色分别为

“R239、G219、B205”和“R89、G80、B76”，位置分别为“0%”和“100%”，再单击【确定】按钮，如图4-86所示。

图4-85

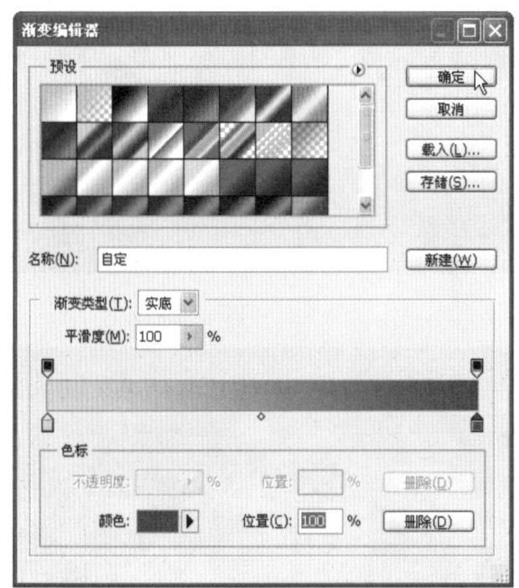

图4-86

53 在图层“渐变投影”上单击并向右拖曳，将会出现渐变效果，并将【不透明度】设置为“30%”，如图4-87所示。按【Ctrl+D】组合键取消选区，如图4-88所示。

图4-87

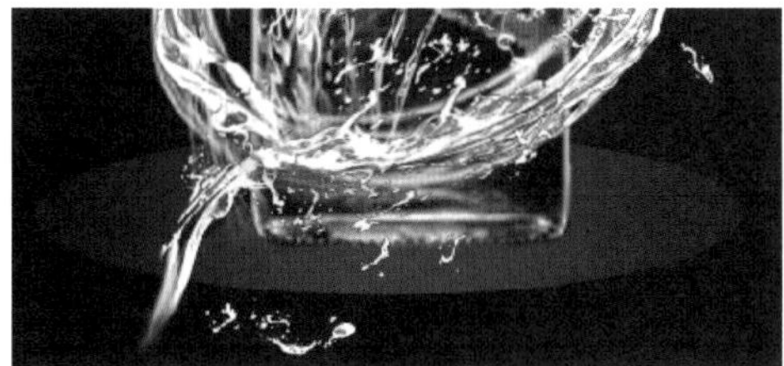

图4-88

54 执行【滤镜】>【模糊】>【高斯模糊】命令，在弹出的【高斯模糊】对话框中将【半径】设置为“45像素”，如图4-89所示。图层“渐变投影”将出现如图4-90所示的效果。

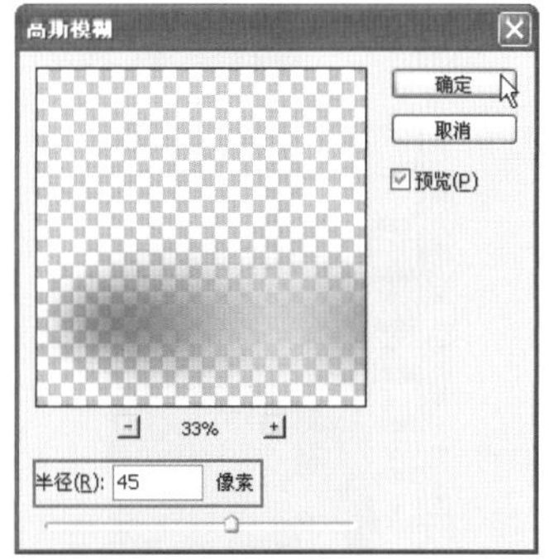

图4-89

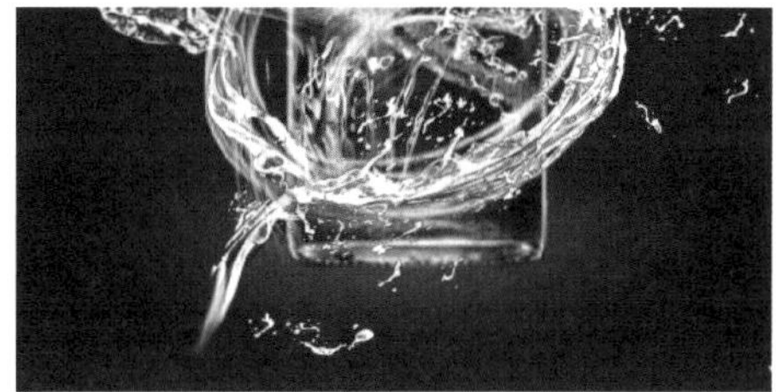

图4-90

55 选择图层“大水花1”，然后单击【图层】面板下方的【创建新图层】按钮新建图层，并将其命名为“复制水花”，选择工具箱中的【仿制图章工具】，按住【Alt】键，当画笔形状变成如图4-91所示形状时单击鼠标左键，选择图层“复制水花”进行图形仿制，如图4-92所示，并将图层“复制水花”拖曳到图层“酒”的上方。

图4-91

图4-92

56 创建新组并将其命名为“倒影”，按

住【Shift】键选择如图4-93所示的图层③，按【Ctrl+J】组合键复制所有选中的图层，如图4-94所示，并将复制后的图层拖曳至“倒影”组中，如图4-95所示。

图4-93

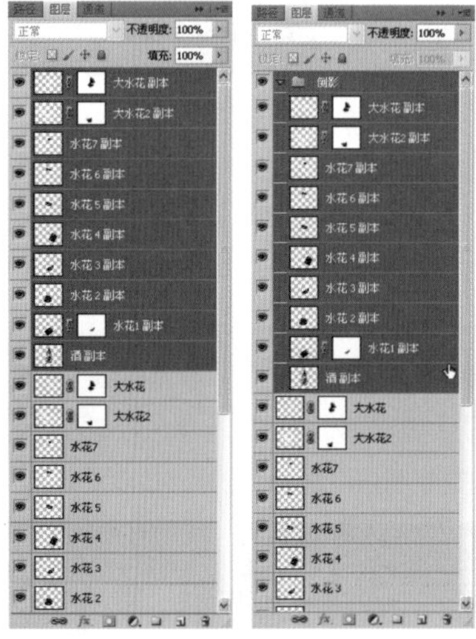

图4-94　　图4-95

㊼ 按【Ctrl+T】组合键并右击，在弹出的快捷菜单中选择“垂直翻转”选项，如图4-96所示。将【不透明度】设置为“15%”，按住【Shift】键，选择工具箱中的【移动工具】，将图形移动至如图4-97所示位置，完成制作。

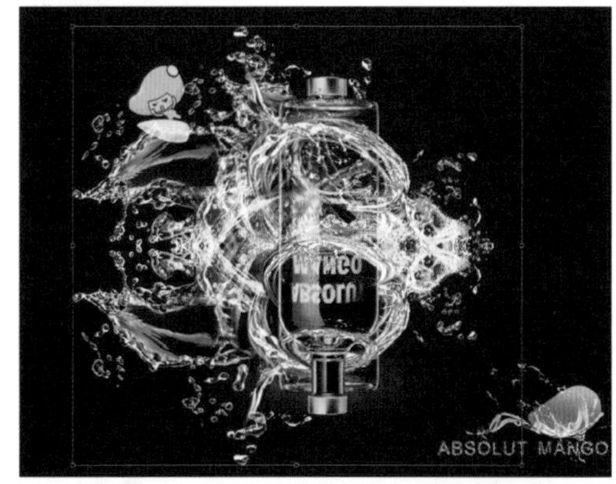

图4-96

图4-97

知识点拓展

01 认识图层

1. 图层概述

图层是Photoshop最为核心的功能之一，几乎所有的图像编辑工作都是在图层中完成的。每一个图层就像是一张纸，每一张纸上都保存着不同的图像，将这些纸叠加在一起就形成了编辑后的图像，如图4-98所示。

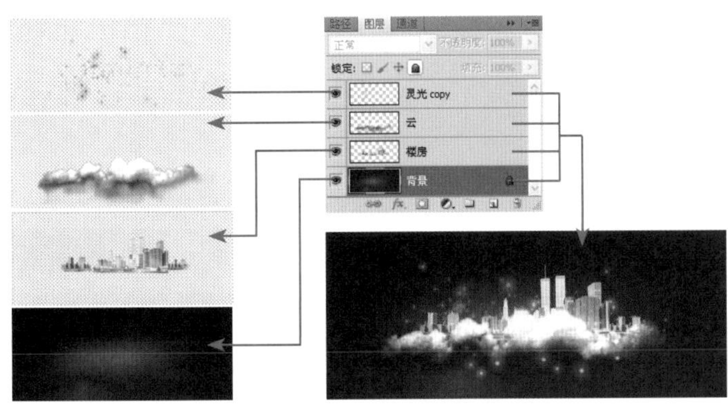

图4-98

2.【图层】面板

【图层】面板用来创建、编辑、管理图层和添加图层样式，所有的图层都存储在【图层】面板中，图层的所有信息都会在【图层】面板中显示，如图4-99所示。

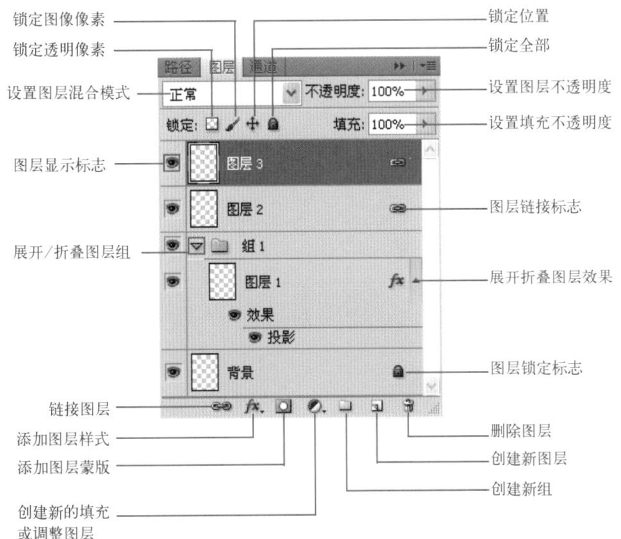

图4-99

知识：

【图层】面板中的每个类型的图层作用和使用范围都不一样，背景层是最基本的图层类型，背景层的很多操作被限制（如不能建立图层蒙版），一个图像文档最多只能有一个背景层，背景层永远被放置在面板的最下层。普通层是最常用的图层类型，普通层上没有图案的地方将显示为透明，绝大多数的工具和命令都能作用在普通层上。

知识：

在【图层】面板中，图层名称左侧的图像是该图层的缩略图，它显示了图层中包含的图像内容，在缩略图上右击，可以在弹出的快捷菜单中调整图层缩略图的大小，如下图所示。

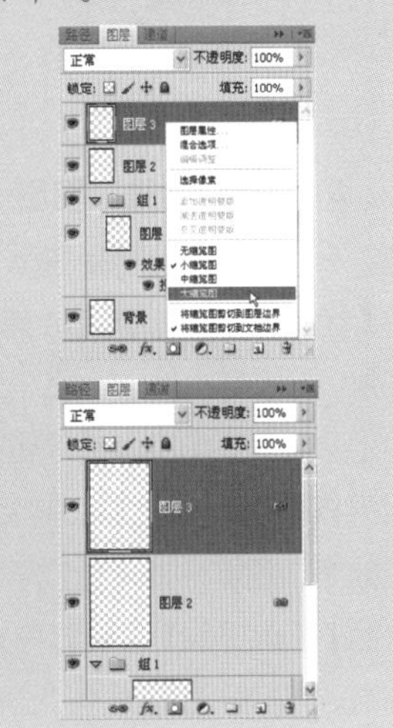

02 创建图层

1. 在【图层】面板中创建图层

创建新的图层时，可以单击【图层】面板下方的【创建新图层】按钮，如图4-100所示，就会在现有图层的上方建立一个新的图层，所得到的新建图层则自动会成为当前图层，如图4-101所示。如果要在当前图层的下方创建新图层，则可以通过按住【Ctrl】键然后单击按钮来新建图层，如图4-102所示。

图4-100　　图4-101　　图4-102

2. 用【新建】命令创建图层

如果在创建图层时需要设置图层的名称、颜色、混合模式等图层属性，可以通过执行【图层】>【新建】>【图层】命令来完成，也可以按住【Alt】键单击【创建新图层】按钮，在弹出的【新建图层】对话框中进行设置，如图4-103所示。

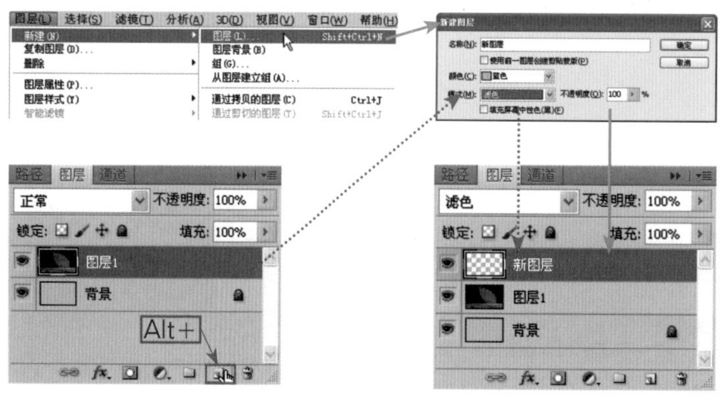

图4-103

3. 创建“背景”图层

在新建文档时，会弹出【新建】对话框，可以通过选择对话框中【背景内容】中的选项，来创建白色、透明、背景色三种“背景”图层。

“背景”图层永远停留在【图层】面板最下方，不能设置任何图层属性也不能添加任何效果，如果要对“背景”图层添加属性或效果，必须将其转化成普通图层。可以双击“背景”图层，在弹出的【新建图层】对话框中输入新建图层的名称，单击【确认】按钮后，“背景”图层就转化为普通图层了，如图4-104所示。

提 示：

所有图层都是显示在“背景”图层上方的，在“背景”图层下面是不可以创建图层的。

知 识：

新建图层时，如果设置图层颜色，可以在【新建图层】对话框中的【颜色】一栏选择不同的颜色来标记不同的图层，这种用颜色标记图层的方法在Photoshop中被称为颜色编码。将图层设置颜色编码可以方便区别其他图层，不同属性的图层颜色编码不同，使图层看起来一目了然。

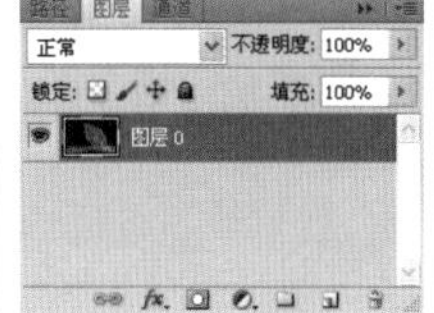

图4-104

知识:

按住【Alt】键并双击“背景”图层，可以不必打开【新建图层】对话框直接将其转化为普通图层。

03 编辑图层

1. 选择图层

（1）选择多个图层

如果想要选择多个相邻的图层，可以单击第一个图层然后按住【Shift】键再单击最后一个图层，如图4-105所示。

知识:

执行【选择】>【所有图层】命令，可以选中【图层】面板中的所有图层；执行【选择】>【相似图层】命令，可以选中【图层】面板中的所有属性相似的图层。

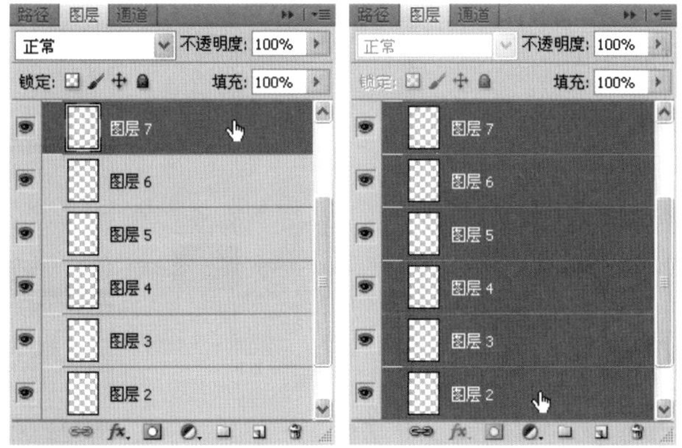

图4-105

如果想要选择多个不相邻的图层，可以按住【Ctrl】键单击所需图层，如图4-106所示。

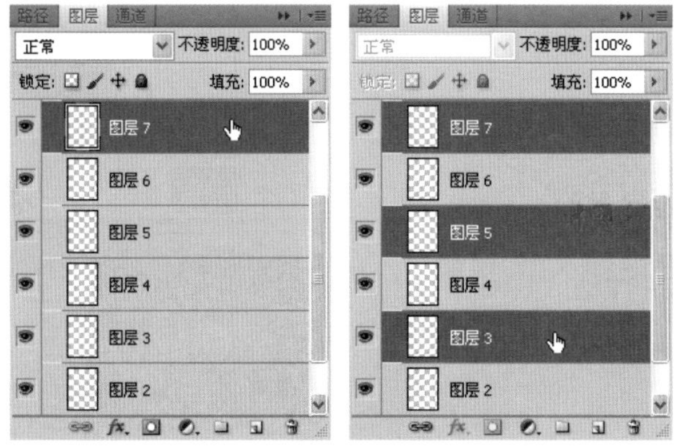

图4-106

（2）选择链接的图层

选择需要将其链接在一起的图层，然后单击【图层】面板下方的链接按钮，可以链接多个相邻的图层，也可链接多个不相邻的图层，如图4-107所示。

知识:

如果要取消链接图层，单击【图层】面板下方的链接按钮，即可取消链接。如果不想选择任何图层，可在【图层】面板空白处单击或者执行【选择】>【取消选择图层】命令。

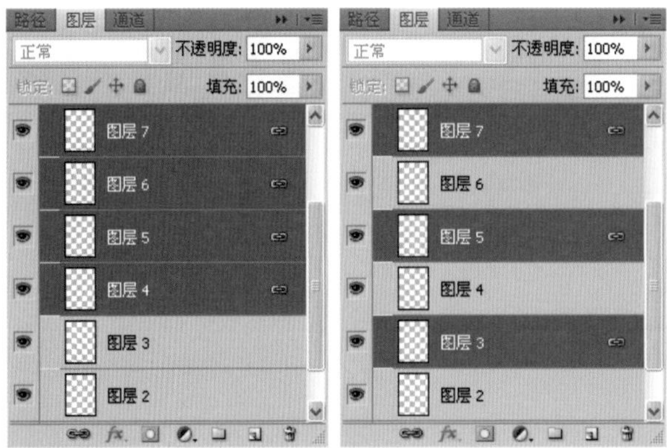

图4-107

2. 复制图层

(1) 在面板中复制图层

在【图层】面板中，选择需要复制的图层，按住鼠标左键将图层拖曳到【图层】面板下方的【创建新图层】按钮上即可复制图层，如图4-108所示。

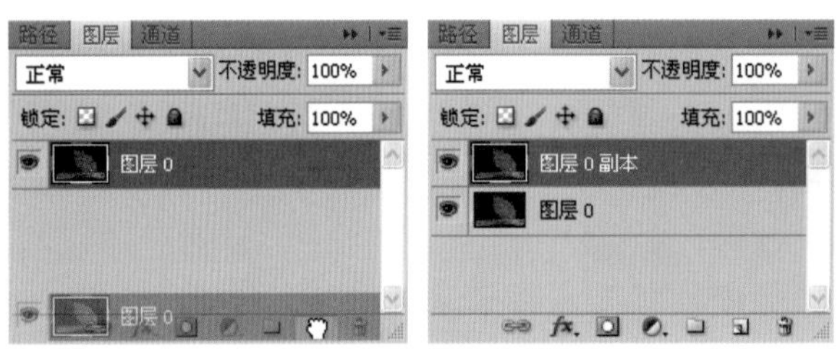

图4-108

(2) 通过命令复制图层

选择一个需要复制的图层，然后执行【图层】>【复制图层】命令，在弹出的【复制图层】对话框中，输入复制图层的名称，单击【确定】按钮即可，如图4-109所示。

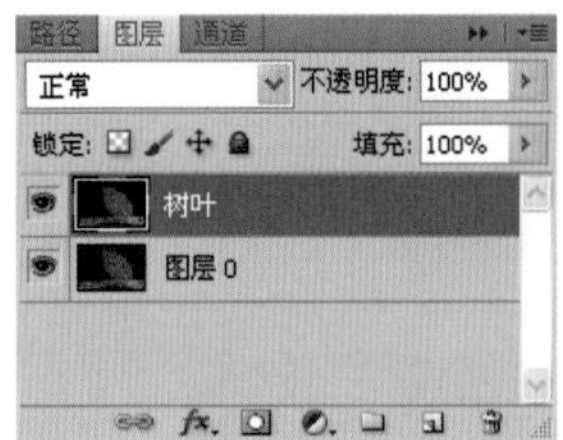

图4-109

3. 删除图层

选择需要删除的图层，按住鼠标左键将图层拖曳到【图层】面板下方的【删除图层】按钮上即可删除图层，如图4-110所示；也可以执行【图层】>【删除】下拉菜单中的命令，如图4-111所示。

按【Alt+]】组合键，可以从当前图层切换到与之相邻的上一个图层；按【Alt+[】组合键，可以从当前图层切换到与之相邻的下一个图层，如下图所示。

删除图层时，也可以通过选择需要删除的图层，然后按【Delete】键将图层删除。

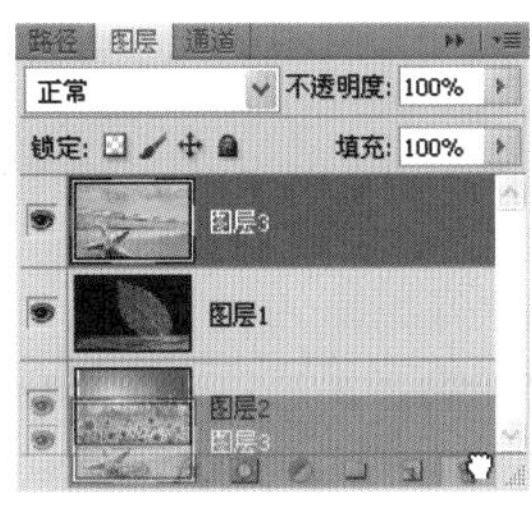

图4-110

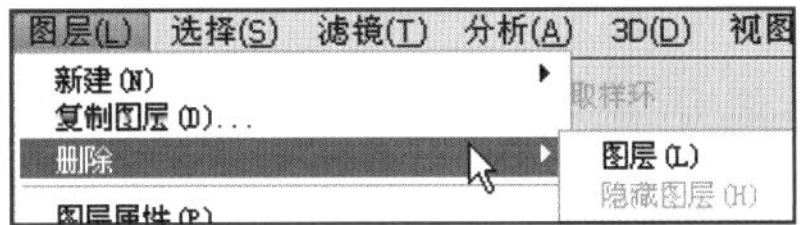

图4-111

4. 图层组

（1）创建图层组

如果要创建一个新的图层组，可以通过单击【图层】面板中的【创建新组】按钮 完成，也可以执行【图层】>【新建】>【组】命令，在弹出的【新建组】对话框中进行设置，如图4-112所示。

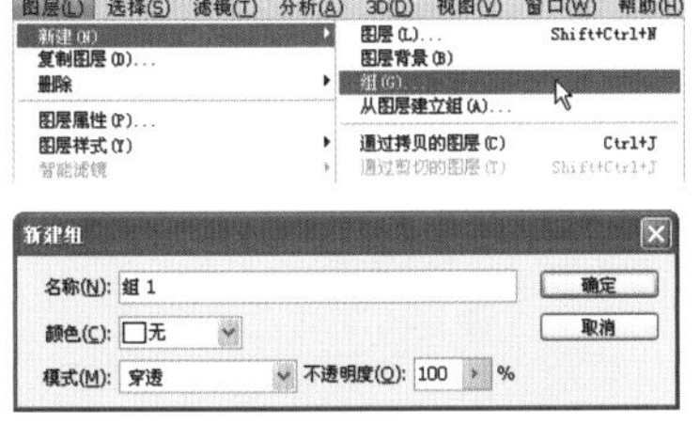

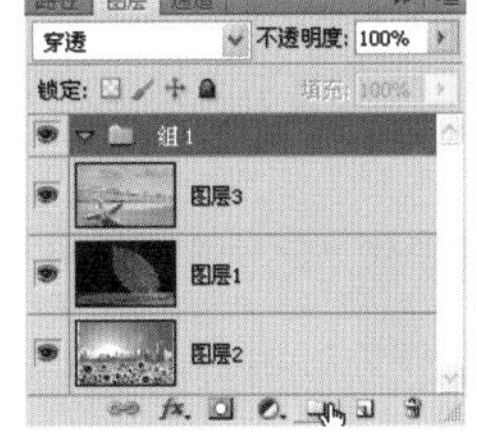

图4-112

（2）将图层移入和移出图层组

选择要移入组的图层，然后将这些图层拖曳至组中，如图4-113所示。

图4-113

选择要移出组的图层，然后将这些图层拖曳出组外，如图4-114所示。

图4-114

知识：

创建好一个图层组之后，还可以在这个图层组内再进行创建新组。这种在一个组里重复创建多个组被称为嵌套图层组，如下图所示。

在Photoshop CS5中的图层样式就是对图层本身做的一些修饰和效果，例如阴影、外发光、描边、浮雕等。运用图层样式对图层进行的效果编辑是不破坏原图像的效果的，这些图层样式被隐藏和删除后，图像将恢复原始的效果，这样灵活地编辑图层可以使设计者在使用Photoshop CS5时更加轻松自如。

1. 图层样式的介绍

选择一个图层，执行【图层】>【图层样式】命令，在下拉菜单中选择一个效果，也可以在图层上双击，在弹出的【图层样式】对话框中进行设置。如图4-115所示，【图层样式】对话框中包括两大块：各种图层样式效果和每种样式的具体设置，如图4-116所示。

还可以通过选择一个图层后，在【图层】面板的下方按钮区单击【添加图层样式】按钮 fx，在打开的下拉菜单中选择一个效果，如图4-117所示。

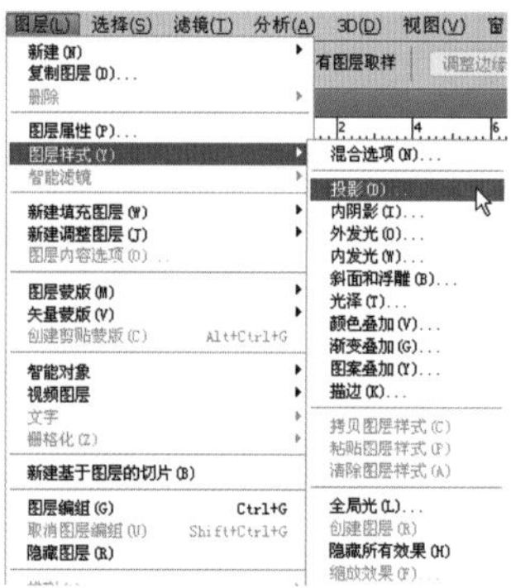

图4-115

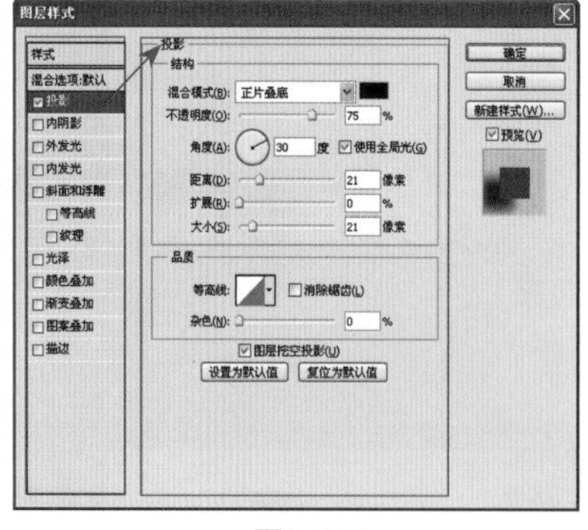

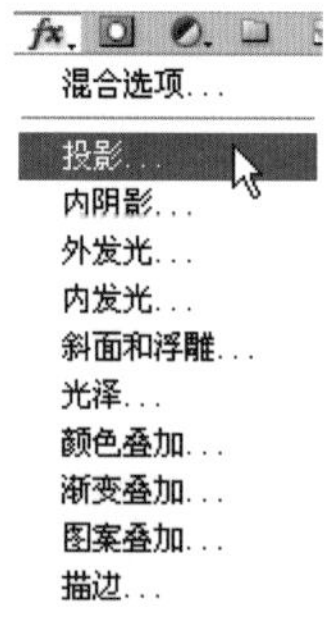

图4-116　　图4-117

选择一个图层样式后，【图层】面板中的图层上将会出现一个图层样式图标 fx 和一个包含使用过的图层列表，单击图层样式图标右侧的▲按钮，可以通过这个按钮将图层中使用过的图层样式

提示：

图层样式可以应用于所有的普通图层，但是“背景”图层和图层组是不可以应用图层样式的，我们可以选择“背景”图层，双击或者按住【Alt】键双击“背景”层将其转换为普通图层，然后再进行应用图层样式。

知识：

在【图层样式】对话框中，【混合选项】主要是用来设定图层的混合模式，如正片叠底、滤色、叠加等，如下图所示。具体的【混合选项】的内容将在本章节知识点的“混合模式”中进行详细讲解。

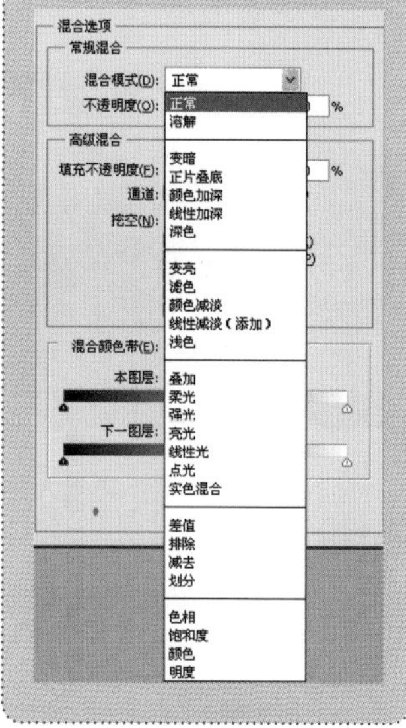

列表折叠或展开，如图4-118所示。

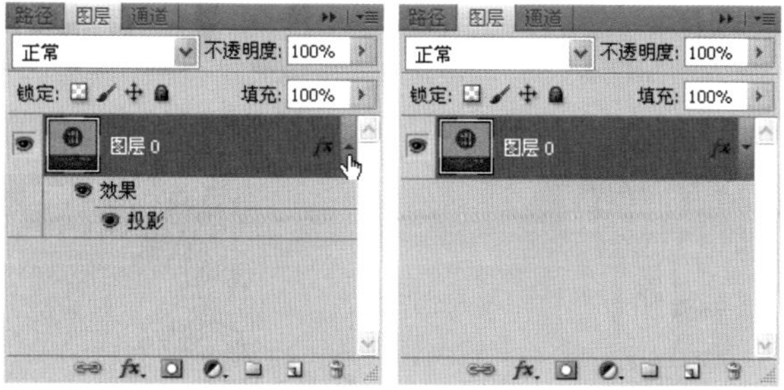

图4-118

2．图层样式的应用

（1）投影

【投影】效果就是通过对角度的设置来模仿光照效果，给图形添加阴影，使其产生立体的效果，如图4-119所示。

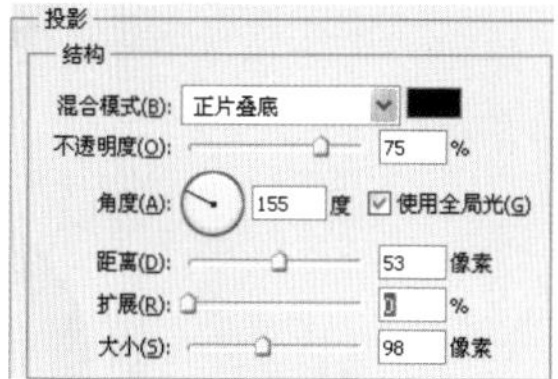

图4-119

（2）内阴影

【内阴影】主要是在图像的边缘的内部添加投影，效果是作用在图像内部的，如图4-120所示。

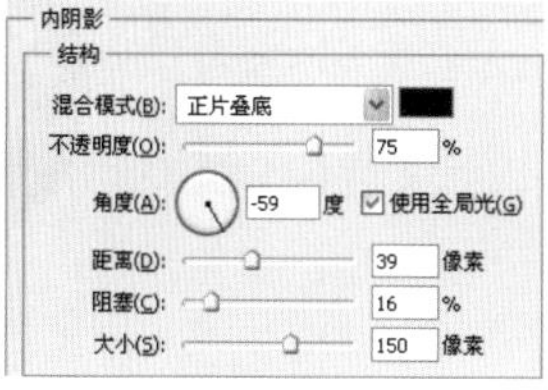

图4-120

（3）外发光

【外发光】效果主要是沿着图像的轮廓向外均匀发光，如图4-121所示。

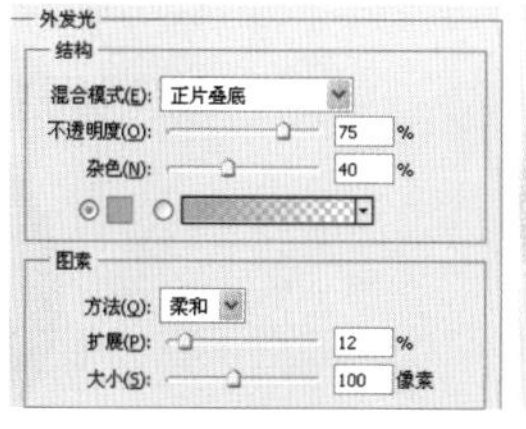

图4-121

知识：

通过对【投影】选项栏里的不同选项的参数进行设置，可以得到不同的投影效果：【混合模式】用来设置图层样式与下方的图层的混合方式；【不透明度】用来设置样式的透明度；【角度】用来设置光照角度及投影的方向；【距离】用来设置投影偏移的距离；通过调整【扩展】数值可以使边界进行由模糊到硬朗的变换；【大小】用来设置虚化的程度。勾选【使用全局光】复选框可以使其他的效果都保持一致的光照角度。

(4) 内发光

【内发光】效果主要是沿着图像的轮廓向内均匀发光，如图4-122所示。

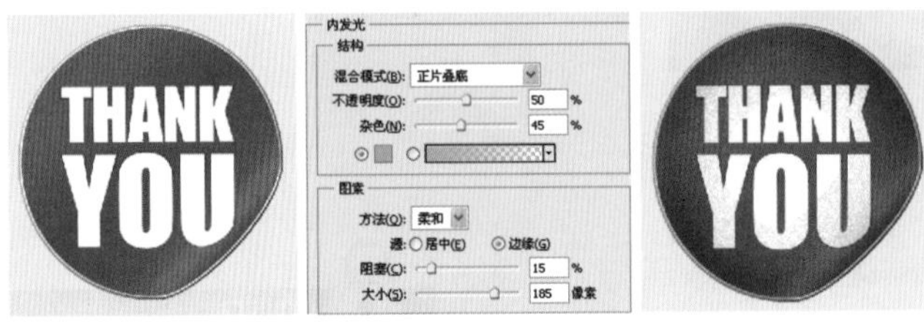

图4-122

(5) 斜面和浮雕

【斜面和浮雕】效果是通过对图像添加高光和阴影使其显示出一种立体的效果。【等高线】能改变浮雕凹凸程度，如图4-123所示；【纹理】可以给应用了浮雕效果的图像贴上不同的纹理，如图4-124所示。

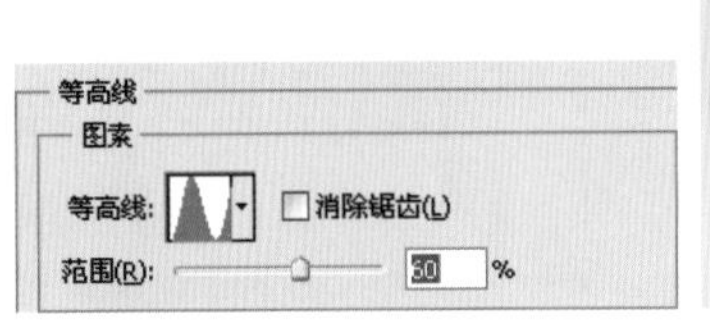

图4-123

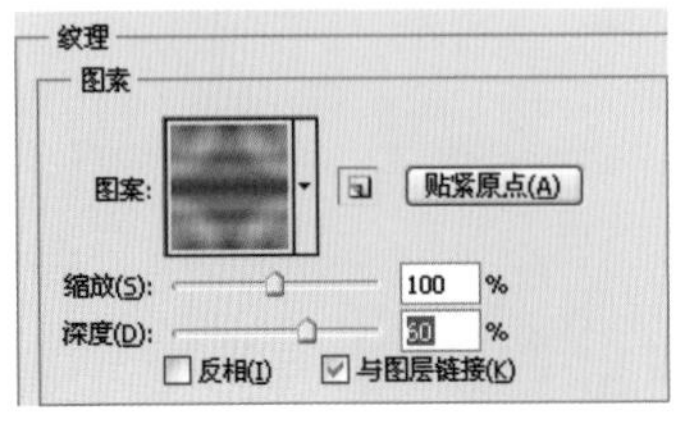

图4-124

知识：

在【斜面和浮雕】的图层样式的对话框中，【样式】选项里有【外斜面】、【内斜面】、【浮雕效果】、【枕状浮雕】、【描边浮雕】五种效果，分别如下图所示。

外斜面

内斜面

浮雕效果

枕状浮雕

描边浮雕

（6）光泽

【光泽】效果通常是用来打造金属表面的光滑度的，如图4-125所示。

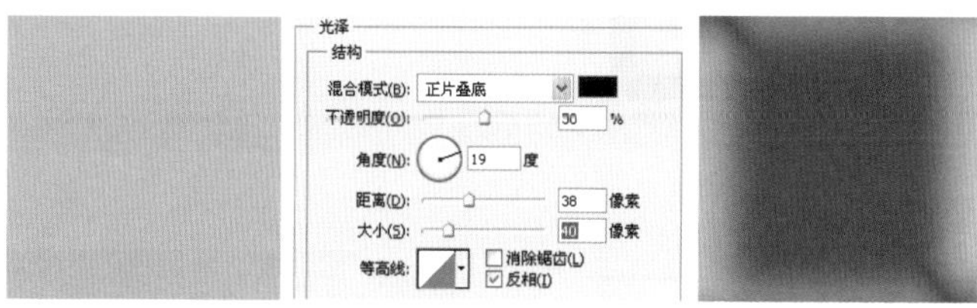

图4-125

（7）颜色叠加

【颜色叠加】效果就是将图层原有的颜色与【颜色叠加】选项组中的颜色进行叠加，通过调整不透明度，可以得到新的颜色，如图4-126所示。

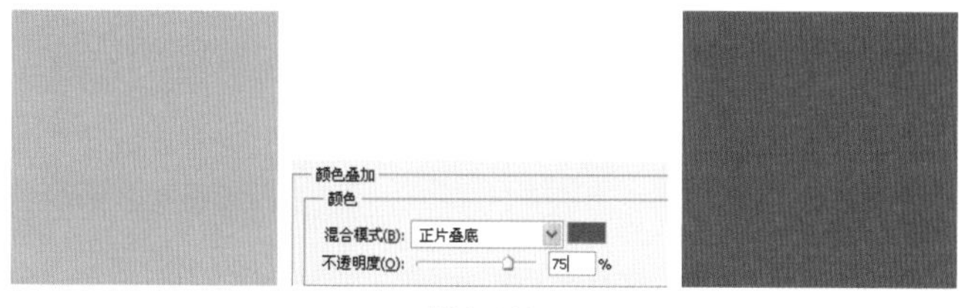

图4-126

（8）渐变叠加

【渐变叠加】效果就是将图层原有的颜色与【渐变叠加】选项组中的渐变类型进行叠加以得到新效果，如图4-127所示。

图4-127

（9）图案叠加

【图案叠加】效果就是将图层原有的颜色与【图案叠加】选框中的图案进行叠加以得到新效果，如图4-128所示。

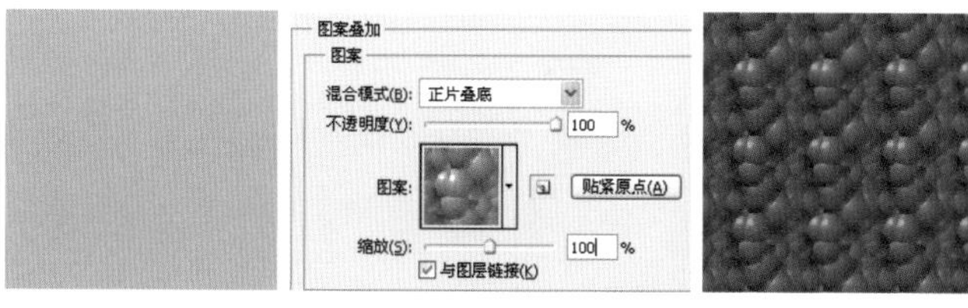

图4-128

（10）描边

【描边】效果就沿着图层中图形的外轮廓进行描摹，如图4-129所示。

提 示：

使用【描边】效果时，不仅可以用线条对图形外轮廓进行描摹，还可以使用不同的颜色、图案、渐变对图像进行描边。

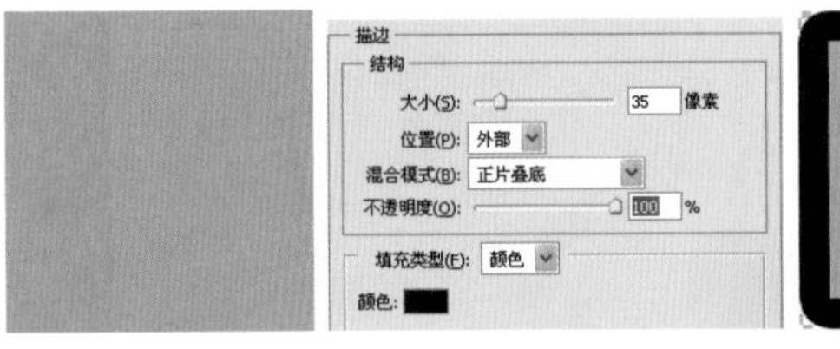

图4-129

05 混合模式

混合模式是Photoshop CS5中核心的功能之一，也是比较难理解的功能之一，在混合模式中可以将其分为组合模式组、加深模式组、减淡模式组、对比模式组、比较模式组、色彩模式组六个组，如图4-130所示。通过选择这几个组中的选项，可以使图像产生很多特殊的效果。

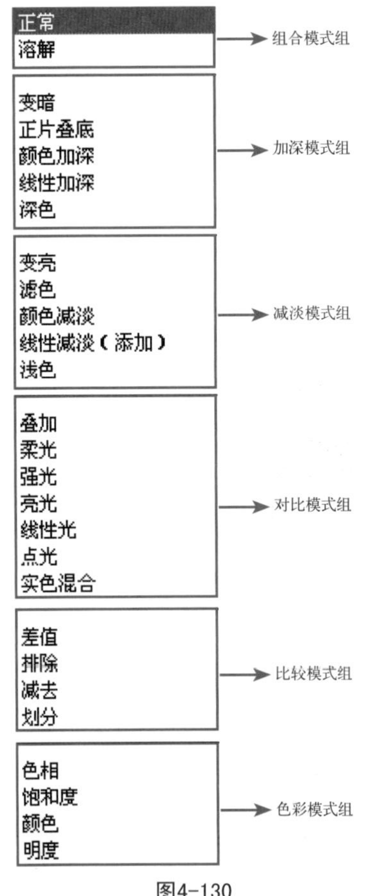

图4-130

下面是两张JPG格式的图片，如图4-131所示。接下来会通过调整“图层一”的混合模式来演示混合模式中不同选项的模式对图片产生怎样的效果。

知识：

组合模式组是默认设置，其中包含【正常】和【溶解】，它们是通过调整图层的【不透明度】来产生效果的。

加深模式组是将图层中的图像变暗。

减淡模式组是将图层中的图像变亮。

对比模式组可以增加图层的对比使其反差强烈。

比较模式组可以将当前的图像与底层图像进行比较，黑色一般是相同的区域，灰色或彩色是不同区域，如果当前图层包含白色，白色区域将与底层图像反相。

色彩模式组可以对图像的色彩进行调节。

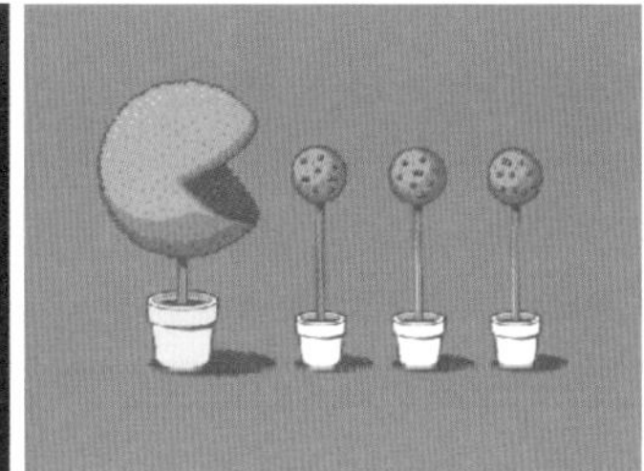

图4-131

1. 组合模式组

【正常】模式情况下，当前图层的【不透明度】为100%时，就会将下层图层中的图像完全遮盖住，如图4-132所示。通过调整【不透明度】值可以将下层图层中的图像不同程度地显示出来，如图4-133所示（图中【不透明度】为50%）。

图4-132

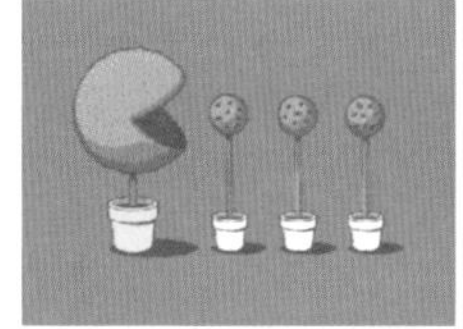
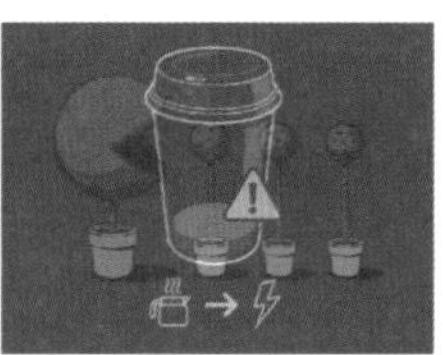

图4-133

【溶解】模式情况下，调整【不透明度】可以使当前图层中的图像变成均匀分布的小颗粒，如图4-134所示。

图4-134

2. 加深模式组

【变暗】模式情况下，当前图层中较亮部分图像的像素将会被下方图层中较暗部分图像的像素所取代，换句话说也就是取较暗的像素作为结果色，如图4-135所示。

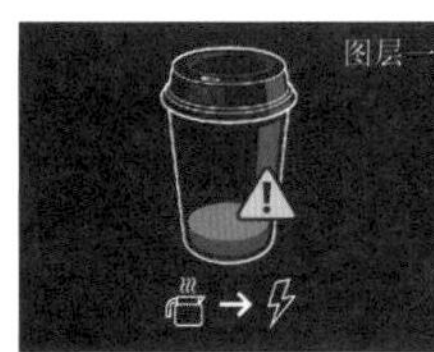

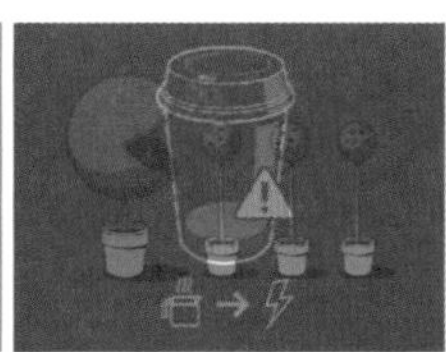

图4-135

【正片叠底】模式是混合模式中比较常用的也比较重要的模式之一，它的模式效果和【变暗】模式效果相似，但是【正片叠底】模式比【变暗】模式的最终颜色效果更暗，如图4-136所示。【正片叠底】模式就像是模拟印刷中油墨一层一层地叠加上去，看到颜色逐渐变暗，直至变成黑色。

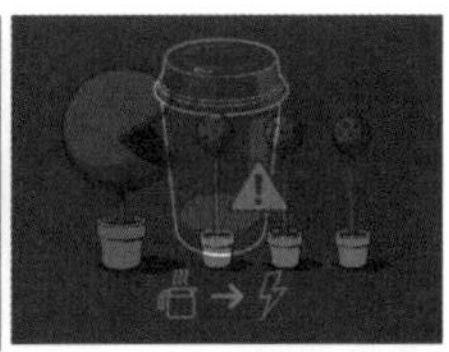

图4-136

【颜色加深】模式情况下，当前图层中较暗部分的图像像素会使下方图层变得更暗（下方图层中白色图像的像素则保持不变），即当前图层中的图像颜色越暗对下方图层色彩改变越强；当前图层中的图像越亮则对下方图层色彩改变越弱，如图4-137所示。

图4-137

【线性加深】模式情况下，两图层叠加后可以得到较暗、过渡比较均匀的结果色，与【正片叠底】模式的效果相似，如图4-138所示。

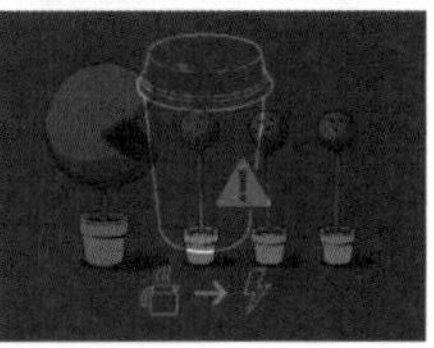

图4-138

【深色】模式情况就是两个图层的叠加，不会生成第三种颜色，如图4-139所示。

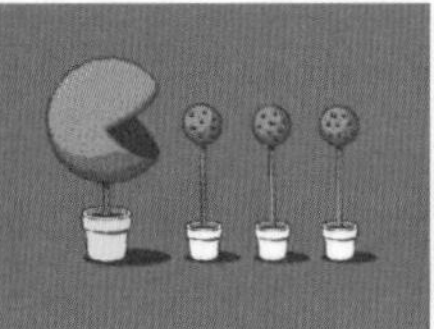
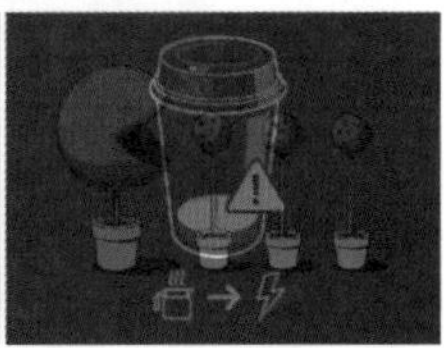

图4-139

3. 减淡模式组

【变亮】模式与【变暗】模式效果正好相反，当前图层中较暗部分图像的像素将会被下方图层中较亮部分图像的像素所取代，换句话说也就是取较亮的像素作为结果色，如图4-140所示。

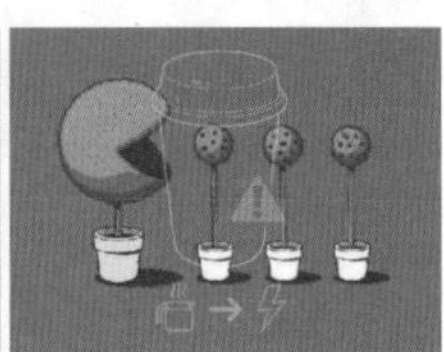

图4-140

【滤色】模式与【正片叠底】模式效果相反，【滤色】模式也是混合模式中比较常用和重要的，它的效果就像是模拟灯光打在图像上，如图4-141所示。

图4-141

【颜色减淡】模式与【颜色加深】模式效果相反，【颜色减淡】模式效果使叠加后的结果色变亮减小反差，如图4-142所示。

图4-142

【线性减淡（添加）】模式与【线性加深】模式效果相反，可以得到较亮的结果色，亮化图像的效果比【滤色】模式效果强烈，如图4-143所示。

图4-143

【浅色】模式情况下，不会产生第三种颜色，结果色来自两个图层的混合色，如图4-144所示。

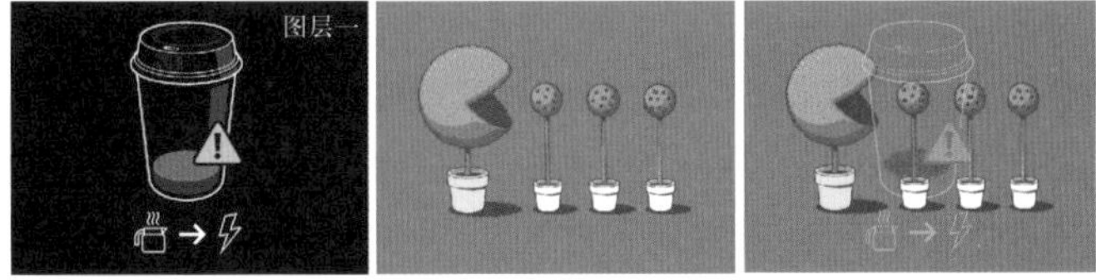

图4-144

4. 对比模式组

【叠加】模式是在保持底层图层的图像的明暗不变的情况下增强图像的颜色，如图4-145所示。

图4-145

【柔光】模式情况下，图层变换的效果取决于当前图层的明暗程度，当前图层较亮则最终效果变亮，当前图层较暗则最终效果变暗，如图4-146所示。

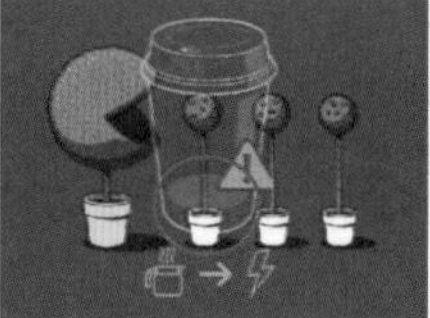

图4-146

【强光】模式与【柔光】模式效果相似，但是图像变亮和变暗的程度比【柔光】效果强烈，如图4-147所示。

图4-147

【亮光】模式情况下，如果当前图层（图层一）中的像素比128级灰亮，则通过减小对比度的方式使图像变亮；如果当前图层中的像素比128级灰暗，则通过增加对比度的方式使图像变暗，如图4-148所示。

图4-148

【线性光】模式情况下，通过减小或增加亮度来加深或减淡颜色，具体取决于混合色（图层一）。如果混合色(图层一)比128级灰色亮，则通过增加亮度使图像变亮；如果混合色比128级灰色暗，则通过减小亮度使图像变暗，如图4-149所示。

图4-149

【点光】模式在图像的暗调区域以“变暗”的方式混合，在图像的高光区域以“变亮”的方式混合，如图4-150所示。在添加纹理的操作中，它常常成为最好的混合模式之一。

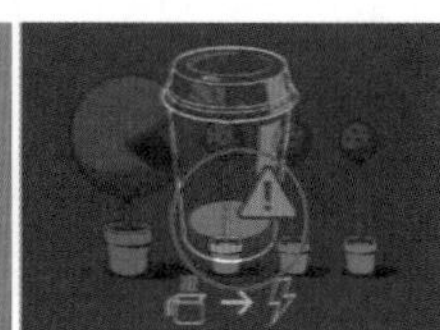

图4-150

【实色混合】模式相当于【亮度/对比度】命令的一种极端情形，那就是将对比度提高到了100%。如果将【实色混合】模式在低【不透明度】或【填充不透明度】下使用，依然可以得到较为平滑的效果，这种情形下，可以把它当做另一种形式的【亮度/对比度】命令或者【亮光】模式使用，如图4-151所示。

图4-151

5. 比较模式组

【差值】模式情况下，Photoshop CS5将自动检测每个通道的颜色信息，并从基色中减去混合色(图层一)，具体取决于哪一个颜色的亮度值更大，如图4-152所示。

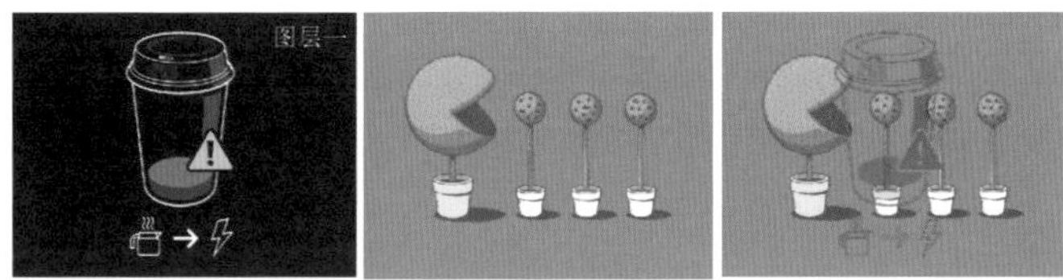

图4-152

【排除】模式创建一种与【差值】模式相似但对比度更低的效果，与白色灰色将产生反转基色值。与黑色混合则不发生变化，这种模式通常使用频率不是很高，不过通过该模式能够得到梦幻般的怀旧效果，如图4-153所示。

图4-153

【减去】模式情况下，可从目标通道中相应的像素上减去源通道中的像素值，如图4-154所示。

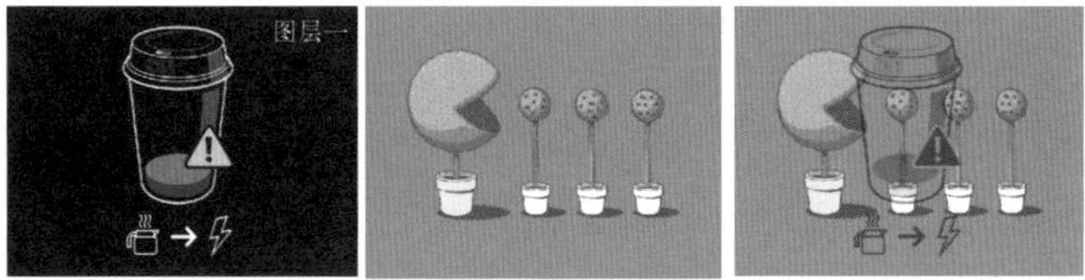

图4-154

【划分】模式情况下，从目标通道中相应的像素上加上源通道中的像素值，然后得到一种混合模式，如图4-155所示。

图4-155

6. 色彩模式组

【色相】模式使用基色的亮度和饱和度以及混合色的色相创建结果色，这种模式会查看活动图层所包含的基本颜色，并将它们应用到下面图层的亮度和饱和度信息中。可以把色相看做纯粹的颜色，如图4-156所示。

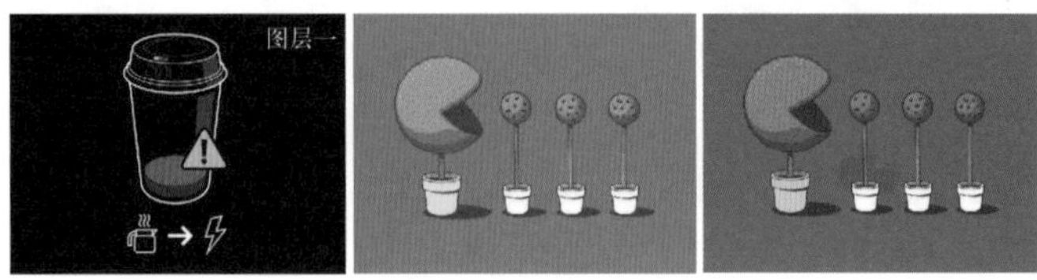

图4-156

【饱和度】模式用基色的亮度和色相以及混合色的饱和度创建结果色，在饱和度为零的灰色上应用此模式不会产生任何变化。饱和度决定图像显示出多少色彩，如果没有饱和度就不会存在任何颜色，只会留下灰色。饱和度越高区域内的颜色就越鲜艳。当所有的对象都饱和时，最终得到的几乎都是荧光色了，如图4-157所示。

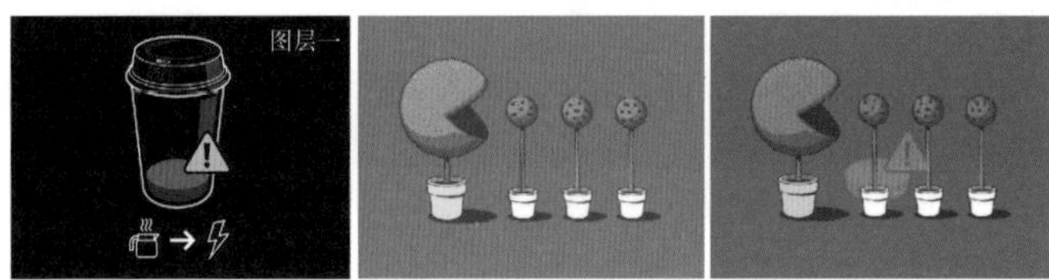

图4-157

【颜色】模式用基色的亮度以及混合色的色相和饱和度创建结果色。这样可以保留图像中的灰阶，并且对于给单色图像上色和给彩色图像着色都非常有用。总体上来说，它将图像的颜色应用到了下面图像的亮度信息上，如图4-158所示。

图4-158

【明度】模式用基色的色相和饱和度以及混合色的亮度创建结果色。此模式与【颜色】模式相反效果，这种模式可将图像的亮度信息应用到下面的图像中的颜色上，它不能改变颜色，也不能改变颜色的饱和度，而只能改变下面图像的亮度，如图4-159所示。

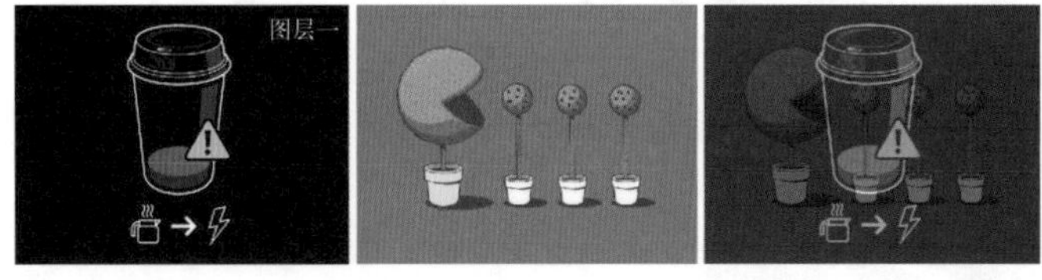

图4-159

独立实践任务 2课时

任务2
设计制作房地产宣传单

任务背景和任务要求

一家房地产公司设计制作一款房地产宣传单，尺寸为“2000毫米×2800毫米”，分辨率为“300像素/英寸”。

任务分析

建立一个“2000毫米×2800毫米”的新文档，使用填充、涂抹、变形工具，调整图像大小和位置，最终完成图像效果。

任务素材

任务素材见素材\模块04\任务2

任务参考效果图

VINTAGE
坐拥繁华，仅一步之遥
地段彰显非凡价值，坐拥繁华，左右城市脉搏
金城华府，配备3000平米超大商场
咫尺之遥，生活自然优越于心。

模块05

设计制作公益广告
——蒙版知识的综合应用

任务参考效果图

能力目标

能使用蒙版拼合图像

专业知识目标

能使用蒙版制作特殊效果图像

软件知识目标

1. 理解蒙版中黑、白、灰的作用
2. 掌握蒙版的操作方法

课时安排

4课时（讲课2课时，实践2课时）

模拟制作任务 2课时

任务1

公益广告的设计与制作

任务背景

吸烟有害健康，拒绝吸食二手烟。本任务是为呼吁大家尽量少抽烟而制作的公益广告。

任务要求

选择的图像要清晰，符合写真喷绘要求，要紧扣吸烟有害健康的主题，突出视觉冲击力。

尺寸要求：1740毫米×1100毫米。

任务分析

设计师在开始设计之前要理解设计意图，并提出合理建议。任务要求公益广告符合写真喷绘的要求，要紧扣吸烟有害健康的主题，突出视觉冲击力。成品尺寸为“1740毫米×1100毫米”，因为普通的喷绘分辨率一般都在35～72像素/英寸，这次公益广告是要制作写真级的喷绘，所以要注意分辨率应为“72像素/英寸”。

本案例的难点

操作步骤详解

创建背景层

❶ 打开Photoshop CS5软件，执行【文件】>【新建】命令，在弹出的【新建】对话框中设置【名称】为“公益广告”，【宽度】和【高度】分别为“1740毫米”和“1100毫米”，【分辨率】为“72像素/英寸”，【颜色模式】为“RGB颜色”，【背景内容】为“透明”，如图5-1所示，单击【确定】按钮。

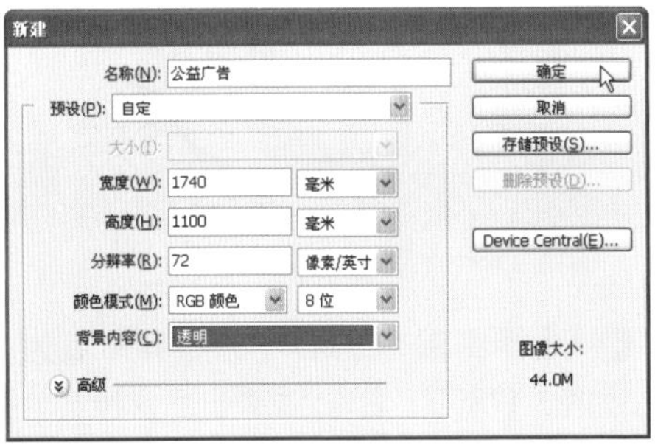

图5-1

❷ 打开“素材\模块05\任务1\背景”文件，选择图层“背景”并右击，在弹出的快捷菜单中选择“复制图层”选项，将图层“背景”复制到文档“公益广告.psd”中，如图5-2所示。

图5-2

❸ 按【Ctrl+T】组合键将图层“背景”调整至适合画板大小，如图5-3所示，然后按【Enter】键结束命令。

图5-3

❹ 按住【Ctrl】键单击背景图层缩略图，出现背景选区后，新建图层并将其命名为“背景1”，如图5-4所示。将前景色设置为黑色，按【Alt+Delete】组合键填充颜色，如图5-5所示。按【Ctrl+D】组合键取消选区。选择工具箱中的【橡皮擦工具】，将画笔的【不透明度】和【流量】数值都设置为“11%”，如图5-6所示。

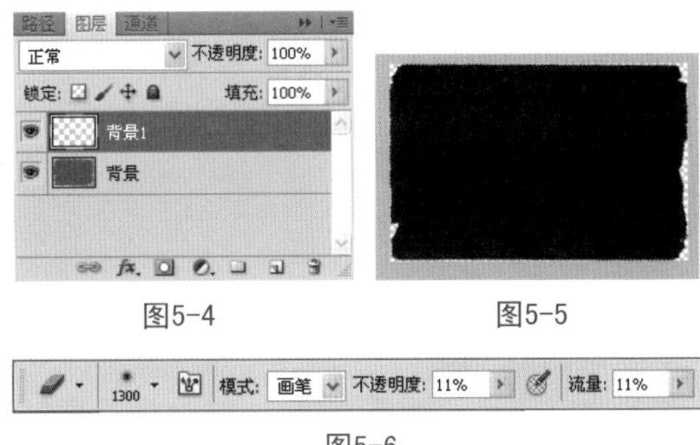

图5-4　　图5-5

图5-6

❺ 选择图层“背景1”，用【橡皮擦工具】来回擦至如图5-7所示的效果，然后将图层“背景1”的【不透明度】调整为“70%”，如图5-8所示。

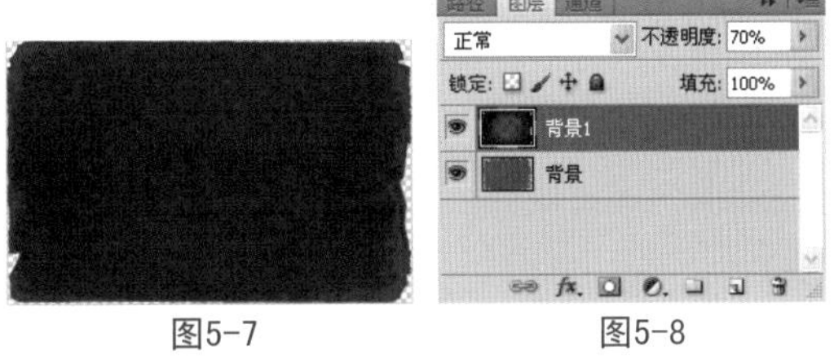

图5-7　　图5-8

抠选并调整图像

❻ 打开“素材\模块05\任务1\快餐”文件，如图5-9所示。双击图层“背景”，在弹出的对话框中单击“确定”按钮，图层“背景”将被命名为“图层0”，如图5-10所示。

图5-9

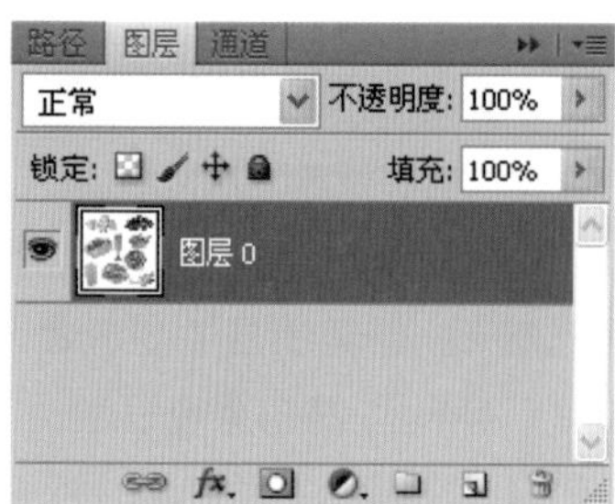

图5-10

❼ 选择图层“图层0”，如图5-11所示。选择工具箱中的【套索工具】，框选香蕉，按【Ctrl+Shift+I】组合键反选选区，按【Delete】键删除，按【Ctrl+D】组合键取消选区，如图5-12所示。

图5-11　图5-12

❽ 选择工具箱中的【魔棒工具】，在香蕉的白色背景上单击，如图5-13所示。按【Delete】键删除，按【Ctrl+D】组合键取消选区，如图5-14所示。

图5-13

图5-14

❾ 选择工具箱中的【缩放工具】，在香蕉左下方白色背景上单击三下，如图5-15所示。选择工具箱中的【魔棒工具】，在香蕉的白色背景上单击，按【Delete】键删除，按【Ctrl+D】组合键取消选区，如图5-16所示。

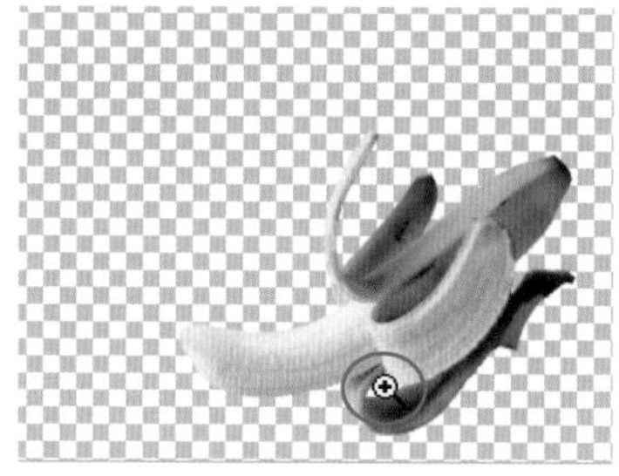
图5-15

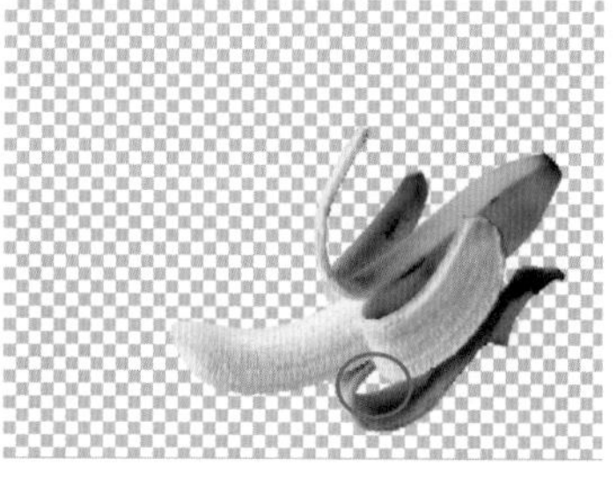
图5-16

❿ 选择图层“图层0”并将其命名为“香蕉”，如图5-17所示。右击，在弹出的快捷菜单中选择“复制图层”选项，弹出【复制图层】对话框，在【目标】选项组的【文档】下拉列表框中选择“公益广告.psd”选项，如图5-18所示。

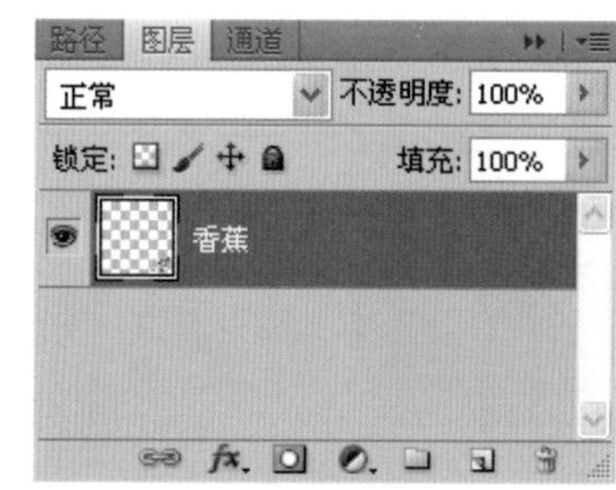

图5-17

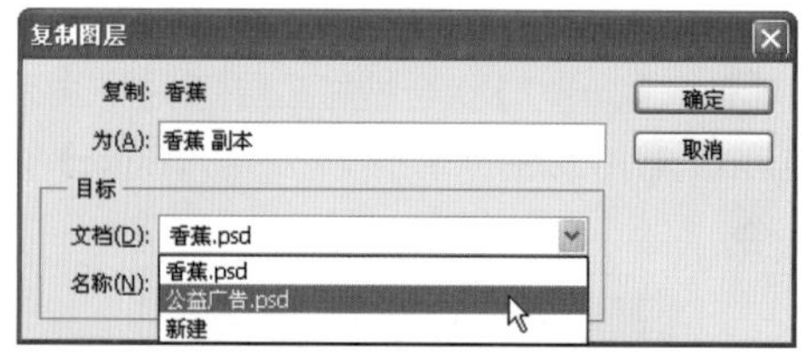

图5-18

⓫ 在文档“公益广告.psd”中，按【Ctrl+T】组合键，如图5-19所示。将香蕉拖曳到画板中，如图5-20所示。将图层“香蕉”旋转至如图5-21所示，并按【Enter】键结束命令。

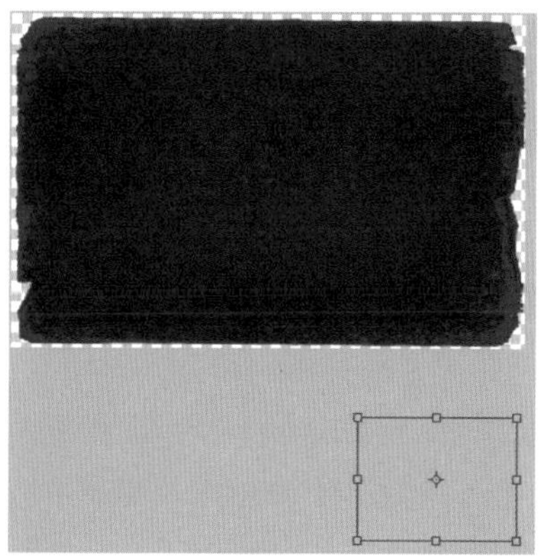

图5-19

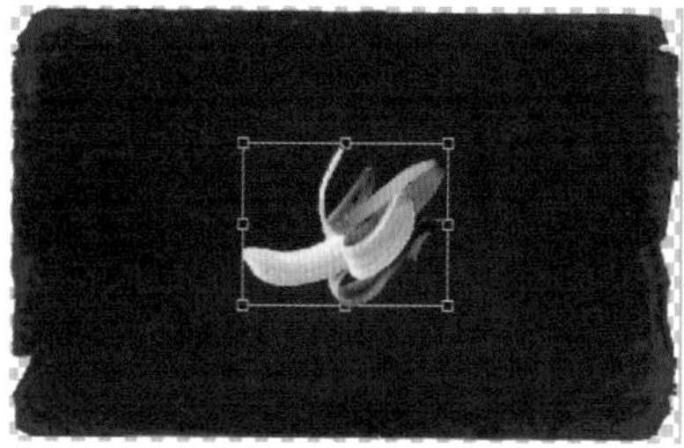

图5-20

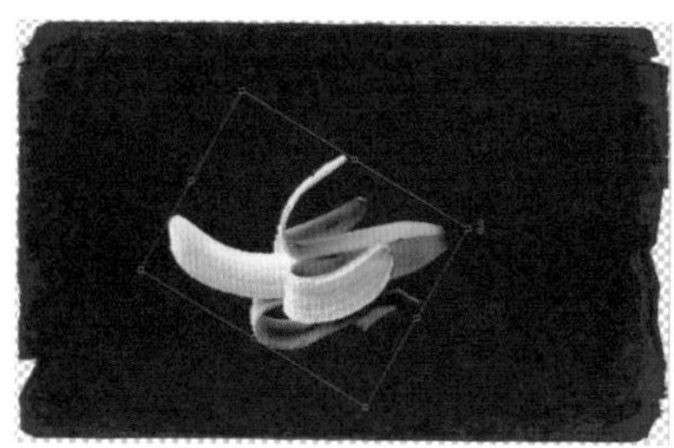

图5-21

用蒙版处理图像

⑫ 打开“素材\模块05\任务1\鱼”文件，双击图层“背景”，在弹出的【新建图层】对话框中将【名称】设置为“鱼”并单击【确定】按钮，如图5-22所示。

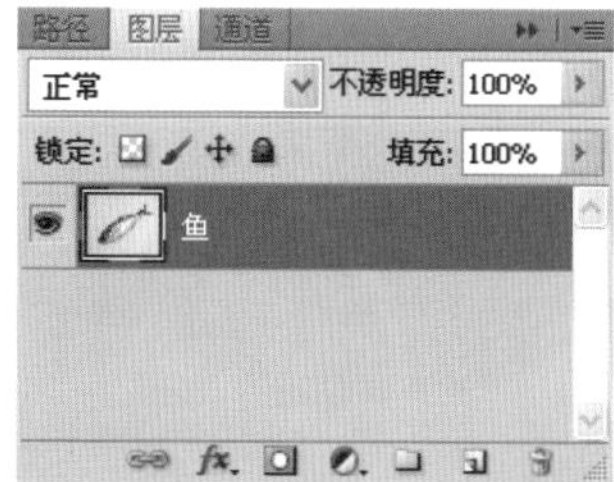

图5-22

⑬ 选择工具箱中的【缩放工具】，在鱼嘴张开处单击放大鱼嘴部分，选择工具箱中的【钢笔工具】，在鱼嘴张开处单击创建锚点，如图5-23所示。沿着鱼的外轮廓增加锚点至闭合路径，如图5-24所示。

图5-23

图5-24

⑭ 右击，在弹出的快捷菜单中选择“建立选区”选项，在弹出的对话框中将【羽化半径】设为“0”，如图5-25所示。按【Ctrl+Shift+I】组合键反选选区，按【Delete】键删除，按【Ctrl+D】组合键取消选区，如图5-26所示。

图5-25

图5-26

⑮ 选择图层“鱼”，将其复制至文档“公益广告.psd”中，如图5-27所示。按【Ctrl+T】组合键，在弹出的快捷菜单中选择“水平翻转”选项，并将其旋转至如图5-28所示位置。

图5-27

图5-28

⑯ 选择工具箱中的【移动工具】，将图层“鱼”移动至如图5-29所示效果，并按【Enter】键结束命令。按【Ctrl+J】组合键复制图层“香蕉”，然后将图层“鱼”隐藏，如图5-30所示。

图5-29

图5-30

⑰ 选择工具箱中的【钢笔工具】，如图5-31所示抠选图形，右击，在弹出的快捷菜单中选择“建立选区”选项，选择并显示图层“鱼”，如图5-32和图5-33所示。按【Delete】键删除，如图5-34所示。

图5-31

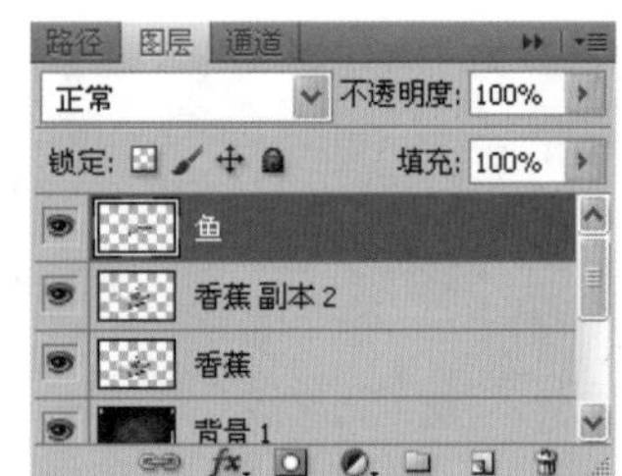

图5-32

图5-33

图5-34

⑱ 按【Ctrl+Shift+I】组合键反选选区，按【Delete】键删除，按【Ctrl+D】组合键取消选区，选择图层“香蕉”和图层“香蕉副本2”，单击【图层】面板下方的链接按钮，如图5-35所示。

图5-35

⑲ 选择图层“鱼”，执行【编辑】>【操控变形】命令⑥，如图5-36所示。然后对鱼嘴的周围进行添加节点操作，如图5-37所示。将嘴周围用节点控制住以后，单击并进行拖曳，完成嘴部的变形，如图5-38所示，按【Enter】键结束命令。

图5-36

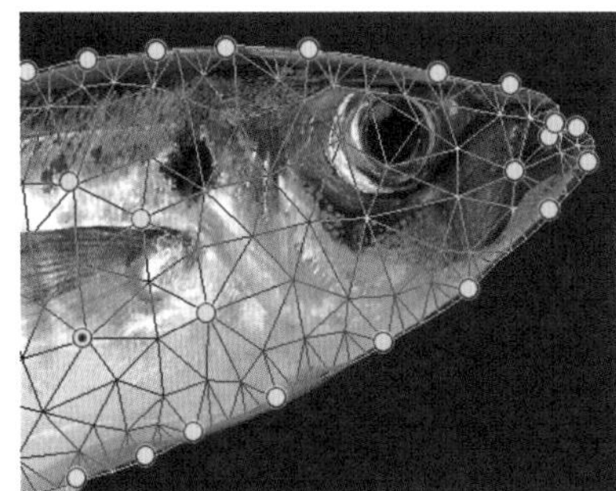

图5-37

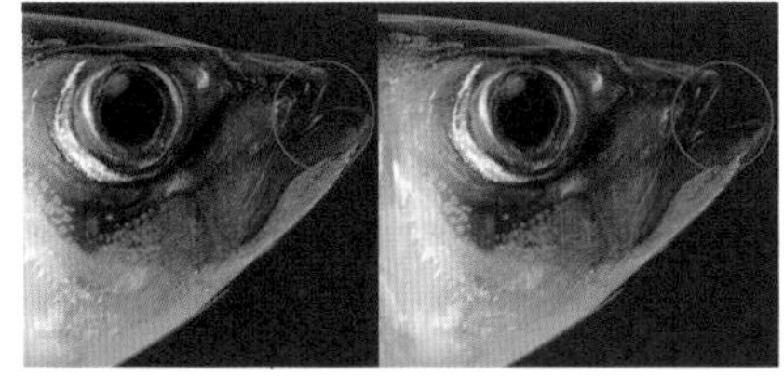

图5-38

⑳ 选择图层“鱼”，按住【Ctrl】键并单击图层“鱼”的图层缩略图，然后单击【图层】面板下方的【添加图层蒙版】按钮创建蒙版①，如图5-39所示。将前景色设置为黑色，选择工具箱中的【橡皮擦工具】，然后将画笔【大小】设置为“100”（可根据需要调节画笔大小），【流量】设置为“10%”②，如图5-40所示。

图5-39

图5-40

㉑ 单击图层“鱼”蒙版，如图5-41所示，将画笔放在鱼上，单击并进行来回移动，涂抹至如图5-42所示效果②。

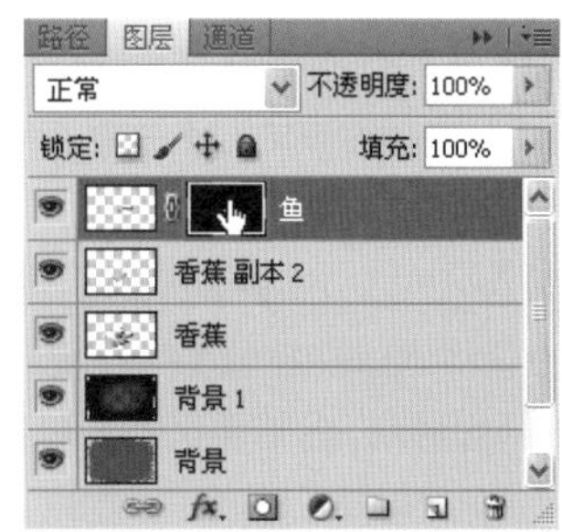

图5-41

图5-42

㉒ 打开“素材\模块05\任务1\火柴”文件，双击图层“背景”，在弹出的【新建图层】对话框中将【名称】设置为“火柴”并单击【确定】按钮，

如图5-43所示。选择工具箱中的【钢笔工具】，将火柴头抠选出来，并建立选区，如图5-44所示。按【Ctrl+Shift+I】组合键反选选区，按【Delete】键删除，按【Ctrl+D】组合键取消选区，如图5-45所示。

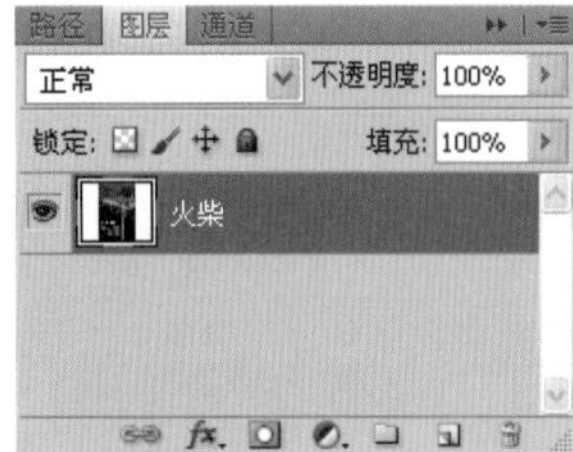

图5-43

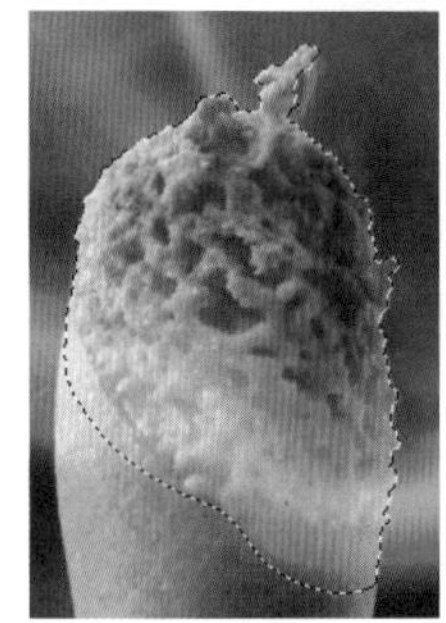
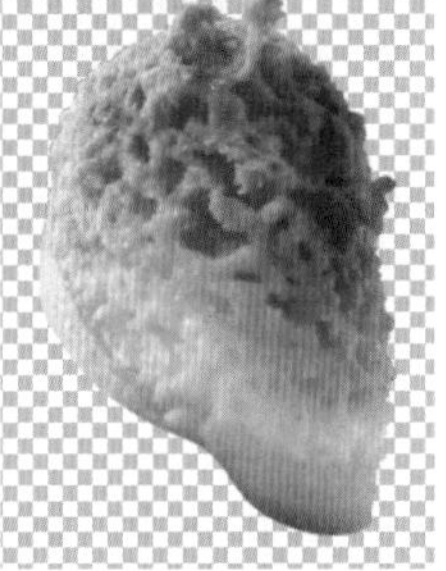
图5-44　　图5-45

㉓ 将图层“火柴”复制到文档“公益广告.psd”中，选择工具箱中的【缩放工具】，在火柴的下方单击三下，然后选择工具箱中的【仿制图章工具】，如图5-46所示。按住【Ctrl】键单击图层“火柴”的图层缩略图，按住【Alt】键画笔会变成如图5-47所示的形状，然后单击，当画笔恢复原始形状后进行图形的仿制，如图5-48所示。

图5-46

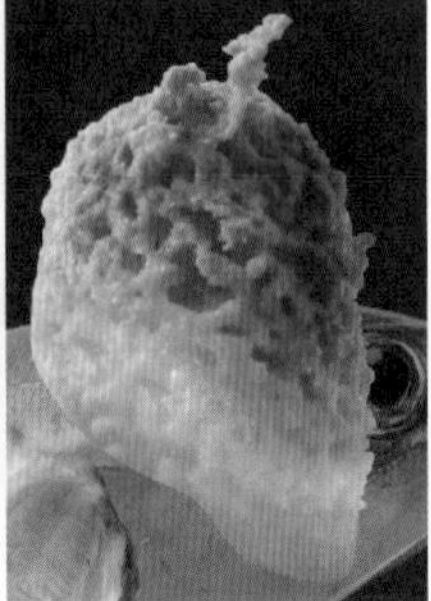
图5-47　　图5-48

㉔ 选择工具箱中的【移动工具】，移动图层“火柴”至如图5-49所示效果。按【Ctrl+T】组合键在弹出的菜单中选择“水平翻转”选项，如图5-50所示，将其进行旋转、移动至合适位置，如图5-51所示。

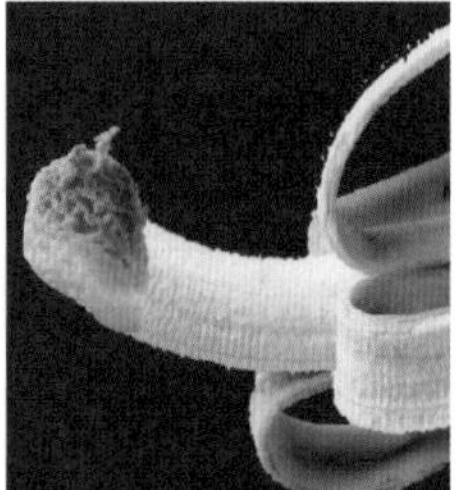
图5-49　　图5-50

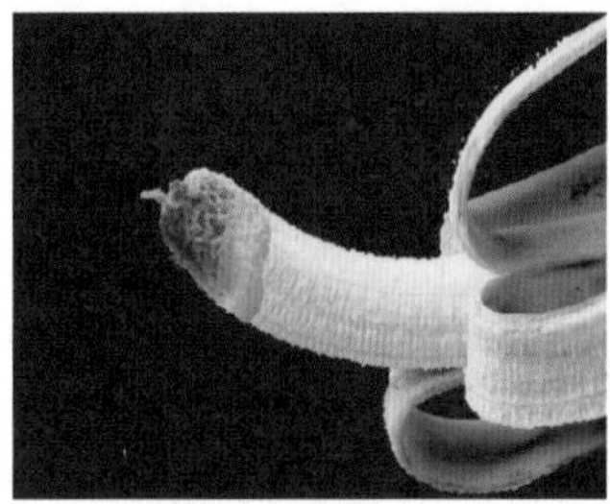
图5-51

㉕ 按住【Ctrl】键单击图层“火柴”的图层缩略图，然后单击【图层】面板下方的按钮创建蒙版，如图5-52所示。将前景色设置为黑色，选择工具箱中的【橡皮擦工具】，然后将画笔【大小】设置为“100”（可根据需要调节画笔大小），【流量】设置为“10%”[2]，如图5-53所示。

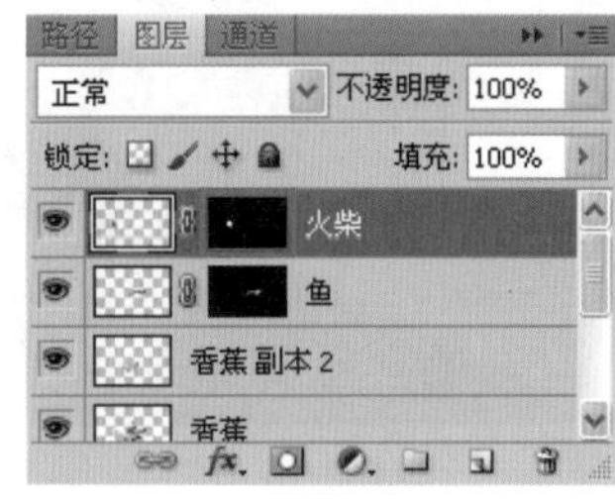

图5-52

图5-53

㉖ 单击图层“火柴”蒙版，如图5-54所示。按住【Ctrl】键单击图层“火柴”的图层缩略图，出现选区以后，将画笔放在火柴右下方，单击并进行来回移动，涂抹至如图5-55所示效果[3]。

图5-54

图5-55

27 按【Ctrl+J】组合键复制图层“火柴”，将复制得到的图层“火柴副本”拖曳至图层“火柴”的下方，如图5-56所示。选择图层“火柴副本”然后再选择工具箱中的【移动工具】，将其移动至如图5-57所示位置。

图5-56

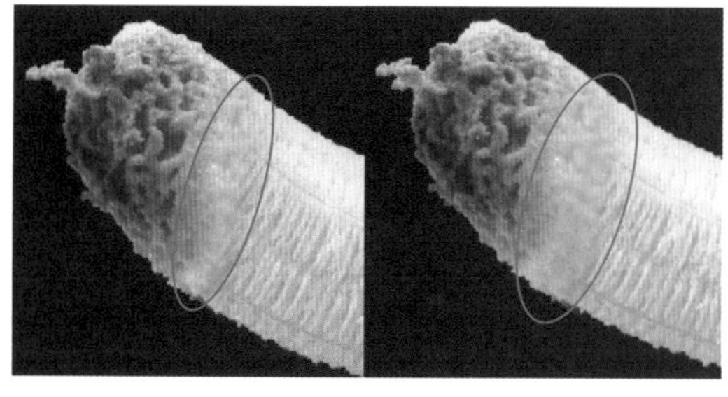

图5-57

28 打开“素材\模块05\任务1\线稿”文件，右击，在弹出的快捷菜单中选择“复制图层”选项，弹出【复制图层】对话框，在【目标】选项组的【文档】下拉列表框中选择“公益广告.psd”选项，如图5-58所示。

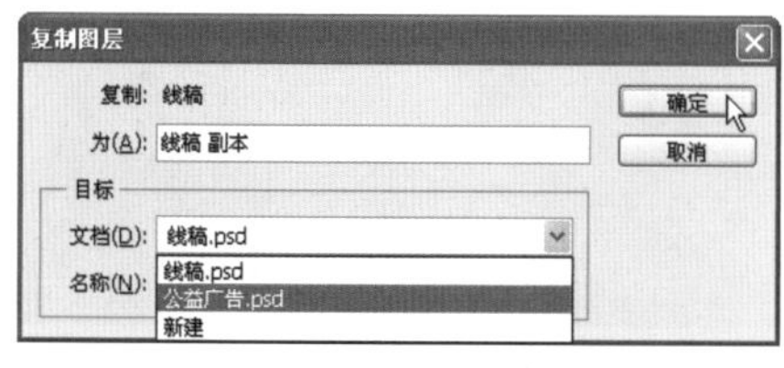

图5-58

29 打开文档“公益广告.psd”，按【Ctrl+T】组合键对线稿进行变换，调整至如图5-59所示位置和大小。

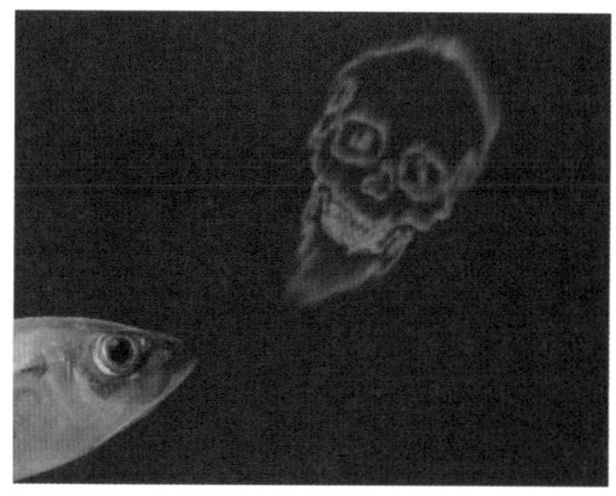

图5-59

30 新建图层并将其命名为“烟雾”，选择工具箱中的【画笔工具】，将画笔【大小】设置为“10”，将画笔【颜色】设置为“R159、G160、B160”，然后绘制出如图5-60所示形状。选择工具箱中的【涂抹工具】，将【强度】设置为“40%”后进行涂抹至如图5-61所示效果。

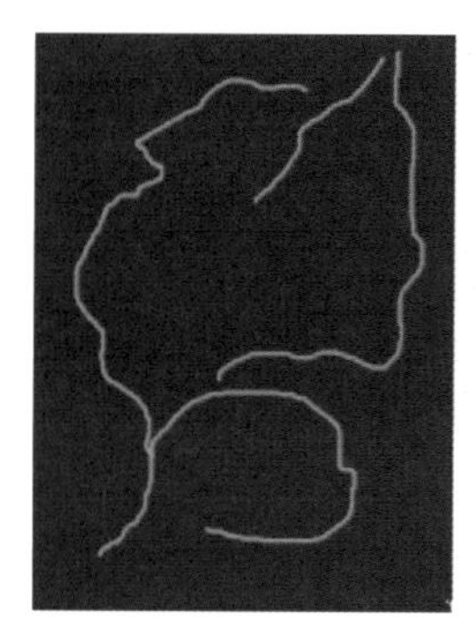

图5-60

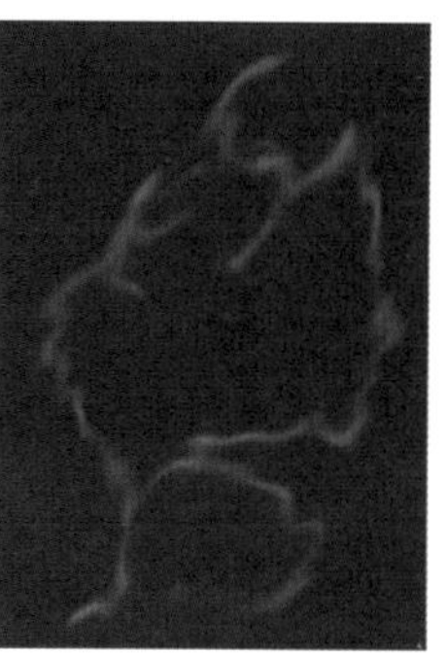

图5-61

31 选择工具箱中的【移动工具】，将其移动至线稿处，如图5-62所示。

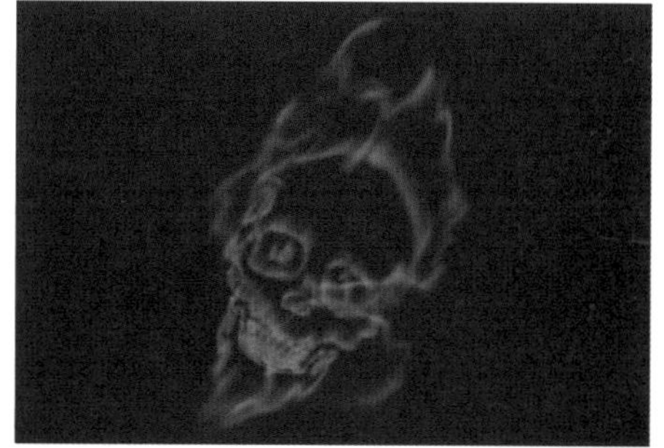

图5-62

32 新建图层并将其命名为“烟雾1”，选择【画笔工具】中的 112 画笔类型，将画笔【大小】设置为“60”，将画笔【颜色】设置为“R159、G160、B160”，然后绘制出如图5-63所示形状。选择工具箱中的【涂抹工具】，将【强度】设置为“40%”后进行涂抹至如图5-64所示效果。

图5-63

图5-64

33 选择工具箱中的【移动工具】，将其移动至线稿处，如图5-65所示。

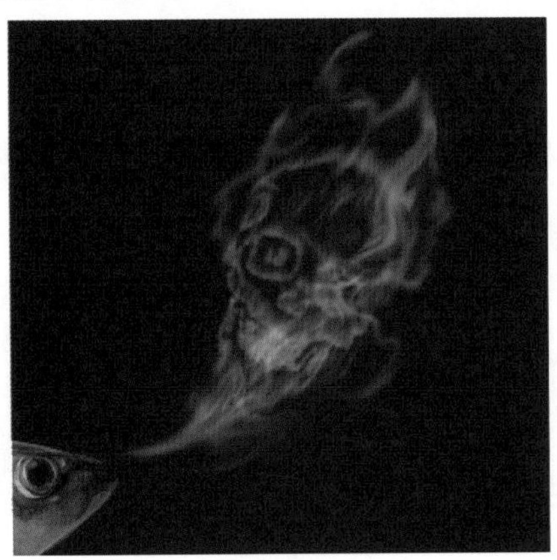

图5-65

34 新建图层并将其命名为“烟雾2”，选择【画笔工具】中的 112 画笔类型，将画笔【大小】设置为“60”，将画笔【颜色】设置为“R159、G160、B160”，然后绘制出如图5-66所示形状。选择工具箱中的【涂抹工具】，将【强度】设置为“40%”后进行涂抹至如图5-67所示效果。

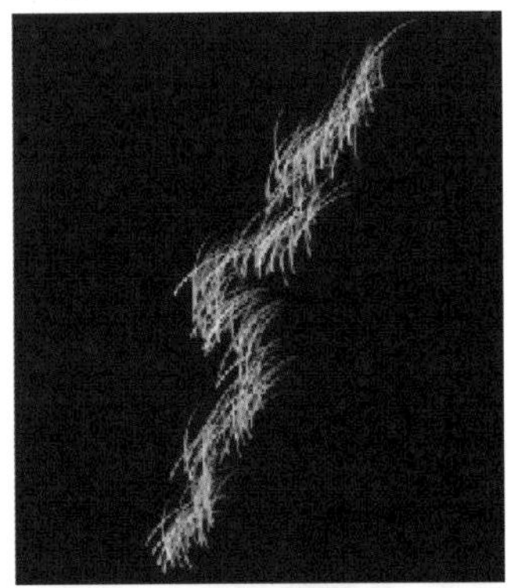

图5-66

图5-67

35 选择工具箱中的【移动工具】，将其移动至线稿处，如图5-68所示。

图5-68

36 新建图层并将其命名为“烟雾3”，选择【画笔工具】中的 112 画笔类型，将画笔【大小】设置为“60”，将画笔【颜色】设置为“R159、G160、B160”，然后绘制出如图5-69所示形状。选择工具箱中的【涂抹工具】，将【强度】设置为“40%”后进行涂抹至如图5-70所示效果。

图5-69

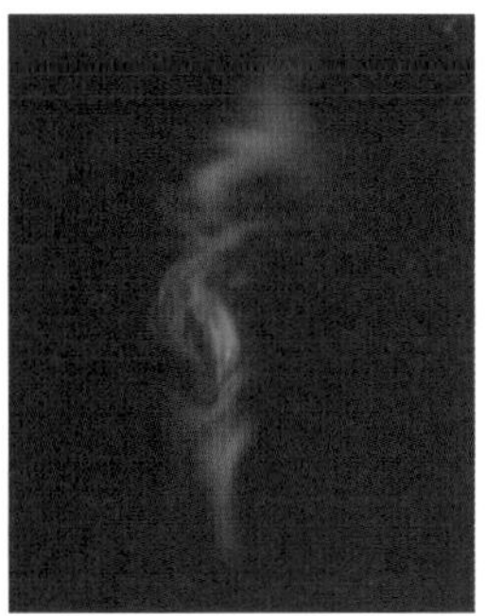

图5-70

㊲ 选择工具箱中的【移动工具】将其移动至线稿处，如图5-71所示。

图5-71

㊳ 按【Ctrl+T】组合键对其进行变换调整，如图5-72所示。

图5-72

㊴ 打开“素材\模块05\任务1\标志”文件，将其复制到文档“公益广告.psd”中，并选择工具箱中的【移动工具】，将其移动至如图5-73所示位置。

图5-73

㊵ 选择工具箱中的【文字工具】，输入英文“NO SMOKEING”将【字体】、【字号】分别设置为“Knuckle sandwich”和“137”，如图5-74所示。然后再输入“为了你身边的人，更多的是为了你自己”，将【字体】、【字号】分别设置为“汉仪中圆简”和“60”，如图5-75所示。

NO SMOKING

图5-74

为了你身边的人，更多的是为了你自己

图5-75

㊶ 选择工具箱中的【移动工具】，将文字和标志移动至如图5-76所示位置。

图5-76

知识点拓展

01 创建图层蒙版

图层蒙版是将不同的灰度值转换为不同的不透明度，并作用在图层上，使图层不同位置的透明度产生变化，不能作用于“背景”图层上。图层蒙版中只存在黑、白、不同灰度值的灰。白色为完全不透明；黑色为完全透明；灰色为半透明，越接近于白色的灰越不透明，越接近于黑色的灰越透明。

执行【图层】>【图层蒙版】菜单下的任意一项命令，都可以建立图层蒙版，如图5-77所示。但选择的项目不一样，得到的蒙版也不一样。

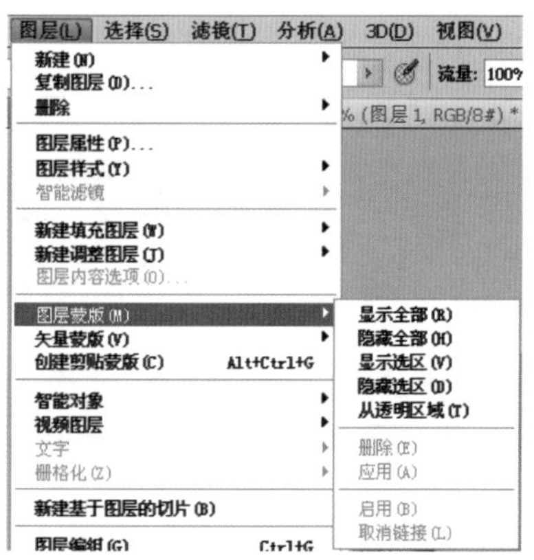

图5-77

也可以单击【图层】面板中的【添加图层蒙版】按钮，得到图层蒙版，如图5-78所示。

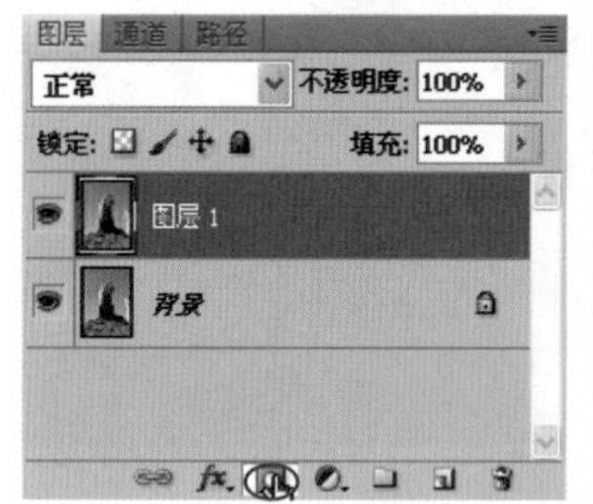

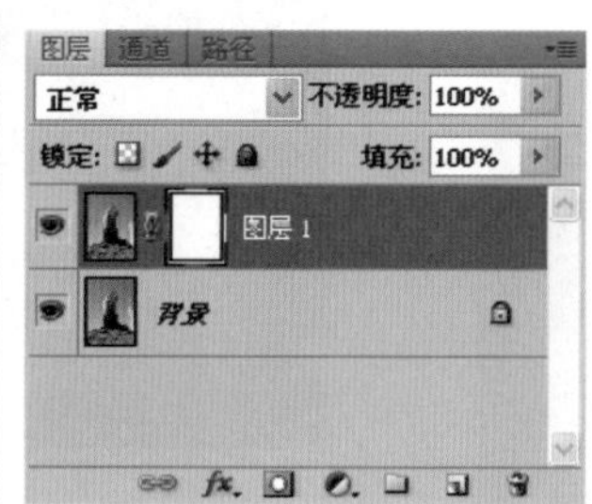

图5-78

蒙版是Photoshop中比较重要的工具之一，它建立在图层上用以控制图层上像素的显示与隐藏，并且不破坏原图像。

蒙版大致可以分成快速蒙版、剪贴蒙版、图层蒙版和矢量蒙版四种类型。

【快速蒙版】：单击工具箱中的按钮则可以建立快速蒙

知识：

要在“背景”图层中创建图层或矢量蒙版，请首先将此图层转换为普通图层，“背景”图层不能创建图层蒙版。

版。如果当前的文档中有选区，使用快速蒙版则选区外将会变成红色，选区内不改变，如图5-79所示。

图5-79

建立快速蒙版后就可以选择工具或命令对蒙版进行改变。编辑完成之后再次单击按钮则可以将蒙版转化为选区，如图5-80所示。应用快速蒙版可以使用多种工具进行编辑，如画笔工具组、渐变工具组和橡皮擦工具组等，也可以使用滤镜对其进行修改。

图5-80

02 编辑蒙版

编辑图层蒙版时应先单击蒙版将其选中，蒙版缩略图的周围将出现一个边框，如图5-81所示，选中后即可对其进行编辑，编辑蒙版的工具和命令有很多，如使用【画笔工具】、【渐变工具】和【色阶】命令等。

按住【Alt】键单击蒙版缩略图，则可以显示蒙版，如图5-82所示。

知识:

双击快速蒙版图标，可以弹出【快速蒙版选项】对话框，在对话框中可以设置快速蒙版的【颜色】和【色彩指示】区域，如下图所示。

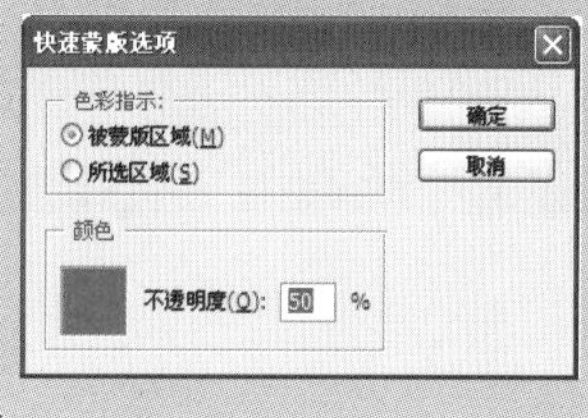

提示:

当蒙版处于现用状态时，拾色器中的前景色和背景色均采用默认灰度值，所有的颜色都为灰度颜色，不能使用彩色颜色编辑蒙版。

图5-81

图5-82

1. 使用画笔编辑蒙版

【画笔工具】是最常用的一种蒙版编辑工具，使用非常方便，对蒙版的控制比较精确，能绘制出虚实变化细腻的边缘，更加有利于图像的融合。

选择工具箱中的【画笔工具】，将前景色设置为黑色，使用图层蒙版可以有效地遮盖图像，如图5-83所示。

图5-83

2. 使用【渐变工具】编辑蒙版

【渐变工具】也是经常用到的编辑蒙版的工具，使用【渐变工具】中的线性渐变可以将图像进行均匀过渡的融合。

在【图层】面板中激活蒙版，选择工具箱中的【渐变工具】，在工具选项栏中单击【线性渐变】按钮，并选择【前景色到背景色】渐变方式，在文档中拖按住鼠标左键拖曳鼠标创建渐变色，如图5-84所示蒙版为一个均匀的渐变色，能实现图像均匀过渡的融合。

知识：

按住【Alt】键可以将复制的选区粘贴到图层蒙版中，并单击【图层】面板中的图层蒙版缩略图以选择和显示蒙版通道。执行【编辑】>【粘贴】命令，然后执行【选择】>【取消选择】命令，选区将转换为灰度并添加到蒙版中。单击【图层】面板中的图层缩略图以取消选择蒙版。

图5—84

03 蒙版的遮挡

蒙版是对图像进行有选择的遮挡，蒙版和选区有一定的联系。

1. 创建选区后创建蒙版

选择工具箱中的【椭圆选框工具】，在图像中创建一个椭圆选区，如图5-85所示。

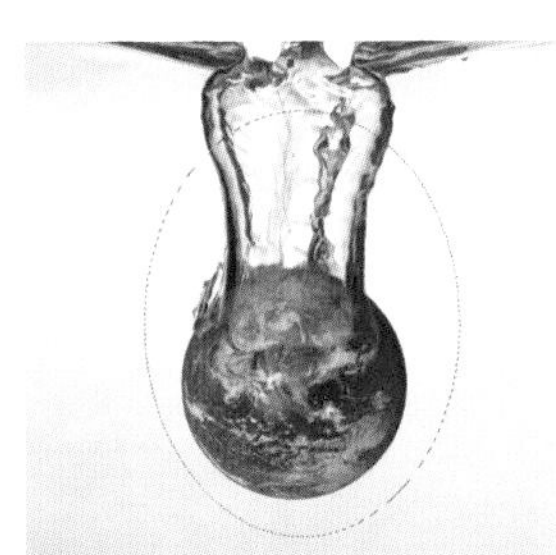

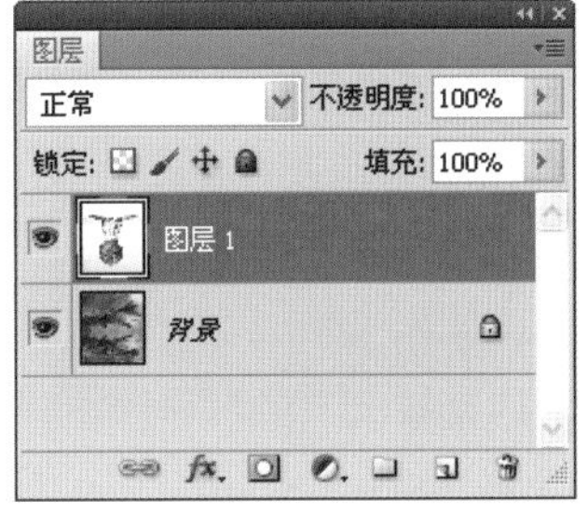

图5-85

单击【图层】面板底部的按钮，为图层添加图层蒙版，观察蒙版缩略图，可以看到选区以内的地方在蒙版上显示为白色，选区以外的地方在蒙版上显示为黑色，如图5-86所示。

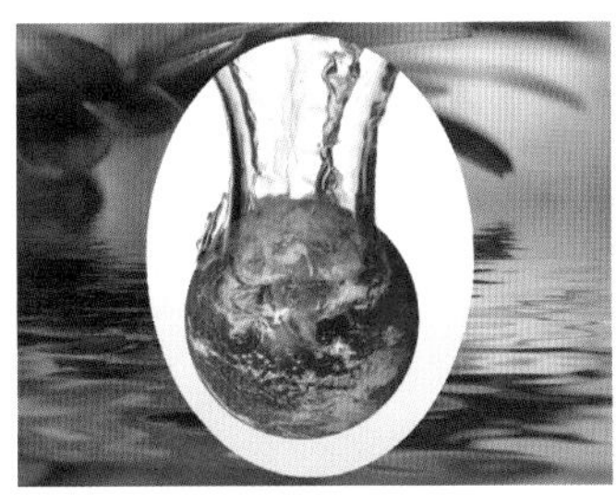

图5-86

2. 建立蒙版后创建选区

为图像创建一个图层蒙版，选择工具箱中的【矩形选框工具】，按住鼠标左键绘制一个选区，将拾色器中的背景色设置为黑

提 示:

Photoshop的图层蒙版并不是将图像中的像素进行擦除或者是破坏，而是对图像的像素进行遮挡。

色，按键盘上的【Delete】删除选区中的像素，蒙版上的图像会发生变化，如图5-87所示。

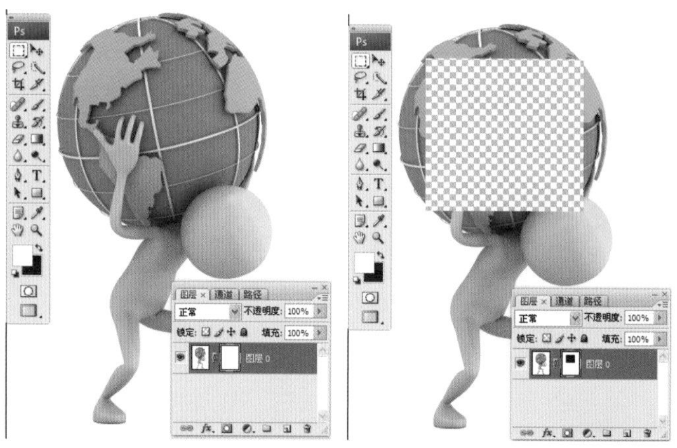

图5-87

3. 蒙版上的黑白灰

在蒙版中只能存在黑、白、灰三种颜色，图层蒙版上的黑色是将蒙版所存在图层上的图像全部遮挡，将图像隐藏，从而显示图层下方的图像信息。图层蒙版上的灰色是将蒙版所在图层上的图像进行部分遮挡，呈现为一种半透明状态，颜色的灰度值不同，所呈现的不透明的效果也不同。图层蒙板上的白色是将蒙版所存在图层上的图像全部显示，遮盖下一图层的图像信息，如图5-88所示。

图5-88

4. 启用与停用蒙版

在图层蒙版上右击，在弹出的快捷菜单中选择其中的选项编辑蒙版。选择“停用图层蒙版”选项可以暂时关闭蒙版，以完整显示图层内容，此时蒙版出现一个红叉表示蒙版被关闭，如图5-89所示。

知 识：

创建选区之后，可以将选区转换成蒙版，也可以将蒙版转换成选区，按住键盘上的【Ctrl】键单击蒙版缩略图可以将蒙版转换成选区，如下图所示。

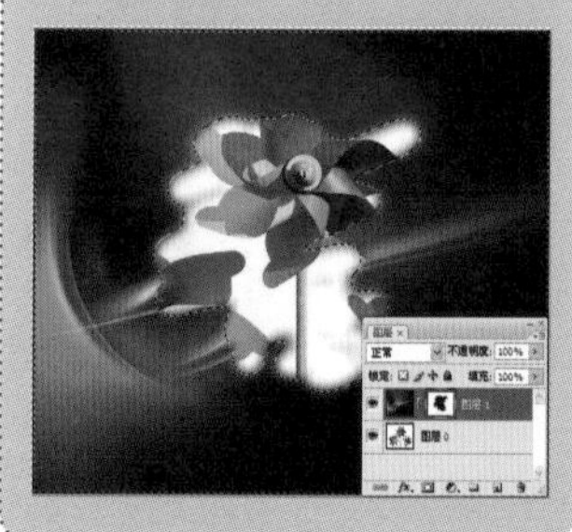

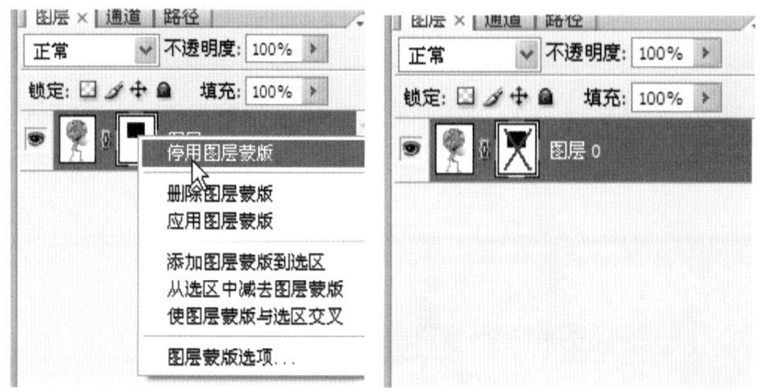

图5-89

如果恢复启用蒙版，单击图层蒙版缩略图或者在图层蒙版上右击，在弹出的快捷菜单中选择“启用图层蒙版”选项可以启用蒙版，以完整显示图层内容，如图5-90所示。

图5-90

选择“删除图层蒙版”选项可以将蒙版删除，并且蒙版的作用也随之消失，“应用图层蒙版”选项是将蒙版删除的同时，将蒙版作用应用到图层图像上；“添加蒙版到选区”选项是将蒙版转换为选区的命令，如图5-91 所示为选择“应用图层蒙版”选项之后的图像效果。

图5-91

知 识：

在激活蒙版的状态下，单击【图层】面板上的【删除图层蒙版】按钮，如下图所示，可以直接删除图层蒙版。

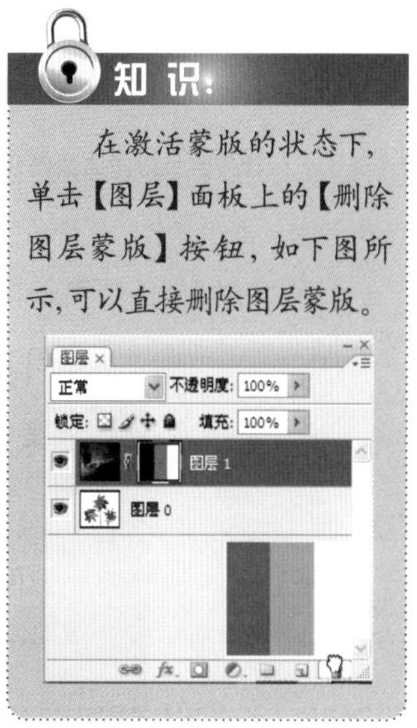

04 矢量蒙版

矢量蒙版是蒙版的另一种形式，通过路径建立蒙版来控制图层像素的显示和隐藏，路径区域内显示，路径外为屏蔽。双击【图层】面板的按钮，可创建两个蒙版，第一个为图层蒙版，第二个为矢量蒙版，如图5-92所示。

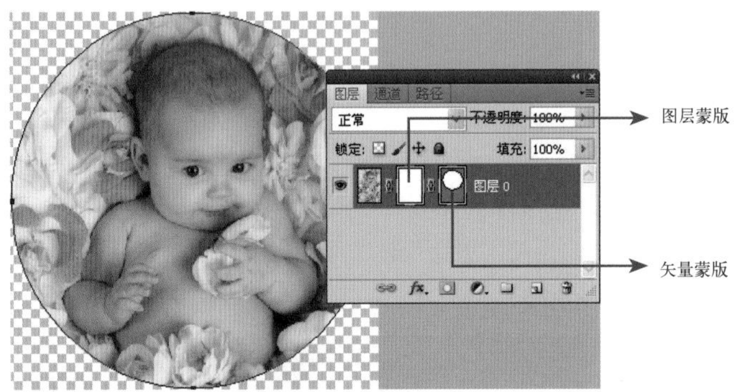

图5-92

在矢量蒙版中，路径内为白色，表示图像的显示区域；路径外为灰色，表示屏蔽区域。由于路径的矢量性，矢量蒙版只有完全显示和完全透明两种效果，不能出现半透明效果。图层图像的显示和隐藏优先考虑矢量蒙版的范围，只有在矢量蒙版的显示范围内，图层蒙版才能产生作用。

在文档中如果已经建立路径，连续单击两次面板的按钮，即可将路径转换为矢量蒙版，如图5-93所示。

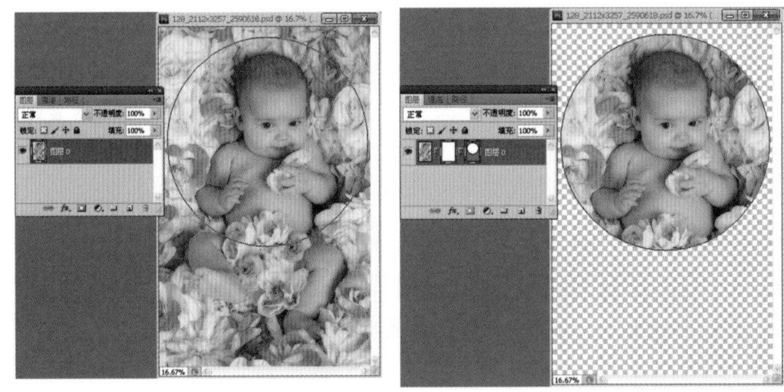

图5-93

也可以先添加矢量蒙版后再在其上绘制路径，该路径将直接应用到矢量蒙版中，如图5-94所示。使用矢量工具绘制路径时，若在选项栏中单击【形状图层】按钮，绘制的路径将直接应用为矢量蒙版，如图5-95所示。

图5-94

图5-95

在矢量蒙版缩略图上右击，在弹出的快捷菜单中选择“停用矢量蒙版”选项可以暂时关闭矢量蒙版；选择“删除矢量蒙版”选项可以将矢量蒙版直接删除；选择“栅格化矢量蒙版”选项可以将矢量蒙版转换成图层蒙版。矢量蒙版中的路径与普通路径一样，如果要编辑该路径，只能通过选择工具箱中的矢量工具进行编辑，如使用【路径选择工具】移动路径，使用【直接选择工具】调整路径的锚点。

05 剪贴蒙版

剪贴蒙版是依靠直接应用于图层的不透明度来得到蒙版效果。建立了剪贴蒙版的图层，由下层图层决定透明度，透明的区域完全不显示，不透明的区域完全显示，半透明的区域部分显示，如图5-96所示。

图5-96

建立剪贴蒙版的方法有很多，一是执行【图层】>【创建剪贴蒙版】命令即可，二是在【图层】面板的图层上右击，在弹出的快捷菜单中选择“创建剪贴蒙版”选项即可，如图5-97所示。

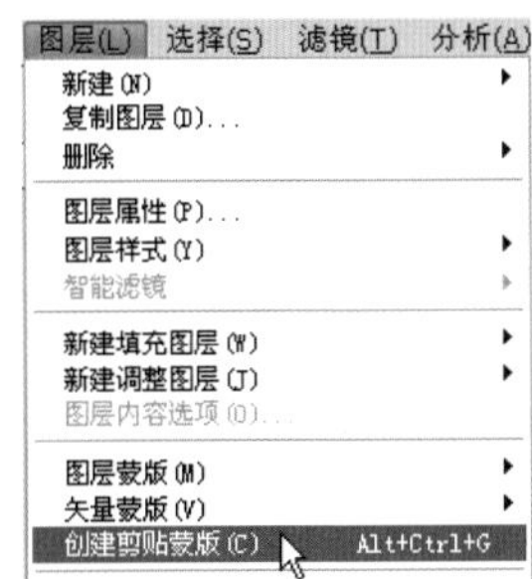

图5-97

提示：

按住【Alt】键，将光标移动到两个图层之间的分隔线上，当光标变为时单击即可创建剪贴蒙版。要取消剪贴蒙版，使用同样的操作即可，如下图所示。

06 操控变形

启用图像的操控变形功能，在图像上添加关键点以后，就可以对图像进行变形，例如将形状规则的瓶子改变成不规则形状，如图5-98所示。

图5-98

独立实践任务 2课时

任务2

公益海报设计与制作

任务背景和任务要求

为学校设计一幅节能公益海报，尺寸为“1800毫米×700毫米”，分辨率为“72像素/英寸”。

任务分析

建立一个“1800毫米×700毫米”的新文档，使用蒙版对图像进行编辑，使其达到所需效果。

任务素材

任务素材见素材\模块05\任务2

任务参考效果图

模块06

设计制作手提袋
——通道知识的综合应用

任务参考效果图

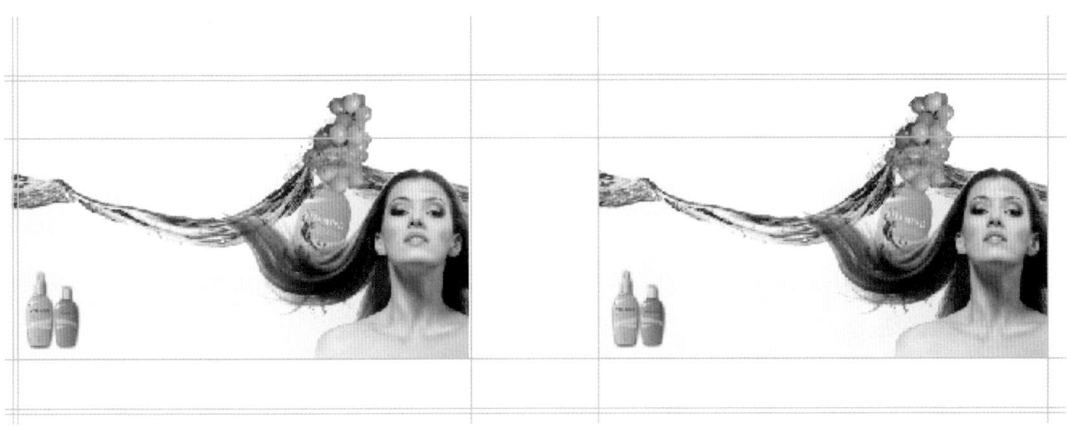

能力目标

1. 能设计制作手提袋
2. 能使用通道知识处理图像

专业知识目标

1. 了解手提袋的结构
2. 了解手提袋的常用尺寸①
3. 了解UV印刷工艺

软件知识目标

1. 了解通道知识
2. 了解专色通道

课时安排

4课时（讲课2课时，实践2课时）

模拟制作任务 2课时

任务1

手提袋的设计与制作

任务背景

Vitamand是一家以天然植物护发为主打的广告公司，为了宣传其环保理念现需要设计师设计一款可以突出公司主题的手提袋。

任务要求

公司所提供的文件有产品图片和以水、植物为主的相关图片，为了体现其产品与大自然浑然天成的感觉，需要设计者将产品图片与所提供的图片完美地融为一体。

成品尺寸：200毫米×285毫米×80毫米。

任务分析

手提袋的成品尺寸[1]为200毫米×285毫米×80毫米，为了留出出血位，因此在设置页面时应设置为748毫米×310毫米。

本案例的难点

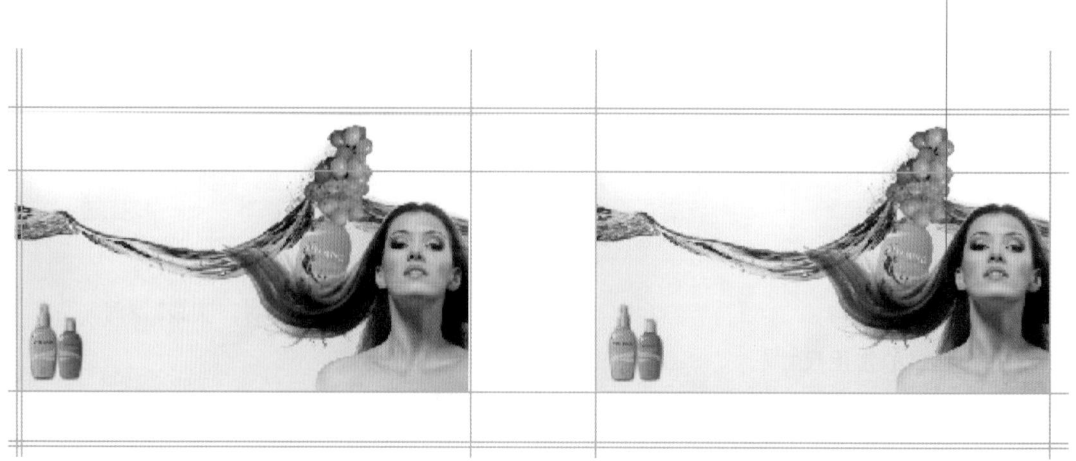

操作步骤详解

新建图层

❶ 打开Photoshop CS5软件，执行【文件】>【新建】命令，在弹出的【新建】对话框中设置【名称】为"手提袋"，【宽度】和【高度】分别为"748毫米"和"310毫米"，【分辨率】为"300像素/英寸"，【颜色模式】为"CMYK颜色"，如图6-1所示，设置完成后单击【确定】按钮。

图6-1

新建参考线

❷ 执行【视图】>【新建参考线】命令，在弹出的【新建参考线】对话框中分别设置如下数值，如图6-2所示。

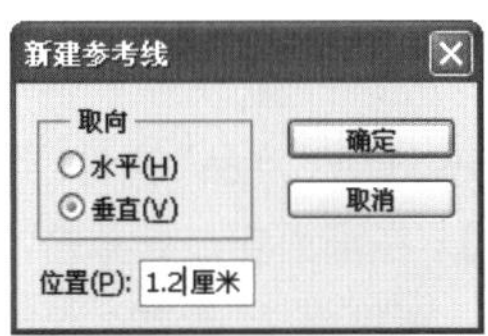
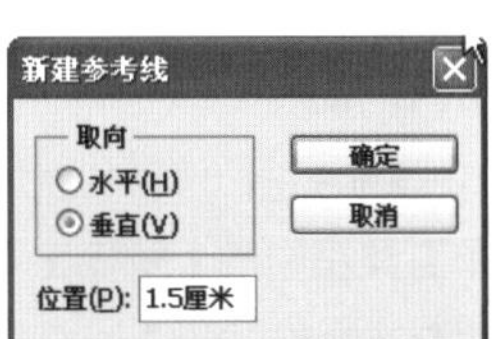
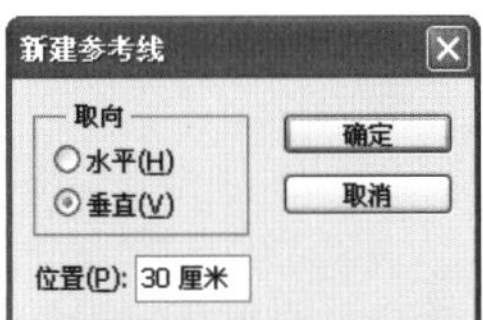
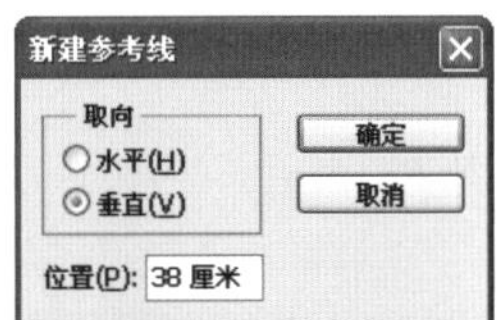
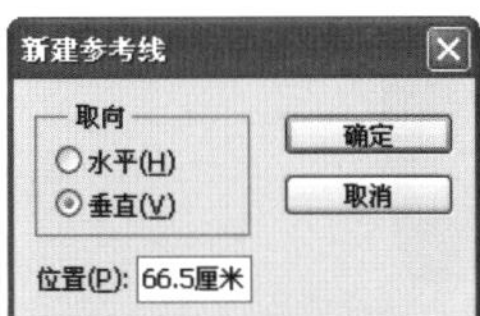
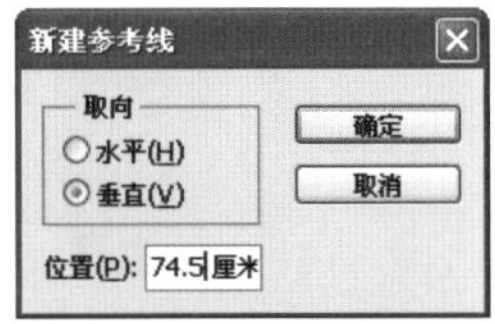
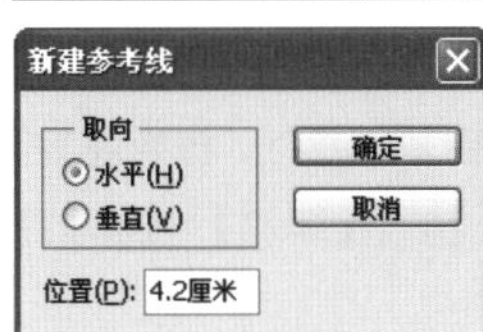
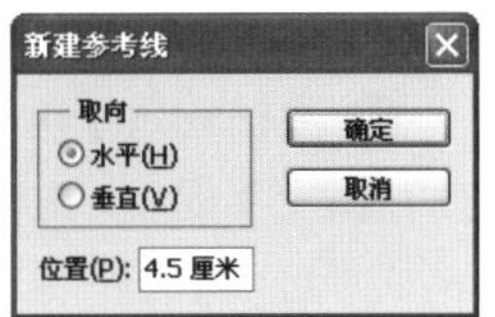
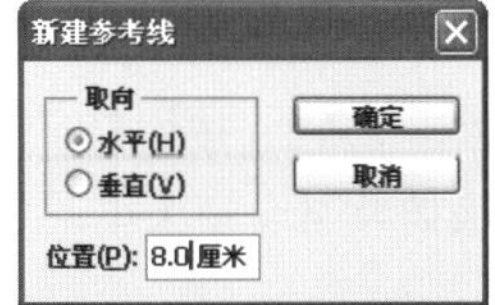
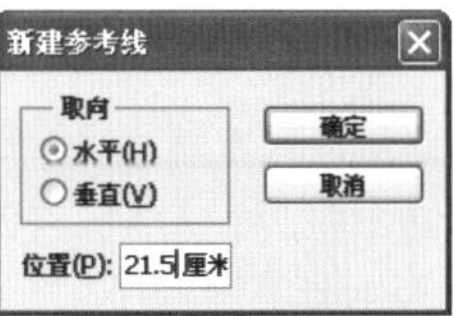
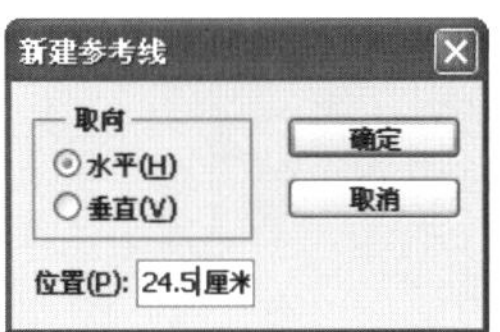
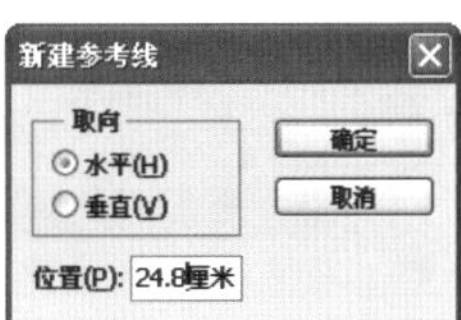

图6-2

贴入水花

❸ 执行【文件】>【打开】命令，弹出【打开】对话框，单击【查找范围】右侧的下三角按钮，打开"素材\模块06\任务1\水面"文件，单击【打开】按钮，如图6-3所示。

图6-3

❹ 执行【选择】>【全部】命令，会全部选中文档，如图6-4所示。

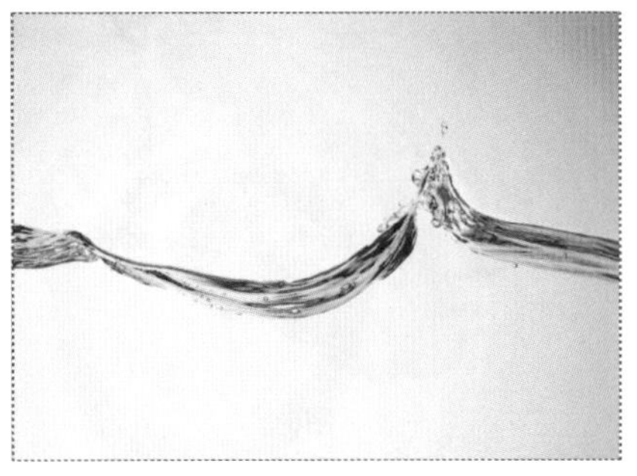

图6-4

⑤ 执行【编辑】>【拷贝】命令，将当前工作区切换至“手提袋”文档，执行【编辑】>【粘贴】命令，将粘贴过来的图像的图层命名为“水面”，按【Ctrl+T】组合键将出现自由变换定界框，将鼠标指针放置到定界框任意一个角上，按住【Shift】键单击，拖曳鼠标将图像调整至合适大小，如图6-5所示。

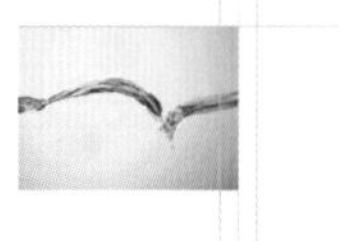

图6-5

⑥ 选择工具箱中的【橡皮擦工具】，将【画笔大小】设置为“500px”，【不透明度】设置为“40%”，【流量】设置为“50%”，在“水面”上方擦拭至朦胧效果，如图6-6所示。

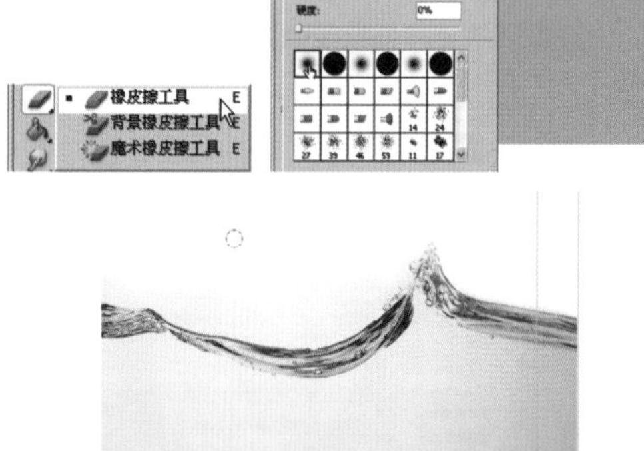

图6-6

贴入葡萄

⑦ 打开“素材\模块06\任务一\葡萄.jpg”文件，放大“葡萄”的下端，选择工具箱中的【钢笔工具】，建立锚点抠选葡萄，如图6-7所示。

图6-7

⑧ 抠选完成后右击，在弹出的快捷菜单中选择“建立选区”选项，弹出【建立选区】对话框，在对话框中将【羽化半径】设置为“0”，如图6-8所示。

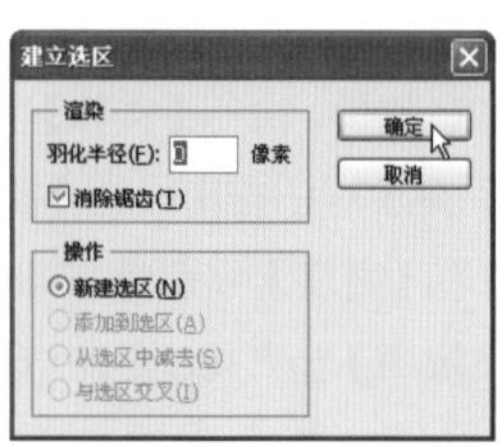

图6-8

⑨ 按【Ctrl+C】组合键复制选区，将当前工作区切换至“手提袋”文档，执行【编辑】>【粘贴】命令，将粘贴过来的图像的图层命名为“葡萄”，按【Ctrl+T】组合键将出现自由变换定界框，将鼠标指针放置到定界框任意一个角上，按住【Shift】键单击，拖曳鼠标将图像调整至合适大小，如图6-9所示。

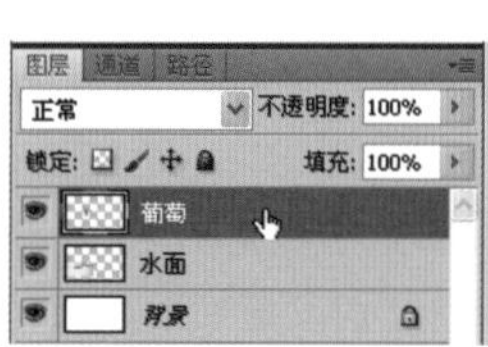

图6-9

贴入产品

⑩ 打开“素材\模块06\任务1\产品”文件，选择工具箱中的【魔棒工具】，在画面空白处单击，按【Ctrl+Shift+I】组合键反选出产品，如图6-10所示。

图6-10

⑪ 按【Ctrl+C】组合键复制选区，将当前工作区切换至“手提袋”文档，执行【编辑】>【粘贴】

命令，将粘贴过来的图像的图层命名为“产品”，按【Ctrl+T】组合键将出现自由变换定界框，将鼠标指针放置到定界框任意一个角上，按住【Shift】键单击，拖曳鼠标将图像调整至合适大小，如图6-11所示。

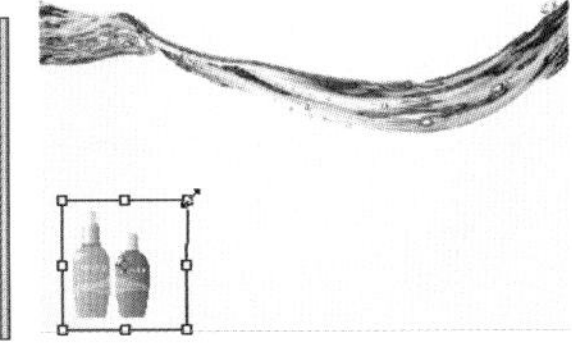

图6-11

⑫ 选择工具箱中的【橡皮擦工具】，将【画笔大小】设置为“100px”，【不透明度】设置为“100%”，【流量】设置为“100%”，擦除“产品”周围的方框，如图6-12所示。

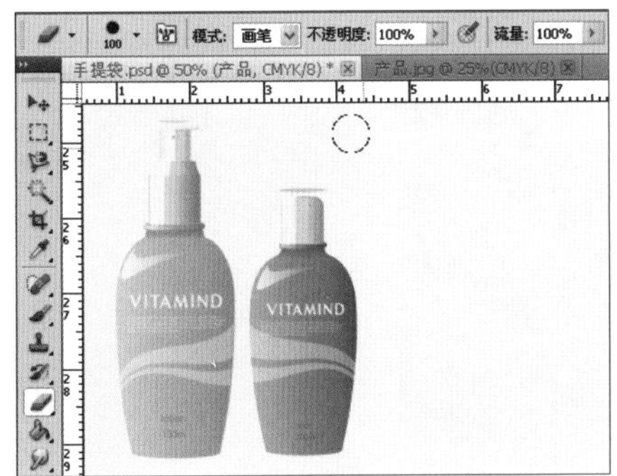

图6-12

⑬ 选择“产品”素材文档，选择工具箱中的【钢笔工具】，建立锚点，根据“瓶子”外轮廓抠选图像，形成闭合选区，右击，在弹出的快捷菜单中选择“建立选区”选项，在弹出的【建立选区】对话框中将【羽化半径】设置为“0”，按【Ctrl+Shift+I】组合键反选图像，如图6-13所示。

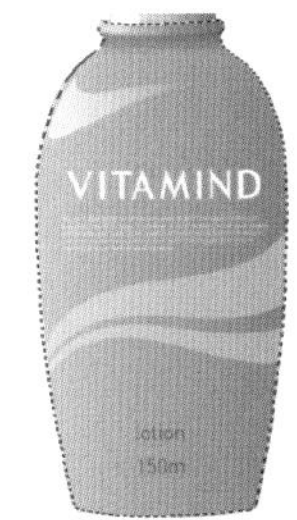

图6-13

⑭ 按【Ctrl+C】组合键复制选区，将当前工作区切换至“手提袋”文档，执行【编辑】>【粘贴】命令，将粘贴过来的图像的图层命名为“产品1”，按【Ctrl+T】组合键将出现自由变换定界框，将鼠标指针放置到定界框任意一个角上，按住【Shift】键单击，拖曳鼠标将图像调整至合适大小，如图6-14所示。

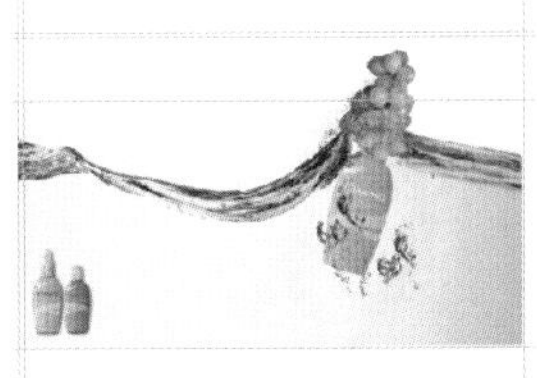

图6-14

贴入水珠

⑮ 打开“素材\模块06\任务1\水珠”文件，如图6-15所示。

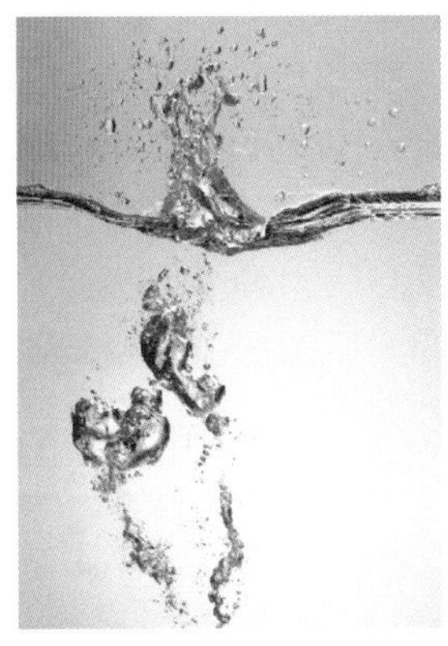

图6-15

⑯ 执行【选择】>【色彩范围】命令，弹出【色彩范围】对话框，单击【添加到取样】按钮，如图6-16所示。

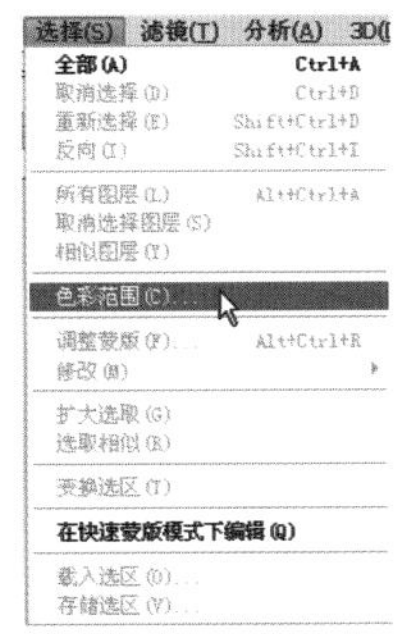
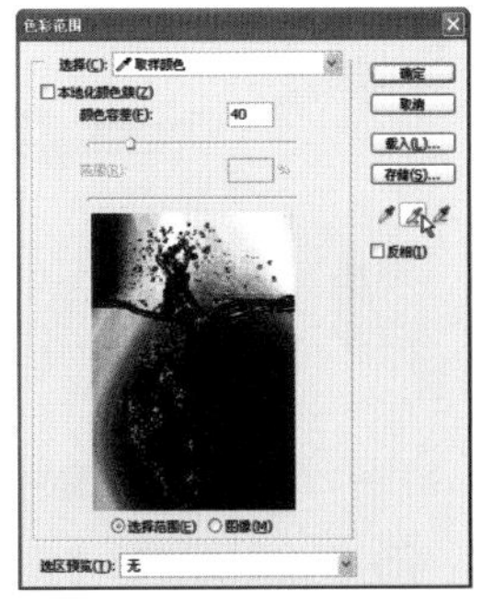

图6-16

⑰ 在画面的黑色处单击，黑色背景将变为白色，按照以上方法单击水珠的黑色背景直至变为白色背景，然后单击【确定】按钮，如图6-17所示。

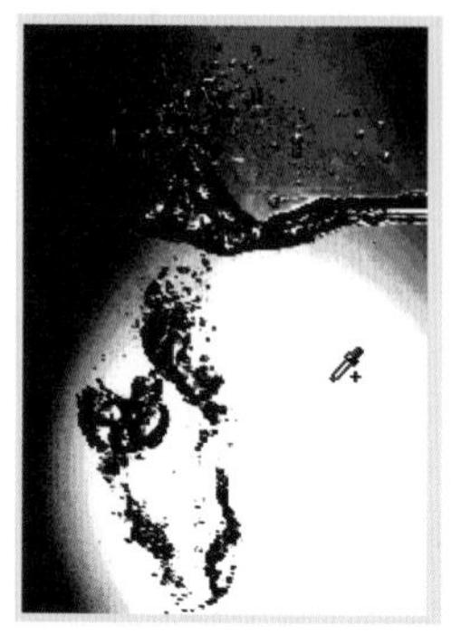

图6-17

⑱ 图层“水珠”将出现蚂蚁线，按【Ctrl+Shift+I】组合键反选水珠，按【Ctrl+C】组合键复制选区，将当前工作区切换至“手提袋”文档，执行【编辑】>【粘贴】命令，将粘贴过来的图像的图层命名为“水珠”，按【Ctrl+T】组合键将出现自由变换定界框，将鼠标指针放置到定界框任意一个角上，按住【Shift】键单击，拖曳鼠标将图像调整至合适大小，如图6-18所示。

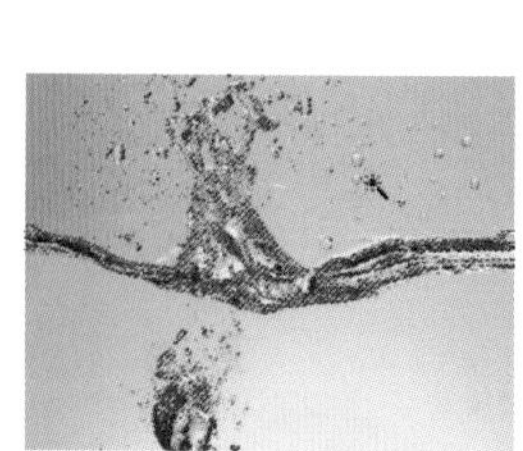

图层 通道 路径
正常 不透明度: 100%
锁定: 填充: 100%
水珠
产品
葡萄
产品1
水面
背景

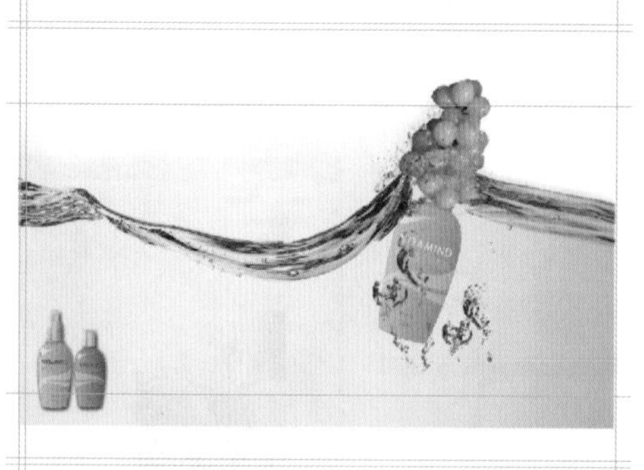

图6-18

⑲ 执行【编辑】>【操控变形】命令，单击，在水珠的左端、中间和右端分别设置定点，如图6-19所示。

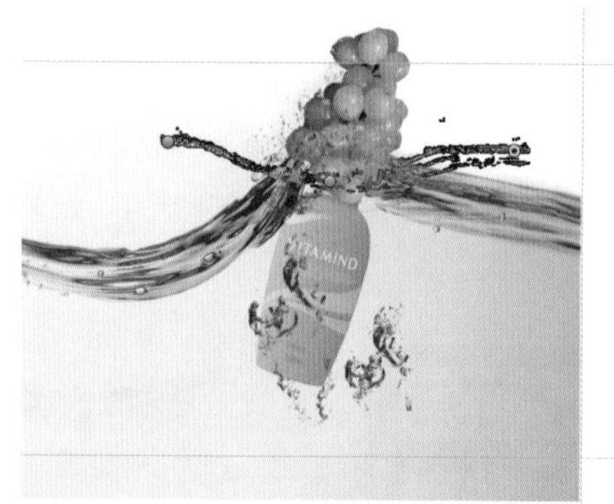

图6-19

⑳ 在定点上单击，当出现黑色箭头时拖曳鼠标，将定点调节至与水面保持一致，如图6-20所示。

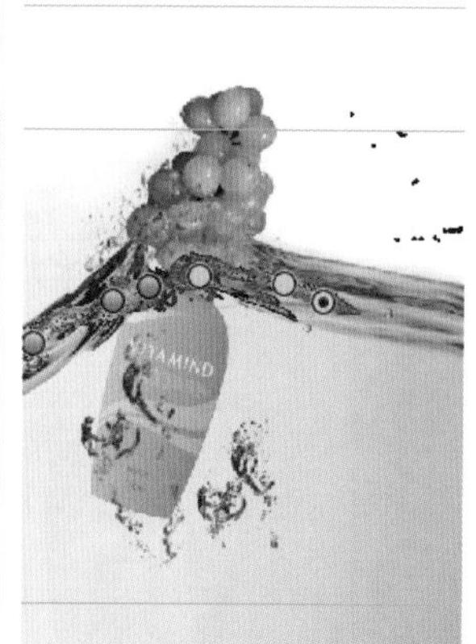

图6-20

㉑ 按【Enter】键确定以上操作步骤，效果如图6-21所示。

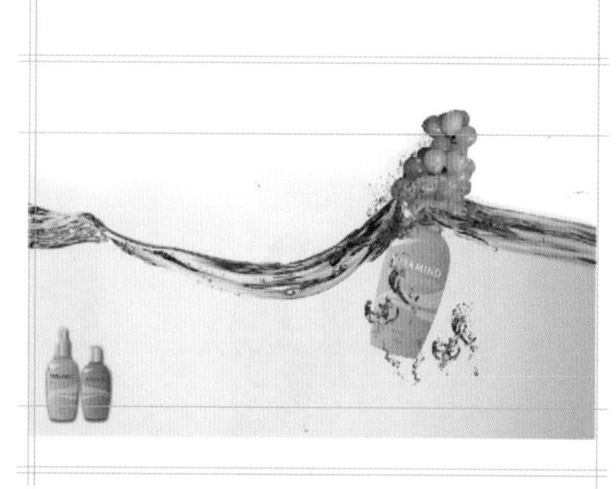

图6-21

㉒ 打开“素材\模块06\任务1\水珠”文件，选择工具箱中的【裁切工具】，按住鼠标左键进行拖

曳，如图6-22所示。

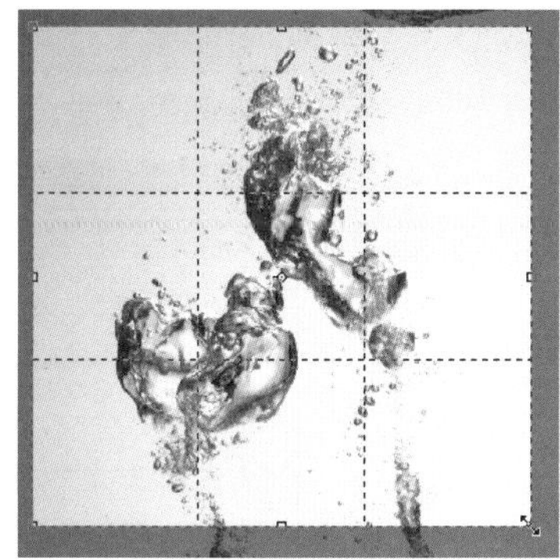

图6-22

23 双击鼠标确定选区，执行【选择】>【色彩范围】命令，弹出【色彩范围】对话框，单击【添加到取样】按钮，如图6-23所示。

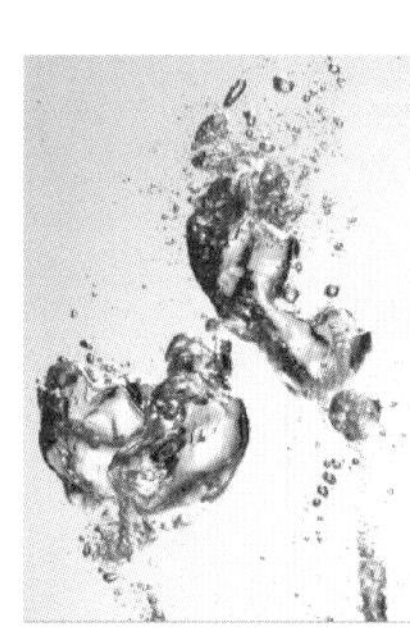

图6-23

24 在画面的黑色处单击，黑色背景将变为白色，按照以上方法单击水珠的黑色背景直至变为白色背景，然后单击【确定】按钮，如图6-24所示。

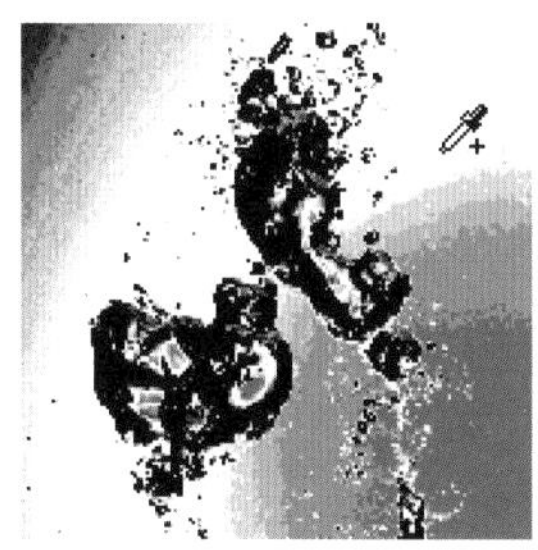

图6-24

25 图层“水珠”将出现蚂蚁线，按【Ctrl+Shift+I】组合键反选水珠，按【Ctrl+C】组合键复制选区，切换至“手提袋”文档，如图6-25所示。

图6-25

26 按【Ctrl+V】组合键粘贴“水珠1”，在【图层】面板底部单击【新建图层】按钮，将其命名为“水珠1”，如图6-26所示。

图6-26

27 执行【编辑】>【自由变换】命令，然后在按住【Shift】键的同时拖曳鼠标调整定界框大小和方向，如图6-27所示。

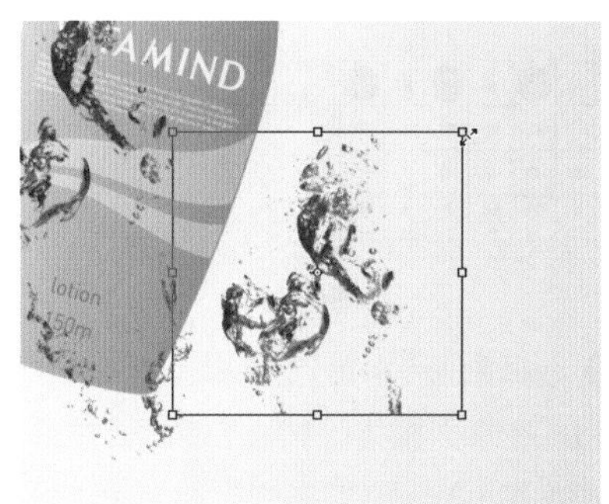

图6-27

修饰水花

28 选择图层“葡萄”，选择工具箱中的【橡皮擦工具】，在工具选项栏设置【不透明度】为“100%”，【流量】为“100%”，如图6-28所示。

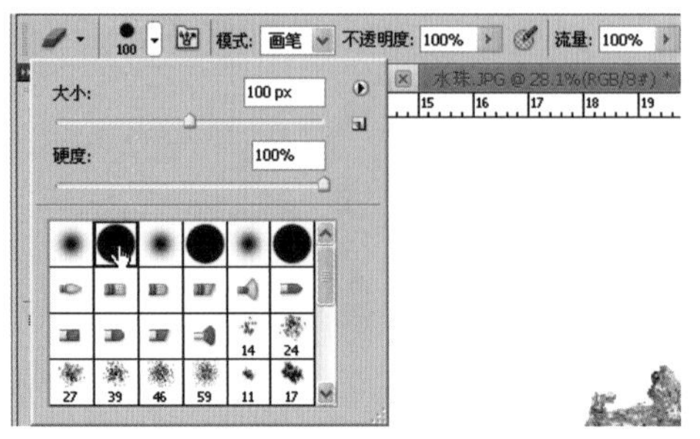

图6-28

㉙ 选择工具箱中的【缩放工具】，放大葡萄局部，用【橡皮擦工具】擦除水花，如图6-29所示。

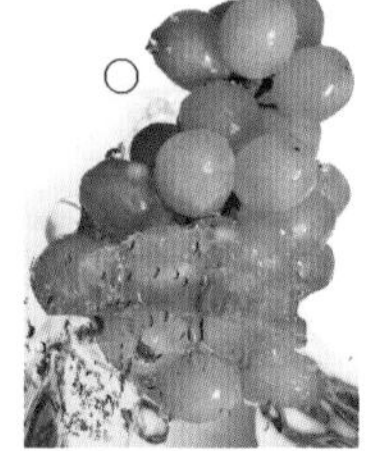

图6-29

㉚ 选择图层“产品1”，选择工具箱中的【橡皮擦工具】，在工具选项栏设置【大小】为“50px”，【不透明度】为“50%”，【流量】为“50%”，如图6-30所示。

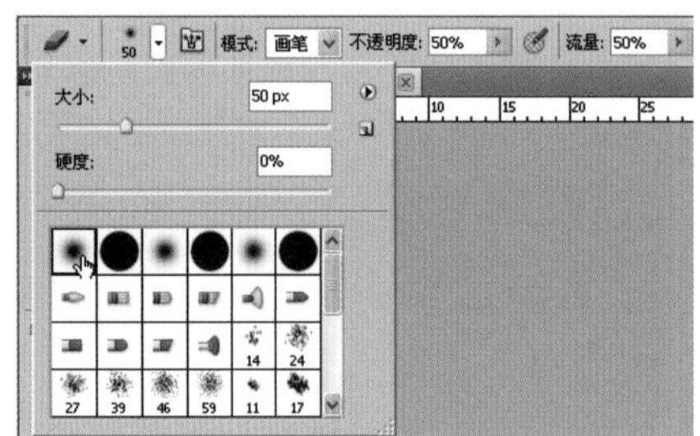

图6-30

㉛ 选择图层“水珠”，选择工具箱中的【橡皮擦工具】，在水面相接处擦拭，使画面显得更加自然，效果如图6-31所示。

图6-31

㉜ 执行【滤镜】>【模糊】>【高斯模糊】命令，在弹出的【高斯模糊】对话框中将【半径】设置为“1.5”，如图6-32所示。

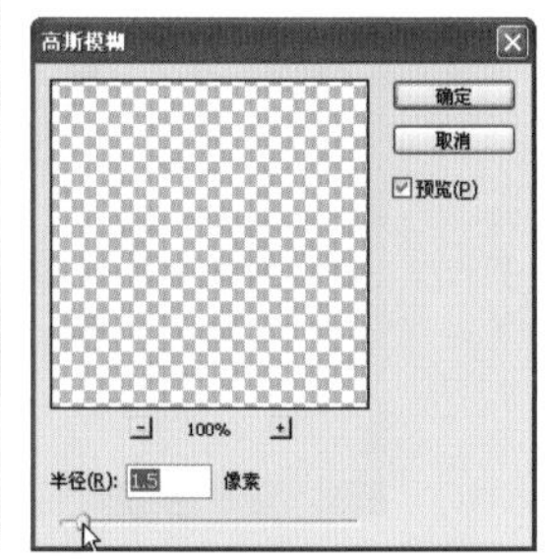

图6-32

㉝ 选择图层“产品”，在【图层】面板的下方单击【添加图层样式】按钮，在弹出的下拉菜单中选择“投影”选项，如图6-33所示。

图6-33

㉞ 在弹出的对话框中将【混合模式】设置为“正常”，数值设置如图6-34所示。

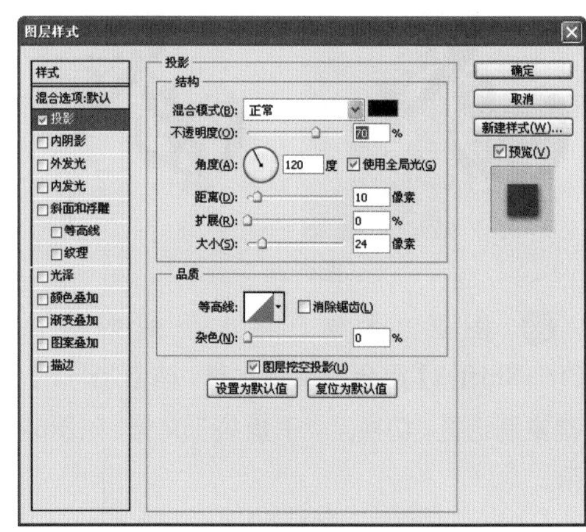

图6-34

调整颜色

㉟ 选择图层“产品1”，按【Ctrl+B】组合键调整色彩平衡，使“产品”颜色和“葡萄”颜色接近，数值设置如图6-35所示。

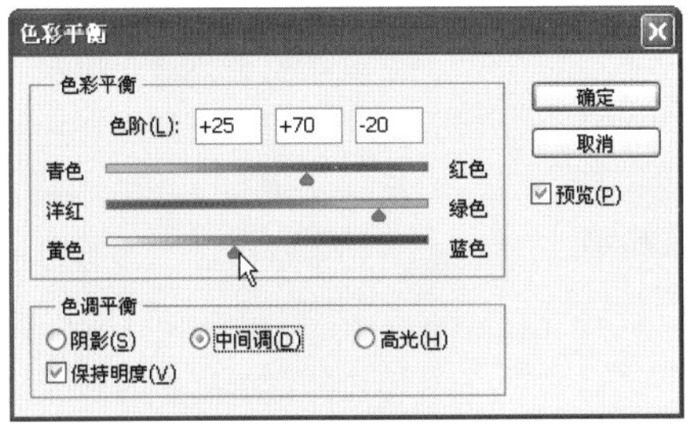

图6-35

贴入人物

㊱ 打开“素材\模块06\任务1\长发”文件，在【图层】面板复制该图层，单击【通道】③按钮，选择“蓝”通道将其复制，按【Ctrl+L】组合键将图像黑白对比度调至最大，如图6-36所示。

图6-36

㊲ 单击【确定】按钮，选择“蓝副本”通道④，同时按【Ctrl】键，如图6-37所示。

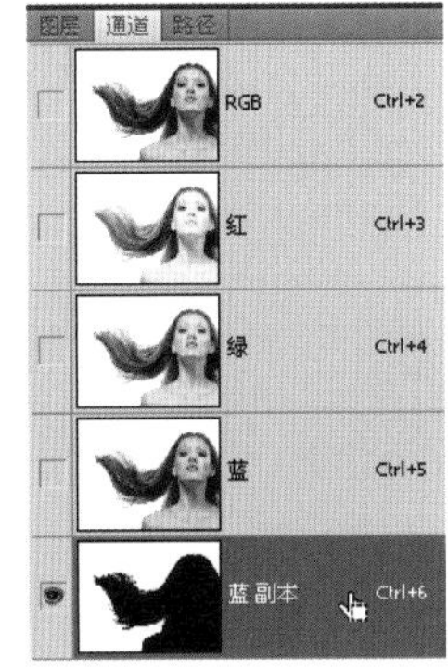

图6-37

㊳ 按【Ctrl+Shift+I】组合键反选图像，单击“RGB”通道，按【Ctrl+C】组合键复制图层，按【Ctrl+V】组合键将其粘贴到“手提袋”文档，按【Ctrl+T】组合键将其调整至合适大小，如图6-38所示。

图6-38

㊴ 选择工具箱中的【橡皮擦工具】，降低其【不透明度】和【流量】，擦拭人物边缘将其与图层“背景图层”融合，效果如图6-39所示。

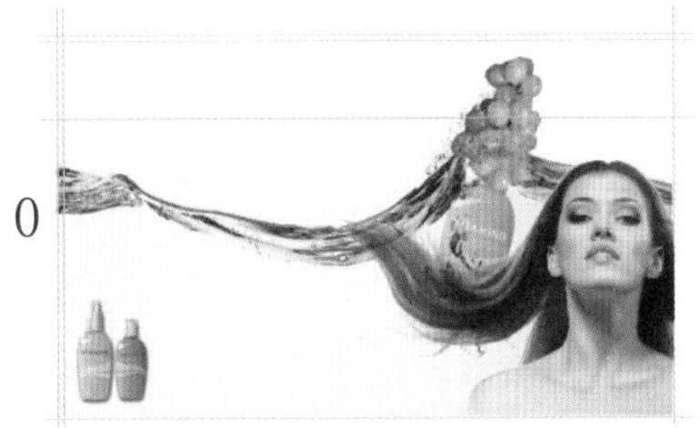

图6-39

㊵ 按住【Ctrl】键单击逐个选中除图层“背景”外的其他图层，按【Ctrl+E】组合键合并图层，将其拖至【创建新图层】按钮上，按住鼠标左键将其拖曳至文档右侧，如图6-40所示。

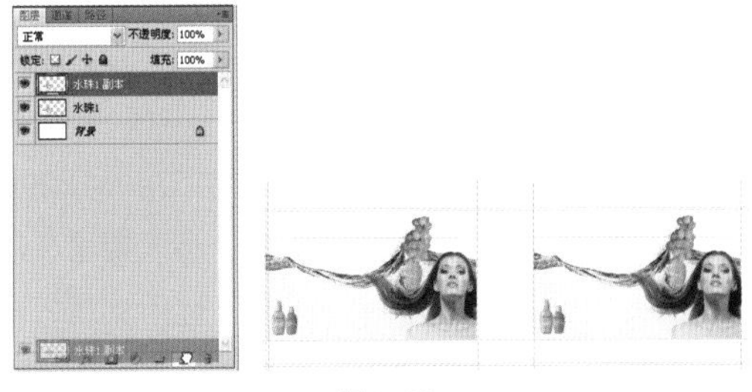

图6-40

保存文件

㊶ 执行【文件】>【存储为】命令，弹出【存储为】对话框，在此对话框中设置保存路径，然后单击【格式】下拉列表框右侧的下三角按钮，在展开的下拉菜单中选择“JPEG”选项，单击【保存】按钮。

知识点拓展

01 手提袋尺寸

手提袋印刷的常用尺寸通常是根据包装品的尺寸而定的，通用的手提袋印刷标准尺寸有3开、4开或对开三种，每种又分为正度或大度两种。手提袋印刷净尺寸由“长×宽×高”组成，如图6-41所示。

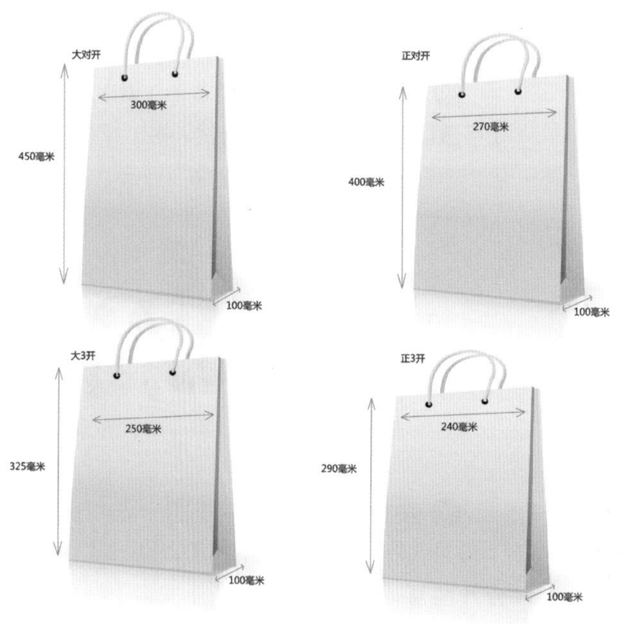

图6-41

02 特种纸

手提袋用纸种类繁多，通常选用157g/m^2、200g/m^2、250g/m^{2}的铜版纸或者卡纸，如果有较重的产品需要包装，则选用300g/m^{2}铜版纸或300g/m^{2}以上的卡纸。如果选用克重较少的纸张来做手提袋，通常会通过“覆膜”这道工序来增加其强韧度。此外，由于环保理念的提高以及纸品本身的优势，白色牛皮纸和黄色牛皮纸被大多数消费者所认可，通常这类牛皮纸的克重是140g/m^2，在出品时则会通过“覆油”这道工序来增强纸张柔韧度。

1. 特种纸的种类

特种纸的种类繁多，例如手揉纸、花色纸、彩纹纸、西域钻白

知 识：

手提袋在设计时要考虑到空隙，东西放到里面不是永远不拿出来，所以要考虑到人手伸进去拿东西时不能卡手，因此在设计时手提袋的尺寸要比放置的物体大，依据就是使物体放取不卡手同时又不费制作材料。

纸、雅娜花纹纸、色卡纸、西域超滑纸、珠光纸、西域白卡纸、沙龙纹纸、古石纹纸、彩烙纸、彩胶纸、进口环保纸及彩纹纸等。

2. 纸张的克重

克重是指单位面积纸张的重量。纸张的重量通常有两种表示方式，一种是“定量”，另一种是“令重”。“定量”是单位面积纸张的重量，以“克/平方米”来表示，它是进行纸张计量的基本依据。定量分为“绝干定量”和“风干定量”，前者是指完全干燥、水分等于零的状态下的定量，后者是指在一定湿度下达到水分平衡时的定量。“重量”是纸张的一个非常重要的参数，在技术方面，重量是进行各种性能鉴定（如强度、不透明度）的基本条件；在日常应用中，经常使用重量给纸张分类定级别，但是这并不代表重量越重的纸张一定越好。

知识：

快速选择通道的方法是：按【Ctrl+数字】组合键。如果图像是RGB模式，按下【Ctrl+3】组合键可以选择红色通道，按下【Ctrl+4】组合键可以选择绿色通道，按下【Ctrl+5】组合键可以选择蓝色通道，如果需要回到RGB通道则按【Ctrl+2】组合键。

03 认识通道

通道是存储颜色信息和选区信息并用“256”的灰阶记载图像的颜色信息和选区的信息。

图像文档的通道在【通道】面板中，通道的模式与文档模式有关，通道的类型大致分为三种：颜色通道、Alpha通道和专色通道。颜色通道包含复合通道和原色通道，如图6-42所示。

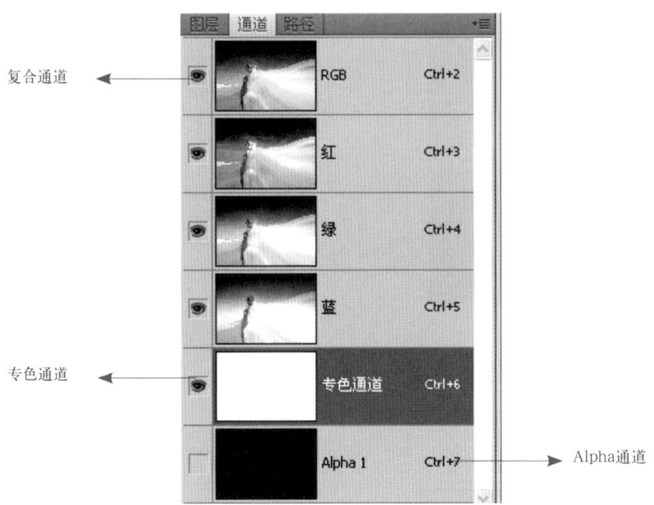

图6-42

图像的模式最常见的是RGB模式和CMYK模式。

RGB对应的颜色分别是红、绿、蓝，当这三个通道同时显示时则被称为复合通道。复合通道只是用来显示当前文档所呈现的所有颜色的信息，复合通道显示的内容是将所有显示的图层叠加之后的显示效果，也就是文档当前显示的内容。“RGB”、“红”、

“绿”、“蓝”通道统称为颜色通道，代表了所有颜色的信息。

通过单击通道左侧的眼睛图标可以显示和隐藏通道。【通道】面板的最下方分布着的图标代表着不同的功能。

【将通道作为选区载入】：单击该按钮可以将通道转换为选区。

【将选区存储为通道】：单击该按钮可以将选区转换成通道。

【创建新通道】：单击该按钮可以建立一个新的“Alpha”通道。

【删除当前通道】：单击该按钮删除当前所选中的通道（若此时是在【图层】面板，则表示删除当前图层）。

04 通道的基础编辑方法

通过【通道】面板可以对通道进行编辑，如选择通道、通道和选区的互换、新建通道、复制通道和删除通道等。

1. 选择通道

默认状态下，复合通道处于选中状态，此时复合通道显示为蓝色，并且原色通道也为蓝色，如图6-43所示。

知识： 通道中的白色区域可以作为选区载入，黑色区域不能被载入选区，灰色部分可载入有羽化效果的选区。颜色通道中也包含选区，载入方法与Alpha通道相同。

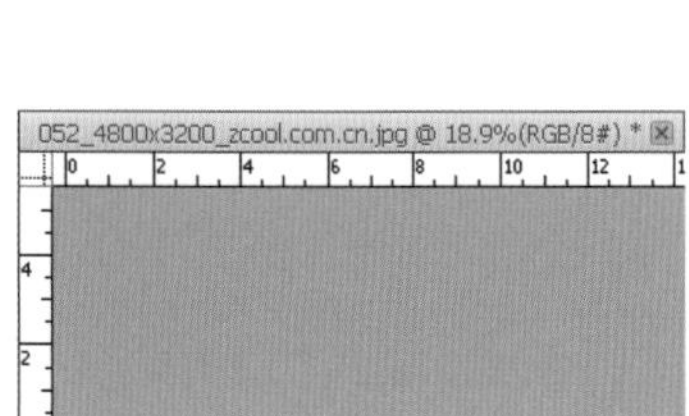

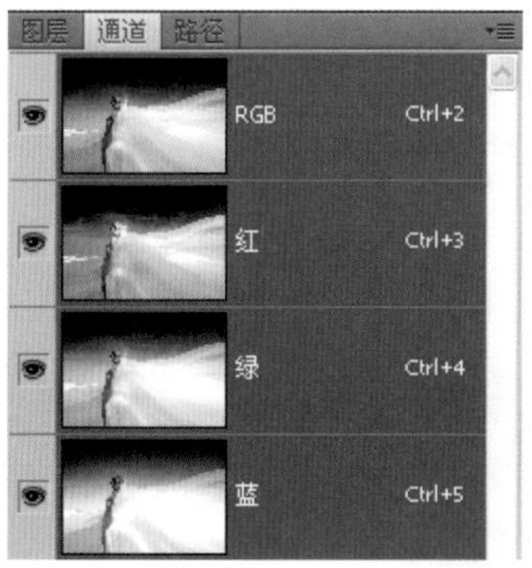

图6-43

当单独的原色通道处于激活状态时，表示操作的是当前激活图层的当前被选通道，可以启用其余通道的眼睛图标以观察图像效果，如图6-44所示。

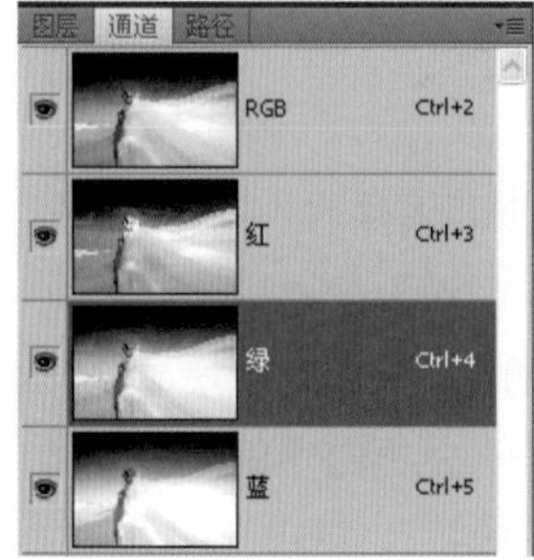

图6-44

2. 通道和选区互换

由于通道包括选区信息，因此在实际工作中通道常常被转换成选区，被转换为选区的通道可以在【图层】面板中对选区内图像进行编辑。

调用通道的选区有以下几种方法。

第一种方法是选中需要的通道，单击【将通道作为选区载入】按钮 ，选区的蚂蚁线将出现在文档中，如图6-45所示。

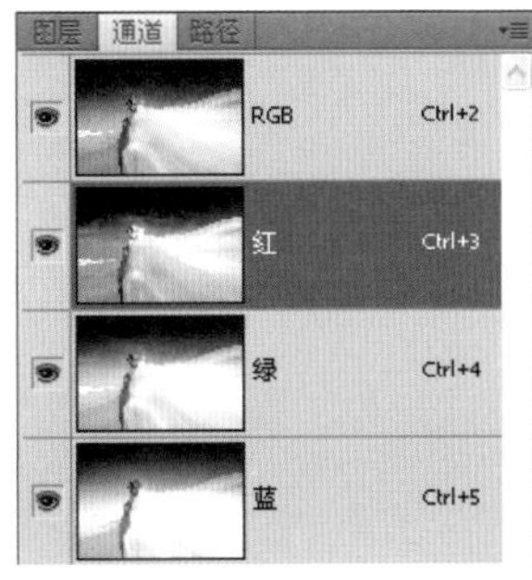

图6-45

第二种方法是将通道拖曳到【将通道作为选区载入】按钮 上，释放鼠标左键即可载入该通道的选区，如图6-46所示。

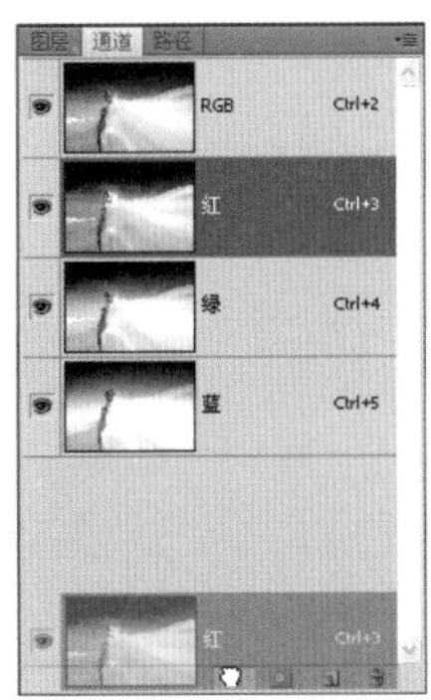

图6-46

第三种方法是按住【Ctrl】键并单击通道，即可将该通道的选区载入，如图6-47所示。

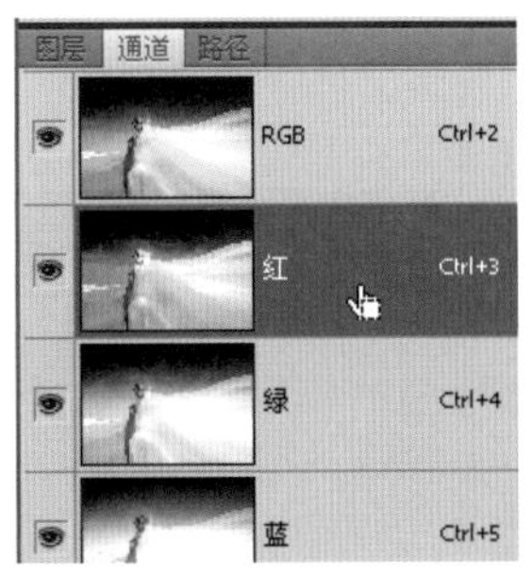

图6-47

知识：

只要是用于编辑图像像素的工具都可以用来编辑Alpha通道，如【渐变工具】、【画笔工具】、【橡皮擦工具】、【减淡工具】等。Alpha通道可以用多种滤镜来编辑，如扭曲、模糊、云彩、素描等滤镜。

3. 建立新通道

单击【通道】面板下方的【创建新通道】按钮，得到一个“Alphal”通道，并显示为黑色，如图6-48所示。

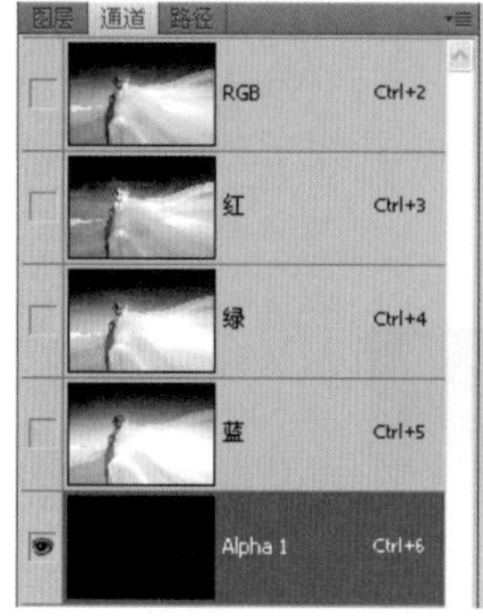

图6-48

4. 复制通道

在选择某一个原色通道之后，单击拖曳该图层至【创建新通道】按钮上，释放鼠标左键，如图6-49所示，即可复制该通道为“Alpha”通道。

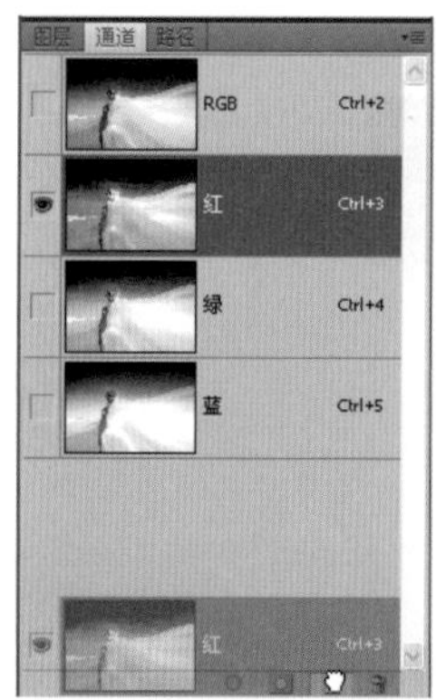

图6-49

5. 删除通道

选中需要删除的通道，单击【删除当前通道】按钮可以删除该通道，也可以将其直接拖曳至【删除当前通道】按钮上，如图6-50所示，释放鼠标左键即可删除该通道。

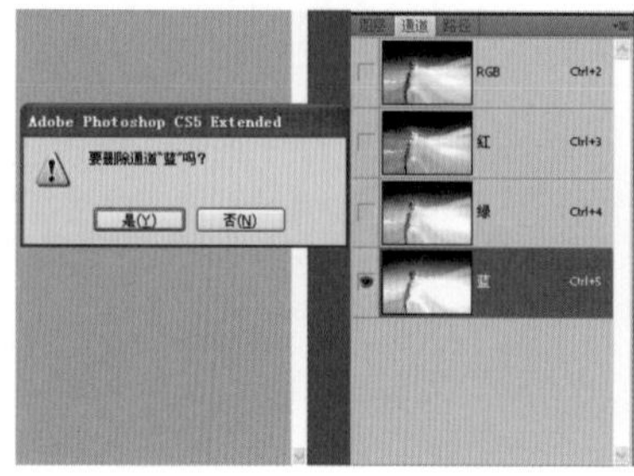

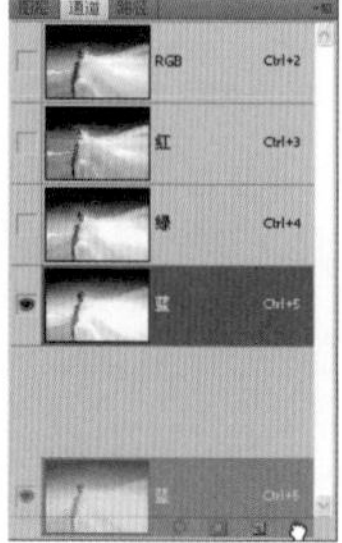

图6-50

知识：

单击【删除当前通道】按钮删除该通道时，会出现“要删除某通道，是或否”的提示对话框，此时选择“是”将删除该通道，选择“否”该通道则不被删除。

05 通道的高级编辑方法

运用不同的工具和命令可以修改所有通道，如编辑颜色通道可以调整图像的色彩，编辑Alpha通道可以创建复杂的选区，灵活地掌握通道，可以制作出绚丽震撼的特效。

在通道中选择【颜色调整】命令，可以通过【色阶】、【曲线】、【反相】等命令编辑颜色通道。

1. 使用【色阶】命令编辑通道

选择复合通道，按【Ctrl+L】组合键，在弹出的【色阶】对话框中拖曳控制滑块，可以看到复合通道中的颜色发生变化，如图6-51所示。

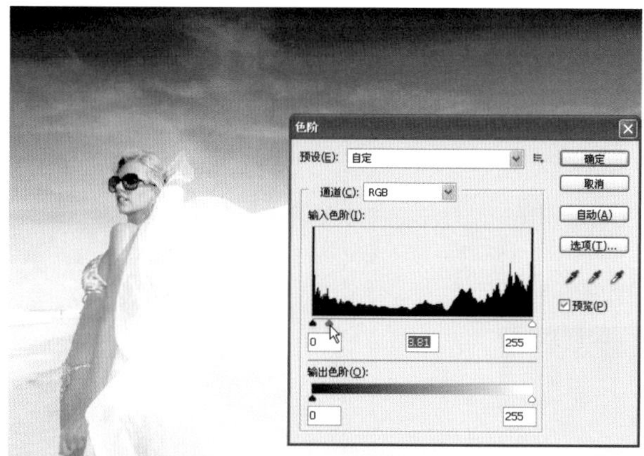

图6-51

2. 使用【曲线】命令编辑通道

选择复合通道，按【Ctrl+M】组合键，在弹出的【曲线】对话框中拖曳曲线，可以看到复合通道中的颜色发生变化，如图6-52所示。

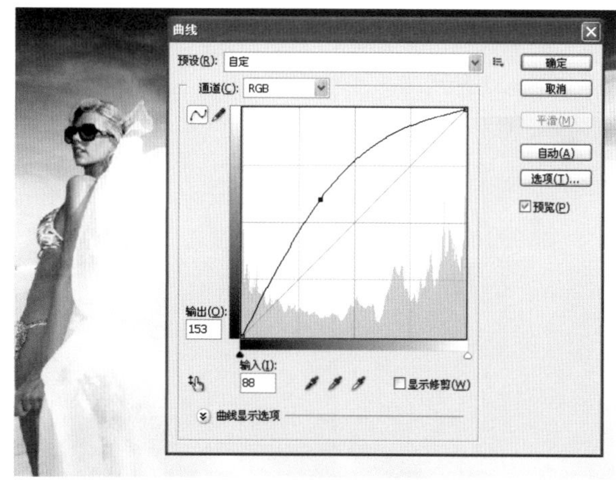

图6-52

知识：

【曲线】命令中的控制点比【色阶】命令中的控制点多得多，在【曲线】命令的曲线中可以建立16个控制点来调整图像，因此曲线控制的精度更高。

3. 使用【滤镜】命令编辑通道

【滤镜】命令本身所包含的功能可以制作出各种特效，与通道结合能发挥更加强大的作用。

通道可以用多种滤镜来编辑，如“云彩”、“模糊”、“扭曲”、“素描”等滤镜。

执行【滤镜】>【风格化】>【查找边缘】命令，效果如图6-53所示。

图6-53

执行【滤镜】>【成角的线条】命令，效果如图6-54所示。

图6-54

执行【滤镜】>【扭曲】>【波浪】命令，效果如图6-55所示。

图6-55

知识：

RGB颜色模式为加色模式，就像是模拟RGB这三个色光的相互叠加来形成多种颜色。

CMYK颜色模式为减色模式，是模拟四色油墨混合在一起的颜色模式。

RGB颜色模式通过屏幕显示与显示器的设备有关，而CMYK颜色模式的最终显示则与印刷油墨密切相关。

06 通道的颜色

1. 深入了解 RGB 通道

RGB颜色模式的图像通道分为一个复合通道和三个原色通道，原色通道使用0~255的256个灰阶来记录图像的颜色信息，0表示黑色，即没有颜色；128表示中间灰色，即有部分显示的颜色；255表示白色，即颜色含量最多。在通道中颜色的含量越多，通道就越白，如图6-56所示。

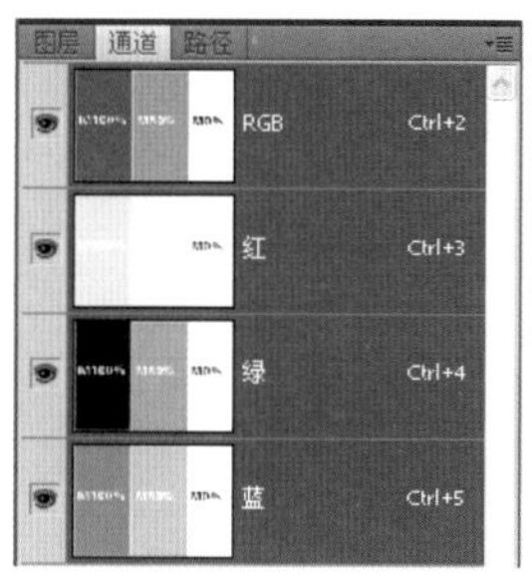

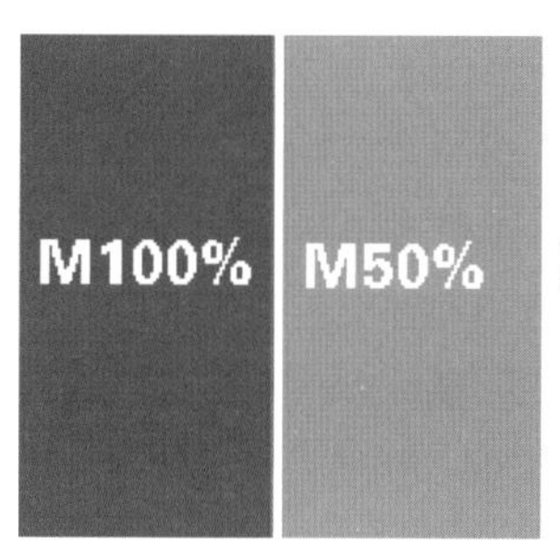

图6-56

理解通道记录信息的方式之后，可以通过通道的颜色推断出原色通道中黑、白、灰三色的分布，同时也可以通过通道的色界分布图来分析判断出图像的颜色，如图6-57所示。

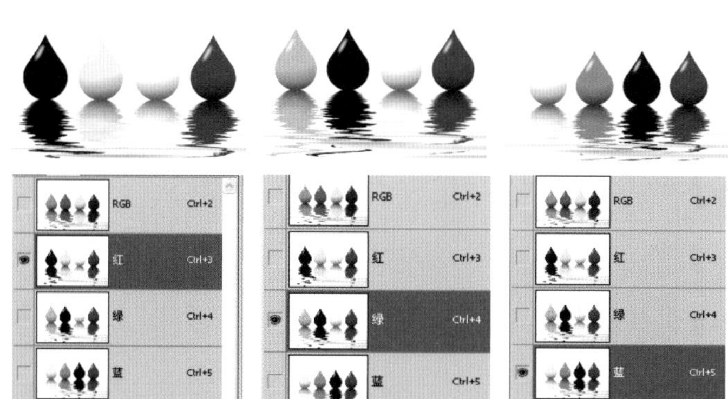

图6-57

该图像在“红”通道显示黑白灰的原理：黄色是由红色和绿色相加而成，因此在“红”通道中红色的球和黄色的球显示为白色，

> **知识：**
>
> 在Photoshop中，以RGB模式保存的文件一般使用三个8位灰度文件，因此RGB文件也被称为24位文件。
>
> 一些高品质的图片文件可能保存有1600万种颜色，需要注意的是在印刷时必须将RGB图像转换为CMYK模式的图像。

代表着颜色最多；而青色不含有任何红色，因为它包含的红色信息最少，所以显示为黑色；黑色是叠加色包含红色，因此呈现灰色状态。

该图像在“绿”通道显示黑白灰的原理：黄色是由红色和绿色相加而成，因此在“绿”通道中黄色的球显示为白色，代表着颜色最多；红色中不包含任何绿色，因此显示为黑色；而蓝色和黑色全部包含部分黄色，因此呈现灰色。

该图像在“蓝”通道显示黑白灰的原理：黄色中不包含任何蓝色信息，因此呈现为黑色状态；红色和黑色的球分别包含不同数量的蓝色，因此呈现的灰色有所不同。

知识：

在Photoshop中，通常以RGB模式来处理图像，这是因为在Photoshop中若图像是CMYK模式则有些功能不能使用，因此以RGB模式作图，当图像需要印刷时则以CMYK模式导出即可。

2. CMYK 通道

CMYK颜色模式是最常用的颜色模式之一，主要运用于印刷。CMYK模式的图像包含五个通道，一个复合通道和四个原色通道，CMYK通道与RGB通道记录颜色的方式相反，黑色表示颜色最多，灰色表示部分显示，白色表示没有颜色，如图6-58所示。

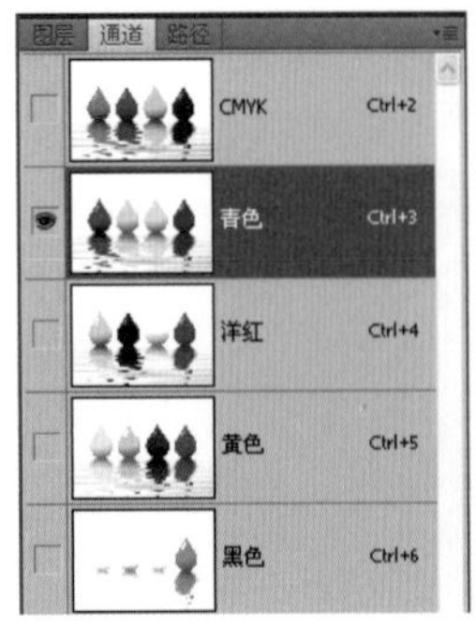

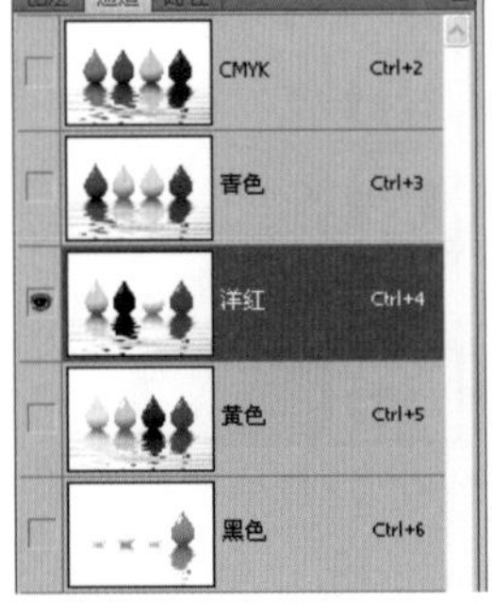

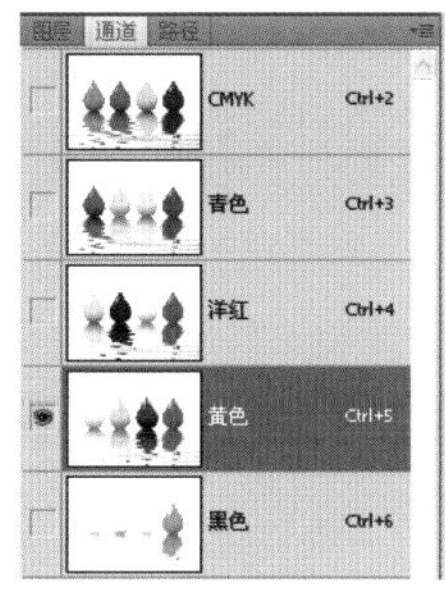

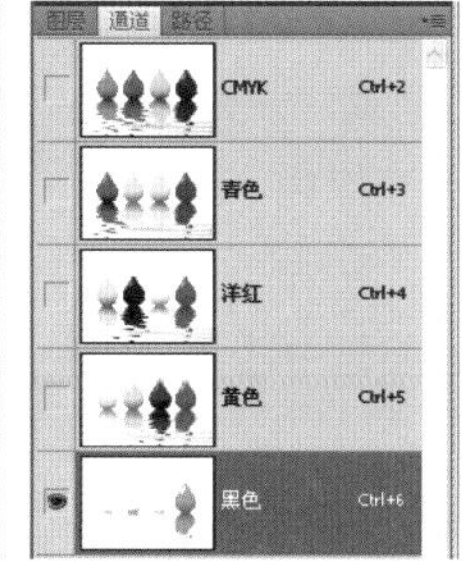

图6-58

该图像在“青色”通道显示黑白灰的原理：青色球显示为深灰色，表示包含较多的青色信息；红色和黄色的球均显示为白色，代表它们没有包含青色信息；黑色的球显示成深灰色，表示其中包含青色信息。

该图像在“洋红”通道显示黑白灰的原理：青色球呈现浅灰色，表示青色的球里包含洋红色信息；洋红的球显示为黑色，表示包含最多的洋红信息；黄色球几乎为白色，代表包含的洋红信息最少；而黑色的球显示为深灰色，表示这其中包含洋红色信息。

该图像在“黄色”通道显示黑白灰的原理：青色球几乎为白色，代表含有的黄色信息最少；洋红呈现浅灰色，代表含有少部分黄色信息；而黄色球本身颜色最重，说明其含有的黄色信息最多；黑色球呈深灰色，表示含有部分黄色信息。

该图像在“黑色”通道显示黑白灰的原理：蓝色球、洋红色球和黄色球均为白色，代表这三个球不包含黑色信息；而黑色球显示灰色，则表示包含部分黑色。

3.Lab 通道

RGB模式和CMYK模式下的图像在屏幕显示和印刷过程中都有可能产生误差，这是当前技术无法避免的。为了减少这种误差，国际照明委员会在1931年定义了颜色空间。Photoshop中的Lab模式就是这样一种派生模式。

Lab模式是Photoshop的标准颜色模式，它不以颜色的组成部分（如RGB模式或者CMYK模式）来描绘颜色。Lab模式客观地显示图像的外观，如图6-59所示。

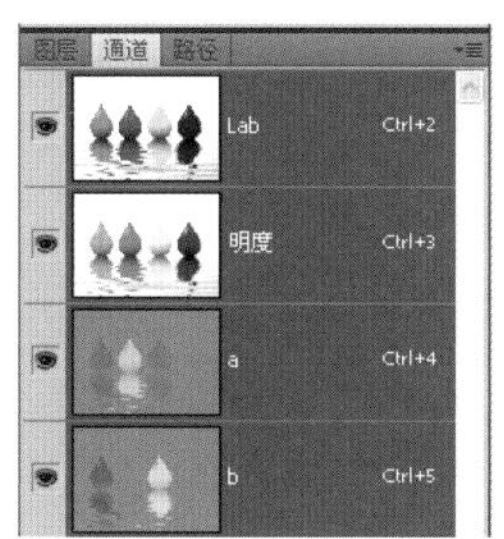

图6-59

知识：

在设置专色通道时，要注意三要素：位置、形状和大小。这三要素需要在设置专色前确定什么地方设置什么形状的专色以及这个专色的面积有多大。

但是与其他模式相比，Lab模式的弊端在于它的呈现方式非常不直观。“明度”通道代表0~100的明度值，“a”通道代表通道中绿色到红色的颜色值，当对话框中出现负值则代表绿色，正值则代表洋红。“b”通道代表蓝色到黄色的颜色值，当对话框中出现负值则代表蓝色，正值则代表黄色。对于中性色或接近中性色，“a”和“b”通道的数值接近于0，如图6-60所示。

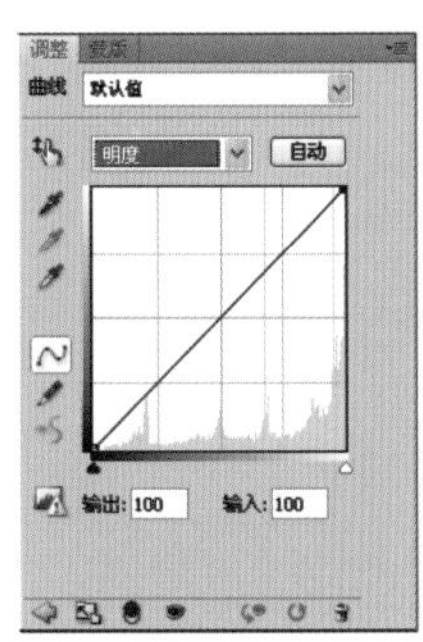

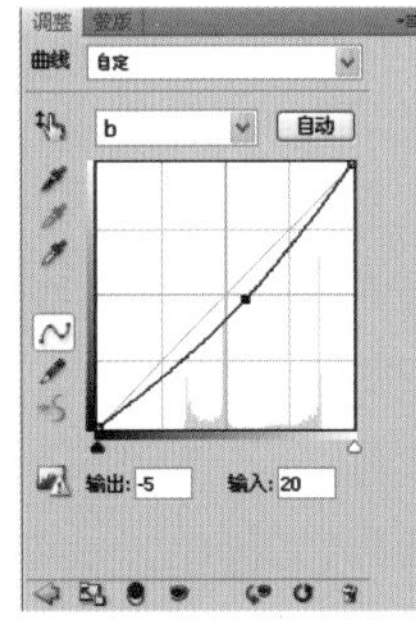

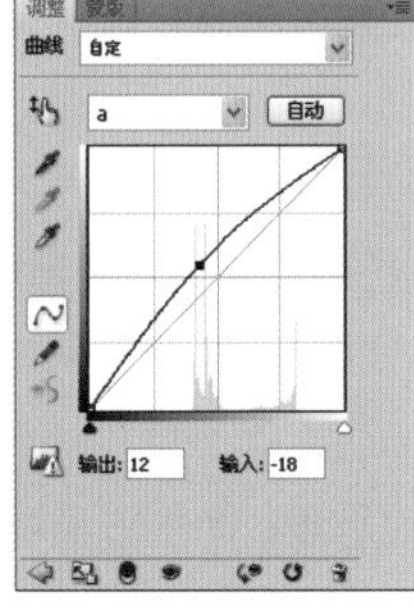

图6-60

许多Photoshop高手都掌握了一些依赖于Lab通道的技巧，当对图像使用混合模式时则能够更容易发挥Lab通道的作用。

07 专色通道与印刷

专色在实际应用时比较复杂，印刷的专色（如印刷专金、专银色等）需要设置专色通道，一些印后工艺（如UV、烫金、起凸、模切等）也需要设计师设置专色通道。

专色通道有如下特点。

① 准确。每一种专色都有它本身固定的色相，因此才能在印刷时最大限度地保证其准确性。

② 实地性。专色不同于普通印刷，不以网点密度来调整颜色的深浅，而是全部铺满地显示。

③ 不透明性。专色油墨是一种覆盖性质的油墨，它不是透明的，可以进行实地覆盖。

④ 表现色域广泛。专色色库的颜色超过了RGB颜色的表现色域，这些颜色是CMYK四色印刷所达不到的。

专色是一种特殊的印刷颜色，在用Photoshop进行设计时，如果需要使用专色应设置专色通道，因为CMYK颜色模式是印刷专用的颜色模式，所以需要设置的专色图像颜色模式应该是CMYK模式。“专色通道”是用黑、白、灰三色来记录颜色信息的，黑色表示颜色最多，灰色表示部分显示，白色表示没有颜色，如图6-61所示。

知识:

专色记录的选取信息与其他通道都不一样，黑色表示全选，灰色表示半选，白色表示不选。专色通道里面的字在电脑屏幕上并不显示，只有打开专色通道图层才可以显示。

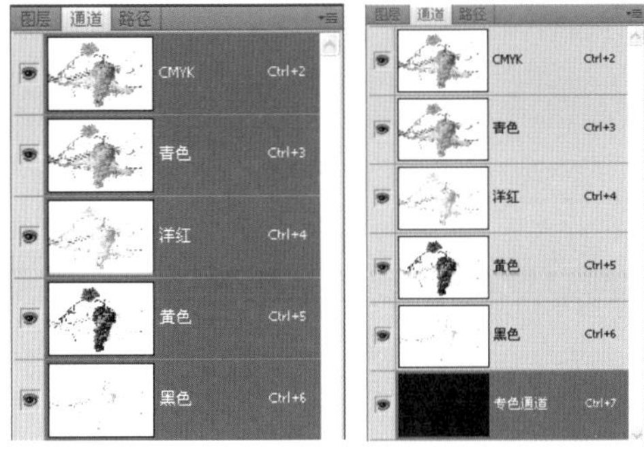

图6-61

专色印刷是指采用青、品红、黄、黑色以外的其他色油墨来复制原稿件的印刷工艺。当我们需要将带有专色的图像印刷时，需要用专色通道来存储专色。

设计师所要做的工作就是在Photoshop中为需要做印刷工艺的图像或文字设置“专色通道”，因为在“专色通道”中黑色是全部显示，因此要将CMYK数值设置为“默认”，如图6-62所示。

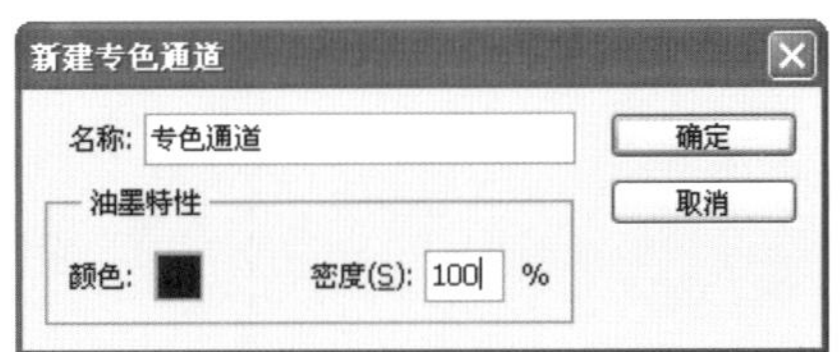

图6-62

输入需要烫金的文字“DDC”，颜色为“K100%”，单击【专色通道】按钮，得到蚂蚁线则表示需要被烫金的文字已被选中，如图6-63所示。

图6-63

设计师将“专色通道”中需要烫金的图像或文字做好后，需要

知 识:

在Photoshop中制作专色要注意以下几个问题：

1.专色必须在通道里面做，不能在图层中做。

2.在出胶片后，一定要认真校对，并在专色通道里注明专色的名称。

3.如果有多个专色需要印刷，就需要在印刷时告知出片人印刷专色的顺序。

告诉印刷厂希望烫金的是什么颜色。由于烫金专用色成千上万种，在此就不详细讲解了。

08 UV光油工艺制作

由于UV光油可以提高印刷品的色彩饱和度高，效果好，对于强化产品的高品质形象有非常好的作用，因此一些客户会要求在印刷完成后对产品采用局部UV上光，所以设计师在设计完成后要在Photoshop中再单独制作一个UV通道。UV通道是一个专色通道，有属于自己单独的印版，当输出一个包含专色通道的图像时，该通道将被单独打印出来。

独立实践任务　2课时

任务2

宠物用品手提袋的设计与制作

任务背景和任务要求

现有一家宠物用品公司推出了一些新的沐浴产品，需要制作一批手提袋来包装产品。

成品尺寸：600毫米×300毫米×200毫米。

任务分析

手提袋成品尺寸为“600毫米×300毫米×200毫米”，为了留出出血位，因此在设置页面时，文档尺寸应该增加出血部分的尺寸。

任务素材

任务素材见素材\模块06\任务2

任务参考效果图

模块07

设计制作意境照片
——滤镜知识的综合应用

任务参考效果图

能力目标

使用滤镜制作特殊效果图像

软件知识目标

1. 掌握常用的滤镜种类

2. 掌握滤镜的使用方法

专业知识目标

掌握意境照片的色彩调整

课时安排

4课时（讲课2课时，实践2课时）

模拟制作任务 2课时

任务1

意境照片的设计与制作

任务背景

某摄影机构需要设计师做一些宣传该公司的摄影作品，提供了一些素材，现需要将其合成出有意境的照片。

任务要求

需要设计者有独特的创意、新鲜的思路和有意境的色调，将人物与所提供的图片完美地融为一体。

尺寸设置为“1280像素×800像素”，分辨率设置为“150像素/英寸”。

任务分析

将人物、草地、书本、树木、热气球等素材分别添加到页面，然后用滤镜做出美化效果，利用【橡皮擦工具】修饰图像。

本案例的难点

使用滤镜工具组修饰图像

操作步骤详解

建立新文档

❶ 打开Photoshop CS5软件，执行【文件】>【新建】命令，在弹出的【新建】对话框中设置【名称】为“意境照片”，【宽度】和【高度】分别为“1280像素”和“800像素”，【分辨率】为“150像素/英寸”，【颜色模式】为“RGB颜色”，如图7-1所示，设置完成后单击【确定】按钮。

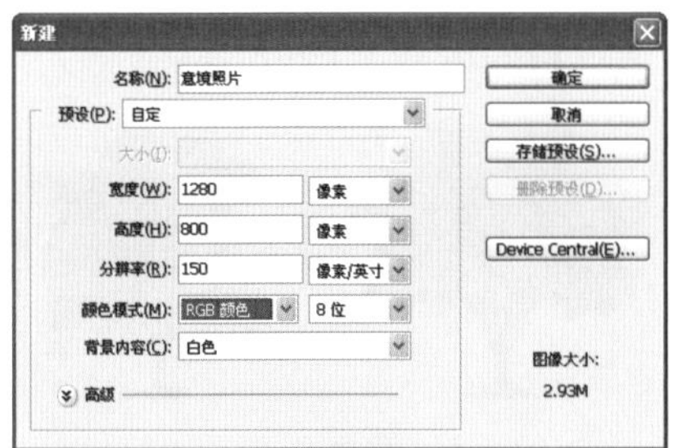

图7-1

贴入背景图像

❷ 打开“素材\模块07\任务1\天空”文件，在【图层】面板中右击，在弹出的快捷菜单中选择“复制图层”选项，弹出【复制图层】对话框，在【文档】下拉列表框中选择“意境照片.psd”选项，如图7-2所示。

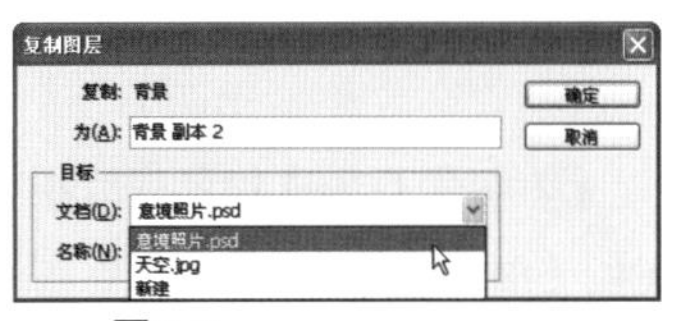

图7-2

❸ 在“意境照片”文档中按【Ctrl+T】组合键调整其大小，在【图层】面板将其命名为“天空”，效果如图7-3所示。

图7-3

❹ 打开“素材\模块07\任务1\书本”文件，选择工具箱中的【钢笔工具】，在书本边缘处单击建立锚点抠出书本，形成闭合选区后右击，在弹出的快捷菜单中选择“建立选区”选项，弹出【建立选区】对话框，将其【羽化半径】设置为“0”，如图7-4所示。

图7-4

❺ 在【图层】面板中右击，在弹出的快捷菜单中选择“复制图层”选项，弹出【复制图层】对话框，在【文档】下拉列表框中选择“意境照片.psd”选项，按【Ctrl+T】组合键将其调整至合适大小，在【图层】面板中将其命名为“书本”，如图7-5所示。

图7-5

❻ 在【图层】面板底部单击【图层样式】按钮，在弹出的菜单中选择“投影”选项，在弹出的【图层样式】对话框中设置【混合模式】为“正常”，【不透明度】为“50%”，【角度】为“120度”，【距离】为“15像素”，【扩展】为“5%”，【大小】为“20像素”，单击【确定】按钮，如图7-6所示。

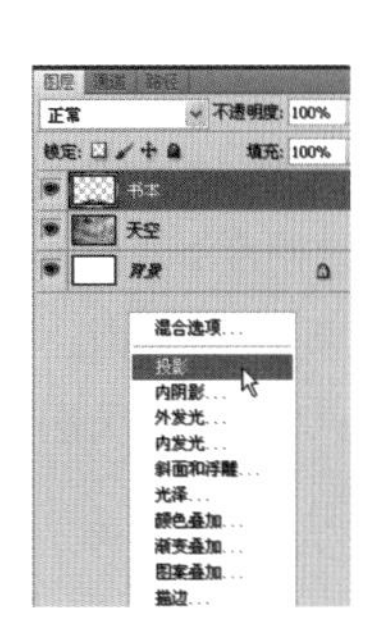

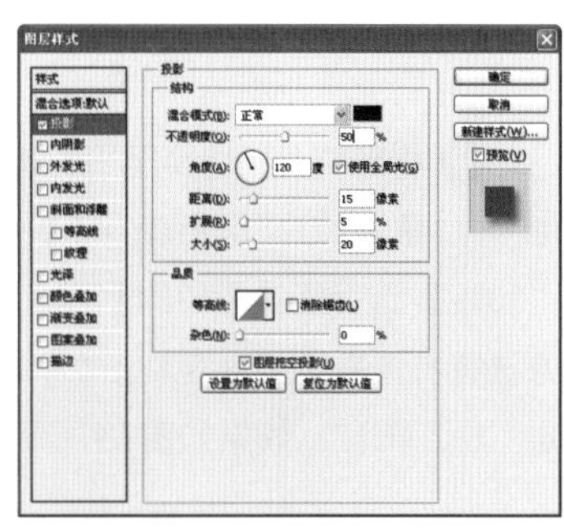

图7-6

贴入草地图像

❼ 打开“素材\模块07\任务1\草地”文件，在【图层】面板中右击，在弹出的快捷菜单中选择“复制图层”选项，弹出【复制图层】对话框，在【文档】下拉列表框中选择“意境照片.psd”选项，按【Ctrl+T】组合键将其调整至合适大小，在【图层】面板将其命名为“左页草地”，调整其【不透明度】为“50%”，单击【确定】按钮，如图7-7所示。

图7-7

❽ 选择工具箱中的【钢笔工具】，抠选出草地与书面重合的部分，形成闭合选区后右击，在弹出的快捷菜单中选择“建立选区”选项，在弹出的【建立选区】对话框中将【羽化半径】设置为“0”，按【Ctrl+Shift+I】组合键反选多余的部分，再按【Delete】键删除多余的部分，将其【不透明度】调整至“100%”，单击【确定】按钮，效果如图7-8所示。

图7-8

❾ 将当前文档切换至“草地”文档，复制“草地”到“意境照片”文档中，将【不透明度】调整至“50%”，选择工具箱中的【钢笔工具】，按照以上方法将右页书面上也复制上“草地”，并命名为图层“右页草地”，效果如图7-9所示。

图7-9

贴入树木图像

❿ 打开“素材\模块07\任务1\树”文件，选择工具箱中的【裁切工具】，裁掉下面两棵树，单击【确定】按钮，如图7-10所示。

图7-10

⓫ 打开【通道】面板复制“蓝”通道，按【Ctrl+L】组合键调高其黑白对比度，效果如图7-11所示。

图7-11

⓬ 按住【Ctrl】键的同时在“蓝副本”通道上单击，如图7-12所示。

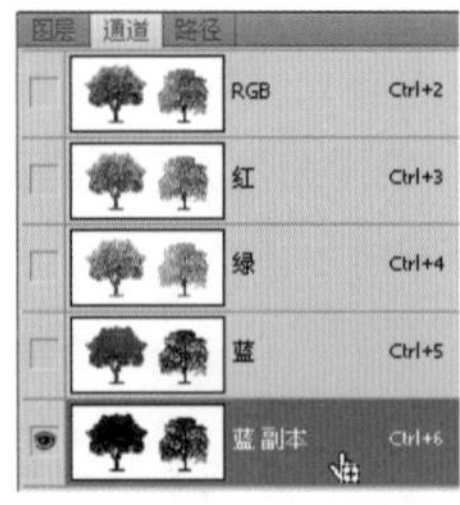

图7-12

⓭ 按【Ctrl+Shift+I】组合键反选树，单击“RGB”通道，按【Ctrl+C】组合键复制选区，将当前文档切换至“意境照片”文档，按【Ctrl+V】

组合键粘贴图层“树”并在“图层”面板将其命名为“树木”，按【Ctrl+T】组合键将其调整至合适大小，效果如图7-13所示。

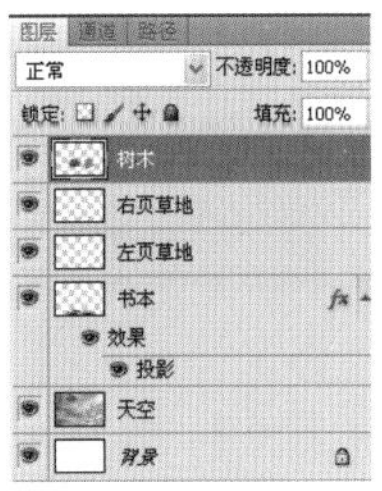

图7-13

贴入人物图像

⑭ 打开“素材\模块07\任务1\人”文件，选择工具箱中的【钢笔工具】，建立锚点并抠选人物，形成闭合选区后右击，在弹出的快捷菜单中选择“建立选区”选项，弹出的【建立选区】对话框将其【羽化半径】设置为“0”，最终效果如图7-14所示。

图7-14

⑮ 在【图层】面板中右击，在弹出的快捷菜单中选择“复制图层”选项，弹出【复制图层】对话框，在【文档】下拉列表框中选择“意境照片.psd”选项，按【Ctrl+T】组合键将其调整至合适大小，在【图层】面板中将图层命名为“人物”，如图7-15所示。

图7-15

调整天空颜色

⑯ 选择图层“天空”，按【Ctrl+B】组合键调整图层颜色，将【色调平衡】设置为“阴影”，具体数值和效果如图7-16所示。

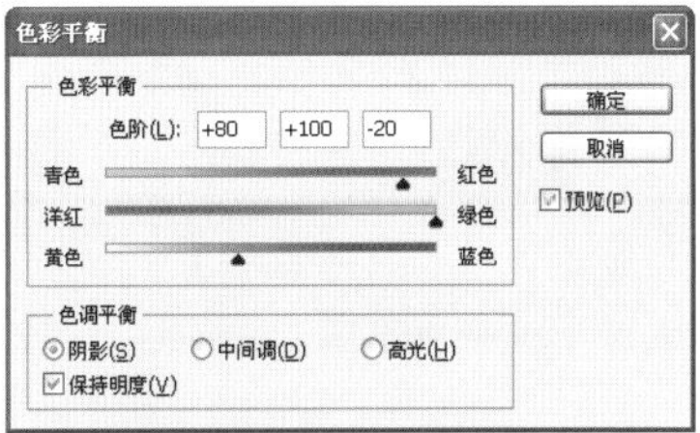

图7-16

⑰ 执行【滤镜】>【艺术效果】>【调色刀】⑨命令，效果如图7-17所示。

图7-17

⑱ 选择图层“书本”，执行【滤镜】>【艺术效果】>【绘画涂抹】⑨命令，效果如图7-18所示。

图7-18

⑲ 选择图层“左页草地”，执行【滤镜】>【艺术效果】>【涂抹棒】⑨命令，选择图层“右页草地”，执行【滤镜】>【艺术效果】>【涂抹棒】⑨命令，效果如图7-19所示。

图7-19

⑳ 选择图层“树木”，执行【滤镜】>【艺术效果】>【粗糙蜡笔】⑨，效果如图7-20所示。

图7-20

㉑ 选择工具箱中的【缩放工具】，放大人物的飘带，选择工具箱中的【多边形套索工具】，勾选出部分人物飘带，右击，在弹出的快捷菜单中选择“建立选区”选项，在弹出的【建立选区】对话框中将【羽化半径】设置为“0”，单击【确定】按钮，如图7-21所示。

图7-21

㉒ 执行【滤镜】>【模糊】>【动感模糊】⑤命令，在弹出的【动感模糊】对话框中将【距离】设置为“15像素”，效果如图7-22所示。

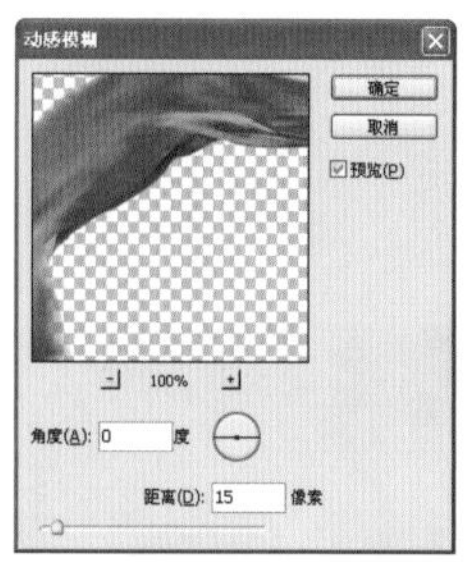

图7-22

㉓ 选择工具箱中的【缩放工具】，放大画面中人物的右腿，选择工具箱中的【吸管工具】，在腿部单击提取颜色，选择工具箱中的【画笔工具】,将其调整至合适大小，将【不透明度】设置为“80%”【流量】设置为“60%”，单击【确定】按钮，在空白处涂抹，效果如图7-23所示。

图7-23

贴入热气球

㉔ 打开“素材\模块07\任务1\热气球”文件，选择工具箱中的【缩放工具】，放大热气球局部，用【钢笔工具】抠出热气球，右击，在弹出的快捷菜单中选择“建立选区”选项，在弹出的【建立选区】对话框中将【羽化半径】设置为“0”，如图7-24所示。

图7-24

㉕ 按【Ctrl+Shift+I】组合键反选热气球，按【Ctrl+C】组合键复制热气球到“意境照片”文档，将其图层命名为“红色热气球”，再按

【Ctrl+T】组合键将其调整至合适大小，如图7-25所示。

图7-25

㉖ 回到“热气球”文档，按【Ctrl+D】组合键取消选区，选择工具箱中的【钢笔工具】，用以上方法抠出蓝色热气球将其粘贴到“意境照片”文档中，在【图层】面板中将其命名为“蓝色热气球”，再按【Ctrl+T】组合键将其调整至合适大小，如图7-26所示。

图7-26

㉗ 回到“热气球”文档，按照以上方法抠出青色热气球将其粘贴到“意境照片”文档，在【图层】面板中将其命名为“青色热气球”，再按【Ctrl+T】组合键将其调整至合适大小，如图7-27所示。

图7-27

调整热气球颜色

㉘ 选择图层“红色热气球”，按【Ctrl+U】组合键降低其【饱和度】，具体数值和效果如图7-28所示，单击【确定】按钮。

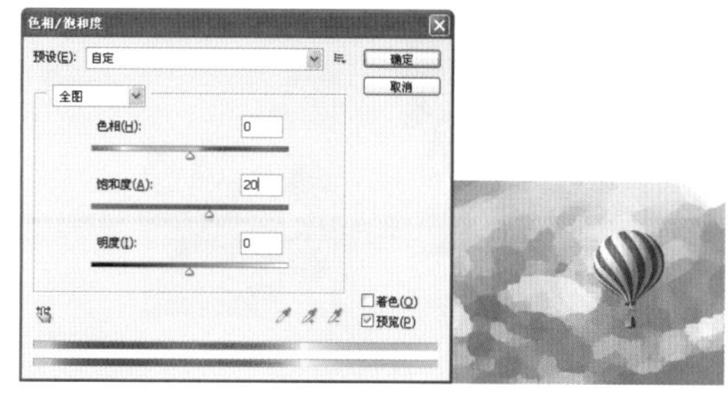

图7-28

㉙ 选择图层“蓝色热气球”，按【Ctrl+U】组合键降低其【饱和度】，单击【确定】按钮，具体数值和效果如图7-29所示。

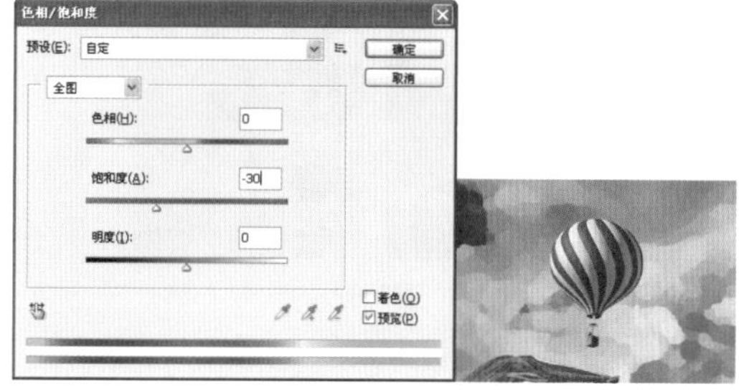

图7-29

㉚ 选择图层“青色热气球”，按【Ctrl+U】组合键降低其【饱和度】，具体数值和效果如图7-30所示。

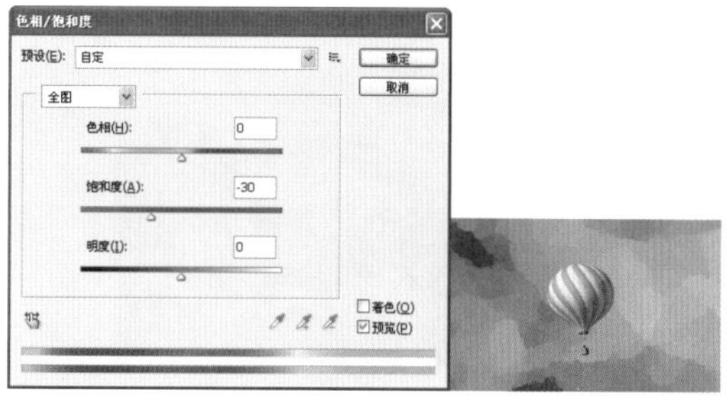

图7-30

用通道抠出向日葵

㉛ 打开“素材\模块07\任务1\向日葵”文件，复制背景图层，在图层“背景副本”上单击【通道】按钮，单击“蓝”通道并将其复制，在通道“蓝副本”按【Ctrl+L】组合键调亮背景使黑白对比更明显，如图7-31所示。

图7-31

32 按住【Ctrl】键的同时单击“蓝副本”通道，再单击“RGB”通道，如图7-32所示。

图7-32

使用滤镜效果

33 按【Ctrl+Shift+I】组合键反选向日葵将其粘贴到“意境照片”文档中，在【图层】面板中将其命名为“向日葵”，按【Ctrl+T】组合键将其调整至合适大小，如图7-33所示。

图7-33

34 执行【滤镜】>【艺术效果】>【调色刀】命令，效果如图7-34所示。

图7-34

35 选择图层“向日葵”，将其拖曳至【创建新图层】按钮上，如图7-35所示。

图7-35

36 按【Ctrl+T】组合键将其调整至合适大小，如图7-36所示。

图7-36

37 选择图层“向日葵副本”，将其拖曳至【创建新图层】按钮上，按【Ctrl+T】组合键将其调整至合适大小，如图7-37所示。

图7-37

38 选择图层“树木”，选择工具箱中的【缩放工具】，放大画面中右边树的下端，选择工具箱中的【橡皮擦工具】，在其工具选项栏中设置【不透明度】为“86%”，【流量】为“60%”，单击【确定】按钮，效果如图7-38所示。

图7-38

绘制彩虹

39 在【图层】面板中新建图层，将其命名为“彩虹”，选择工具箱中的【渐变工具】，在其工具选项栏选择渐变类型和颜色，如图7-39所示。

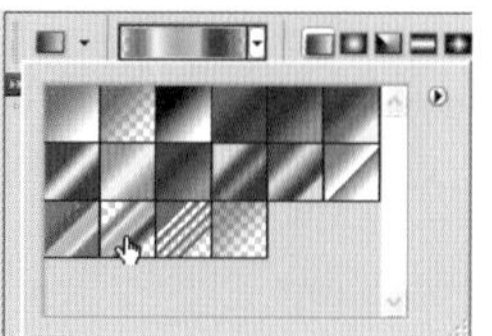

图7-39

40 按住鼠标左键从画面上端拖曳至画面下端，如图7-40所示。

图7-40

41 按【Ctrl+T】组合键调整其大小，如图7-41所示。

图7-41

42 执行【编辑】>【操控变形】命令，在彩虹上打点，效果如图7-42所示。

图7-42

43 选择图层“彩虹”，在【图层】面板中将其混合模式更改为“柔光”，效果如图7-43所示。

图7-43

44 选择工具箱中的【橡皮擦工具】，在其工具选项栏设置画笔【大小】为“100px”，【不透明度】为“60%”，【流量】为“60%”，在彩虹两端擦拭，效果如图7-44所示。

图7-44

存储输出

45 执行【文件】>【存储为】命令，弹出【存储为】对话框，在此对话框中单击左侧的“桌面”图标，然后单击【格式】下拉列表框右侧的下三角按钮，在展开的下拉菜单中选择“JPEG”选项，单击【保存】按钮。

知识点拓展

01 滤镜的基本介绍

Photoshop CS5中的滤镜工具组就像是一个能把普通的图像制作成油画、水彩、素描、浮雕等非凡视觉艺术作品的魔术师。

滤镜原本是安装在照相机前用来改变照片的拍摄方式从而产生特殊效果的一种摄影器材。Photoshop CS5中的滤镜则是一种插件模块，它通过改变图像上原有的像素位置或颜色来生成各种特殊效果。

02 滤镜的种类和主要用途

滤镜可以分为内置滤镜和外挂滤镜两种。内置滤镜就是Photoshop自身安装的各种滤镜；而外挂滤镜则是由第三方厂商开发的以插件的形式安装在Photoshop中才能使用。Photoshop的内置滤镜主要用于创建具体图像特效和编辑图像两种用途。外挂滤镜不仅可以轻松完成各种特效，还能创造出Photoshop内置滤镜无法实现的其他神奇效果，备受广大Photoshop使用者的喜爱。

03 智能滤镜

在Photoshop CS5中的智能滤镜是一种不具有破坏性的滤镜，它可以达到与普通滤镜一模一样的效果，但智能滤镜的效果是作为图层出现在【图层】面板上的，它不改变图像中的任意像素，但可以修改参数或者删除。

知识：

在Photoshop中使用滤镜来处理图像时，图像若是CMYK模式，许多滤镜功能将不能被使用。

如果要对位图、索引或CMYK模式的图像应用一些特殊的滤镜，可以先将它们转换为RGB模式，再进行处理。

04 风格化滤镜组

风格化滤镜组包括置换像素、查找并增加图像对比度等可以产生绘画和印象派效果的九种滤镜。

1.【查找边缘】滤镜

【查找边缘】滤镜能自动将高反差边界变亮，低反差边界变暗，其他的区域介于亮与暗之间，使硬朗的边缘变成清晰的线条，柔和的边缘变粗，形成一个对比度变化强烈的清晰轮廓，如图7-45所示。

图7-45

2.【等高线】滤镜

【等高线】滤镜在查找主要变亮区域转换的同时为每个颜色通道勾勒出主要亮度区域，用来获得与等高线图中类似的效果，如图7-46所示。

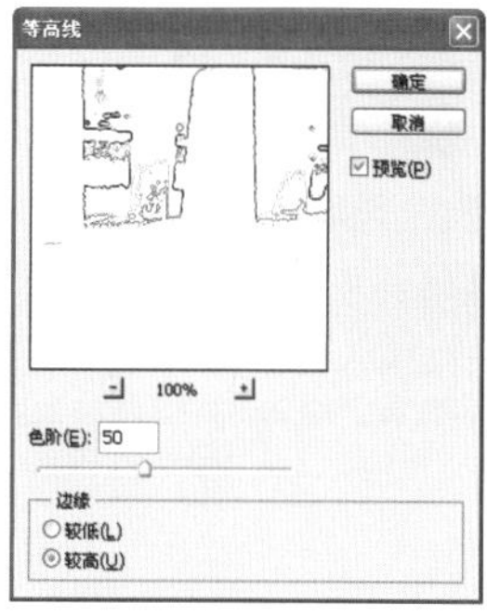

图7-46

3.【风】滤镜

【风】滤镜通过在图像中增加一些不同程度的水平线来模拟风的效果，如图7-47所示。该滤镜只在水平方向对图像产生作用，可以通过旋转图片产生其他方向的风吹效果。

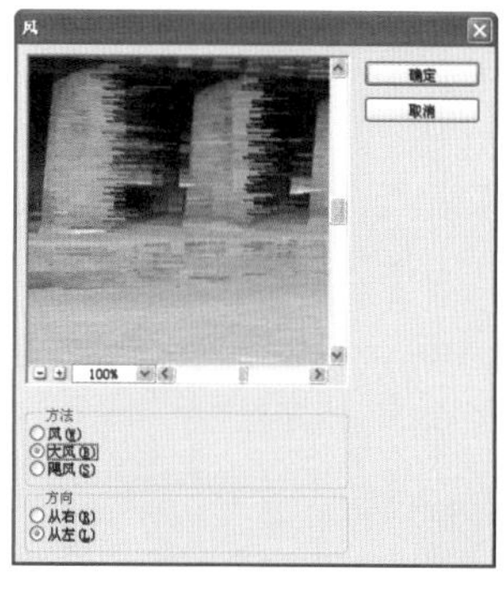

图7-47

4.【浮雕效果】滤镜

【浮雕效果】滤镜可以通过降低勾画图像或选区主要轮廓周围的色值，用提高轮廓明暗对比度来生成凸起和凹陷的浮雕效果，如图7-48所示。

知识:

【扩散】对话框中的【各项异性】单选按钮在颜色变化最小的方向上搅乱像素。

在Photoshop的【滤镜】菜单中，除了【液化】和【消失点】滤镜之外，其他滤镜都可以作为智能滤镜使用，其中也包括支持智能滤镜的外挂滤镜。

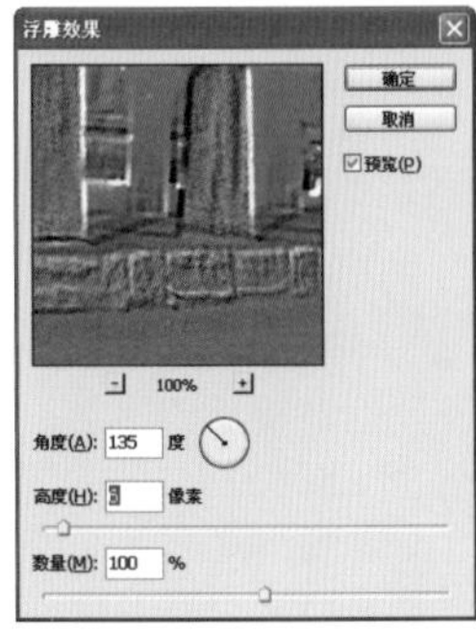

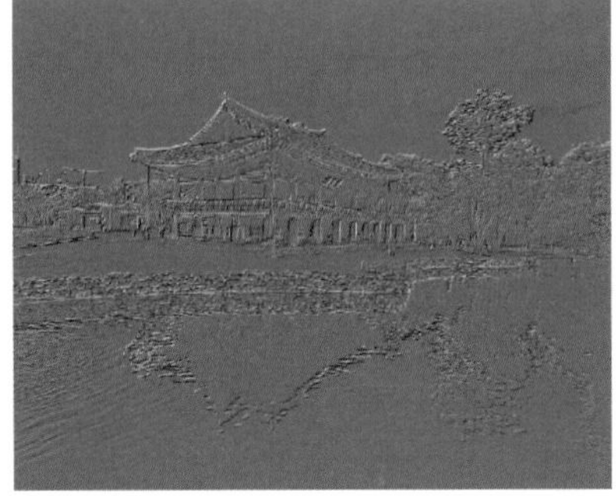

图7-48

5.【扩散】滤镜

【扩散】滤镜可以按规定的方式有规律地移动图像中相邻的像素，使图像产生一种类似于透过磨砂玻璃观察图像时的分离模糊的效果，如图7-49所示。

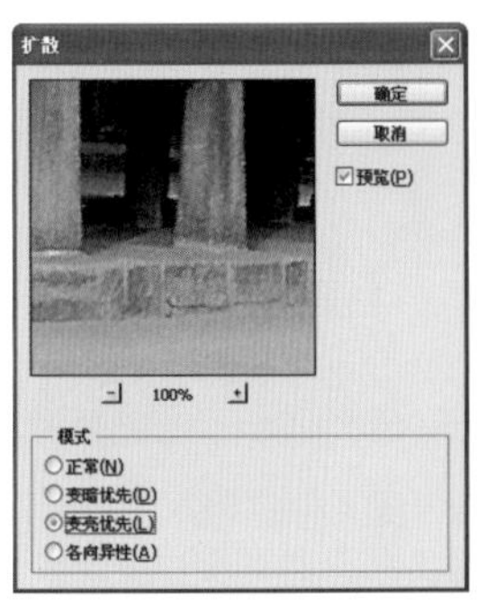

图7-49

6.【拼贴】滤镜

【拼贴】滤镜可以在保留原图像基本效果的基础上通过设置不同的拼贴数值和位移值，使图像以块状形式偏离其原来的位置达到拼凑图像的效果，如图7-50所示。

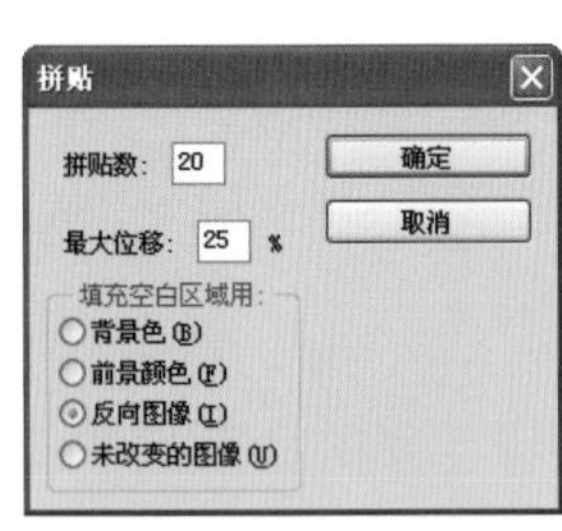

图7-50

7.【曝光过度】滤镜

【曝光过度】滤镜是一种通过混合图像负片和正片，模拟出增加光线强度而产生过度曝光的摄影效果，如图7-51所示。

知 识:

使用滤镜处理图像时，该图层必须是可见的。如果创建了选区，滤镜只处理选区内的图像，如果没有创建选区，滤镜则会处理当前图层的全部图像。

图7-51

8.【凸出】滤镜

【凸出】滤镜是将图像分成以立方体或锥形体形状系列大小相同的、有机重叠放置的特殊的三维效果，如图7-52所示。

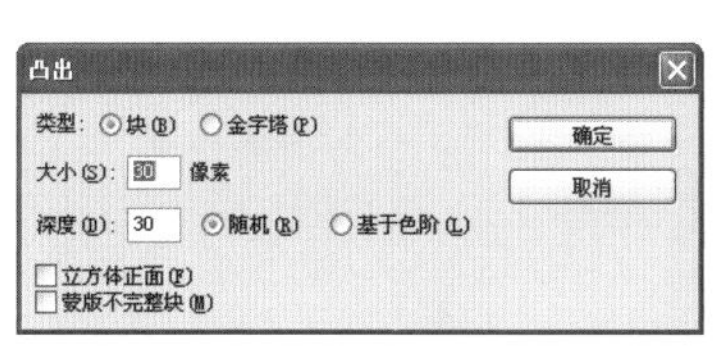

图7-52

9.【照亮边缘】滤镜

【照亮边缘】滤镜可以通过查找图像中颜色变化较大的区域的边缘，并为其添加类似霓虹灯的光亮效果，如图7-53所示。

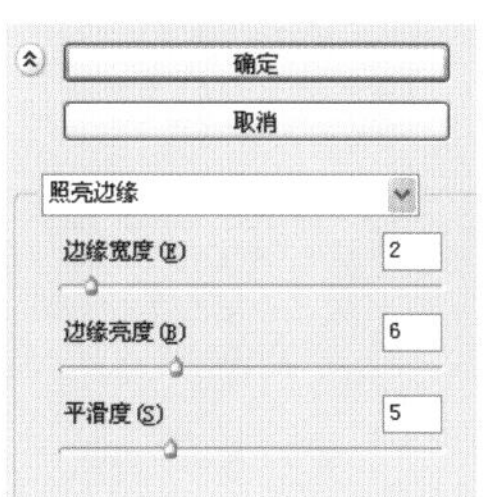

图7-53

05 模糊滤镜组

模糊滤镜组包含11种滤镜，通过使用这些滤镜效果可以削弱像素的对比度并柔化图像、去除图像杂色、创建特殊效果等。

1.【表面模糊】滤镜

【表面模糊】滤镜能够在保留图像边缘的同时进行图像模糊，用来消除杂色或颗粒，通常可以用来为人物图像进行简单磨皮，以达到很好的效果。如图7-54所示，左图为调整前的效果，右图为调整后的效果。

知识：

滤镜可以处理图层蒙版、快速蒙版和通道。滤镜的处理效果是以像素为单位进行计算的，因此，相同的参数处理不同分辨率的图像，其效果也会不同。智能滤镜不直接作用于图像，它不改变图像的原始数据，但具有和普通滤镜一样的滤镜效果。

图7-54

2.【动感模糊】滤镜

【动感模糊】滤镜可以根据制作效果的需要沿着指定的方向、指定的强度来模糊图像，产生的效果就像是在给移动的对象拍照一样，此滤镜可以用来表现对象的速度感，如图7-55所示。

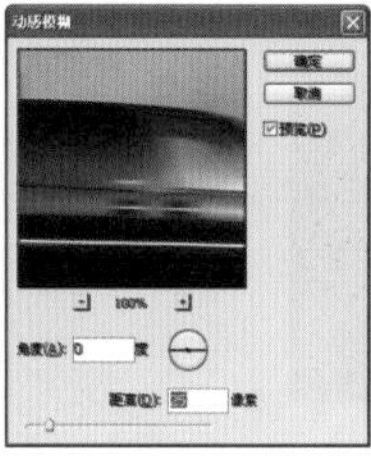

图7-55

3.【方框模糊】滤镜

【方框模糊】滤镜是基于图像相邻像素之间的颜色平均值产生类似于方块状的模糊效果，如图7-56所示。

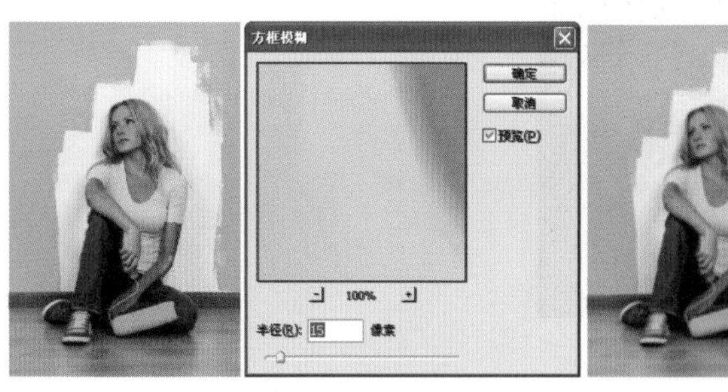

图7-56

4.【高斯模糊】滤镜

【高斯模糊】滤镜可以通过设置【半径】参数，使图像产生一种朦胧的效果，如图7-57所示。

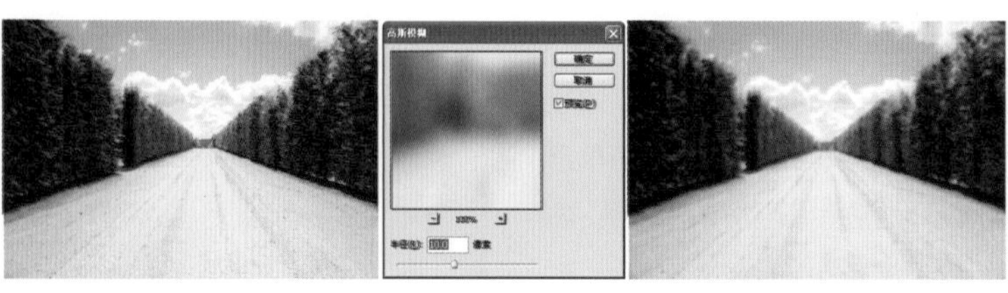

图7-57

知识：

【帮助】>【关于增效工具】下拉菜单中包含了Photoshop所有滤镜和增效工具的目录，选择任意一个，就会显示它的详细信息，如滤镜版本、制作者、所有者等。

5.【径向模糊】滤镜

【径向模糊】滤镜可以用来模拟缩放和旋转相机所产生的一种柔化模糊效果，如图7-58所示，左图为【旋转】径向模糊，右图为【缩放】径向模糊。

图7-58

6.【镜头模糊】滤镜

【镜头模糊】滤镜可以通过向图像中添加模糊的方式使图像产生更窄的景深效果，用此滤镜处理照片，可以让图片中的一些对象在焦点内，另一些对象则变得模糊，从而创造景深效果，如图7-59所示。

图7-59

7.【平均】滤镜

【平均】滤镜可以用来查找图像的平均颜色，然后用查找出来的平均颜色填充图像，创建平滑的外观，该滤镜无对话框，如图7-60所示。

图7-60

8.【特殊模糊】滤镜

【特殊模糊】滤镜可以通过对【半径】、【阈值】、【品质】和【模式】等选项进行具体的设置来精确地模糊图像，如图7-61所示，从左到右的模式分别为正常、仅限边缘。

知识:

模糊滤镜组通过批平衡图像中已定义的线条和遮蔽区域的清晰边缘旁边的像素，使变化显得柔和，对于需要修饰的图像可以柔化其整体或局部。要将模糊滤镜组应用到图层边缘，首先应该取消选择【图层】面板的【锁定透明像素】选项。

图7-61

06 扭曲滤镜组

扭曲滤镜组包含13种滤镜，它们可以对图像进行几何扭曲，创建3D或其他整形效果来满足生活中很多自然现象的需要。

1.【波浪】与【波纹】滤镜

【波浪】滤镜与【波纹】滤镜的工作方式是相同的，都是用来创建波状起伏的图案，生成波浪与波纹效果，但是【波纹】滤镜提供的选项较少，只能控制波纹的数量和大小，如图7-62所示。

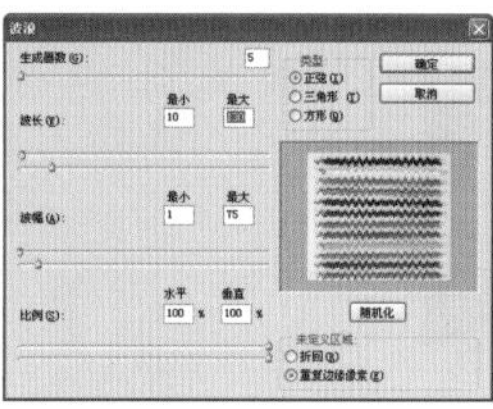

图7-62

2.【玻璃】滤镜

【玻璃】滤镜通过制作小的纹理让图像呈现出像是透过不同类型的玻璃观察所得到的效果，如图7-63所示。

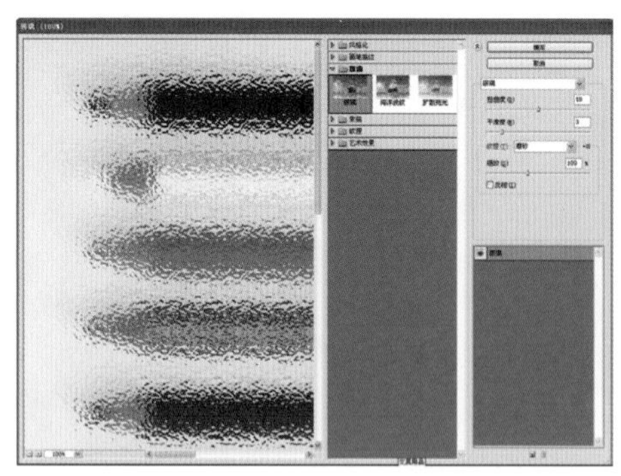

图7-63

3.【挤压】滤镜

【挤压】滤镜可以通过调整【数量】值来控制挤压程度，将整个图像或选区内的对象向外或向内挤压，该值为负值时图像向外凸出，为正值时为向里挤压，如图7-64所示。

知识：

执行完一个滤镜命令后，【滤镜】菜单的第一行便会出现该滤镜的名称，单击它或按【Ctrl+F】组合键可以快速应用这一滤镜。

知识：

【形状模糊】滤镜可以选择软件中自带的形状来创建需要的特殊模糊效果，如下图所示。

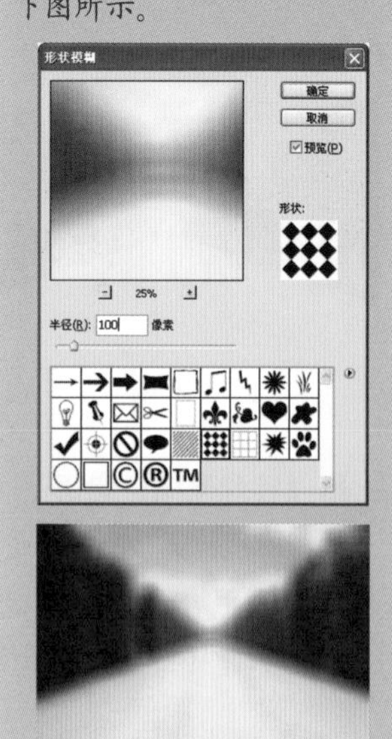

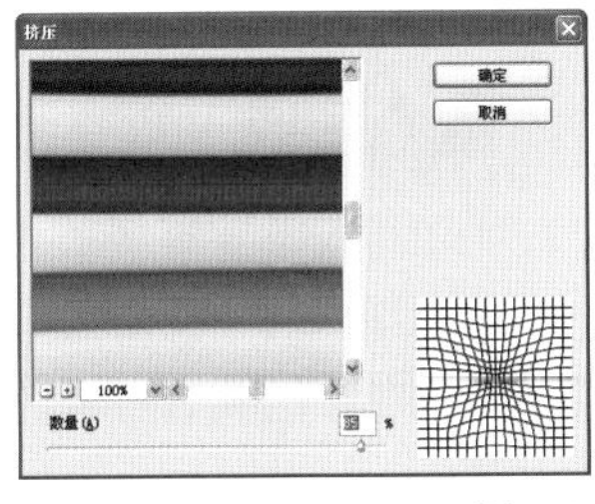
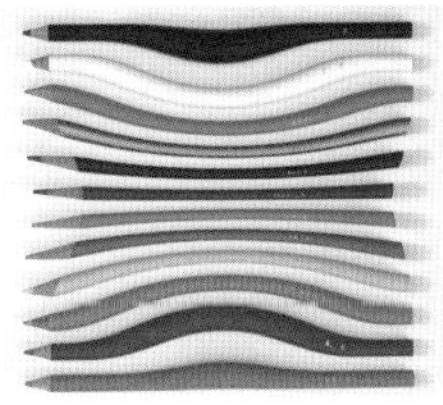

图7-64

4.【极坐标】滤镜

【极坐标】滤镜可将图像从平面坐标到极坐标和从极坐标到平面坐标之间相互转换，如图7-65所示。

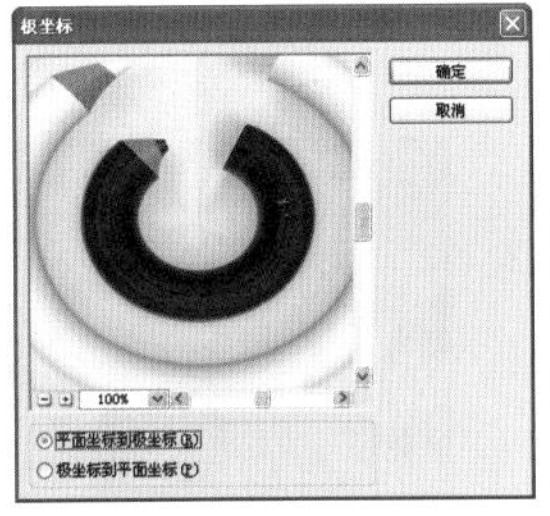
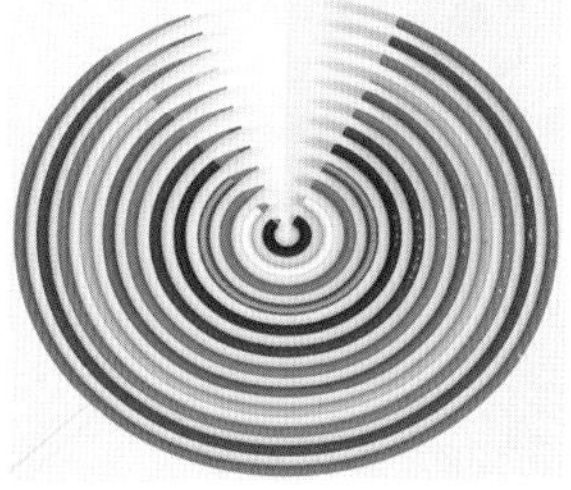

图7-65

5.【水波】滤镜

【水波】滤镜是根据模拟向水池中投入石子后水面波纹变化形态来创建类似于水波纹的效果，如图7-66所示。

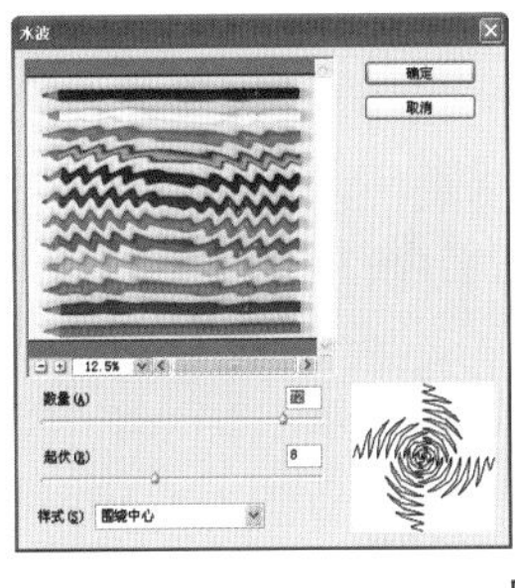

图7-66

6.【旋转扭曲】滤镜

【旋转扭曲】滤镜是围绕图像中心进行的类似风车旋转的效果，中心旋转程度较大，边缘旋转程度则较小，如图7-67所示。

图7-67

知识

【切变】滤镜可以通过对【切变】对话框中添加控制点和拖曳控制点来设定曲线形状从而扭曲图像，如下图所示。

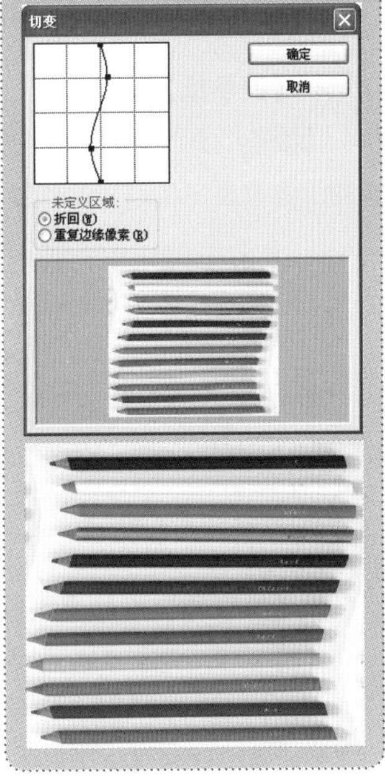

07 素描滤镜组

素描滤镜组中包含14种滤镜，它们可以将纹理添加到图像，模拟素描和速写等艺术和手绘效果，在这些效果的基础上还可以通过设置不同的前景色和背景色来获得更加丰富的图像效果。

1.【半调图案】滤镜

【半调图案】滤镜可以通过选择不同的图案类型，在保持连续色调范围的同时，模拟出半调网屏的图像效果，如图7-68所示。

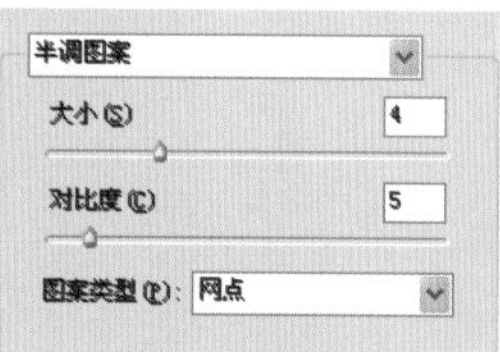

图7-68

2.【便条纸】滤镜

【便条纸】滤镜可以简化图像，创建类似于手工制作的纸张构建的图像效果，如图7-69所示。

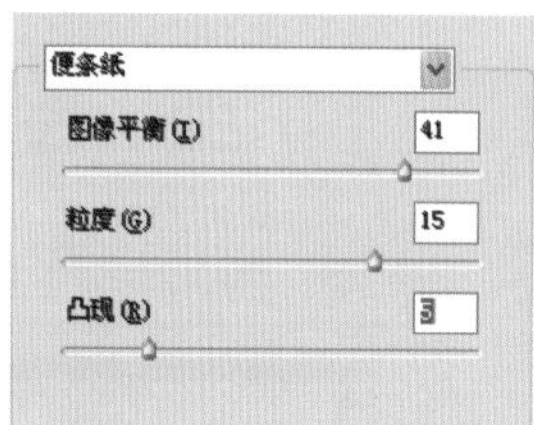

图7-69

3.【粉笔和炭笔】滤镜

【粉笔和炭笔】滤镜可以绘制中间调和高光，炭笔用前景色绘制，粉笔用背景色绘制，使用粗糙粉笔绘制中间调的灰色背景，用黑色的炭笔线条替换阴影区域，如图7-70所示。

图7-70

4.【铬黄】滤镜

【铬黄】滤镜可以根据图像的明暗分布情况进行擦亮高光和加深阴影，使图像产生磨光的金属效果，如图7-71所示。

知识：

【石膏效果】滤镜使用前景色和背景色为最终效果的图像着色，图像中黑暗的地方凸起，亮的地方凹陷，如下图所示。

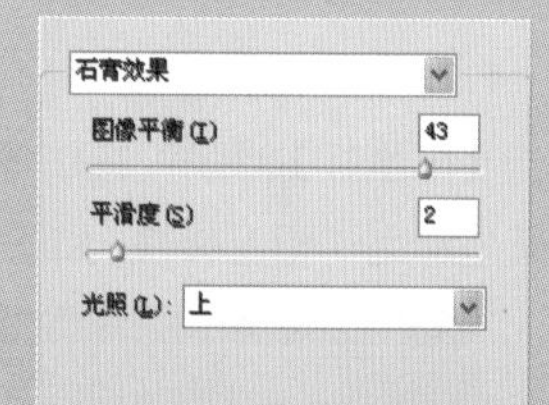

知识：

【水彩画纸】滤镜类似于利用有污点的画像在超市的纤维纸上涂抹，产生颜色流动并混合的效果，如下图所示。

图7-71

5.【绘图笔】滤镜

【绘图笔】滤镜是将前景色作为油墨，背景色作为纸张，并使用细的、线状的油墨来捕捉原图像的细节以重新绘制图像，如图7-72所示。

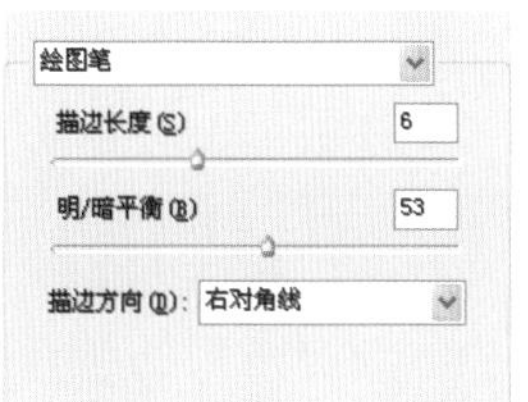

图7-72

6.【基底凸现】滤镜

【基底凸现】滤镜是使图像呈现浮雕效果和在光照下表面产生各种变化，如图7-73所示。

图7-73

7.【炭精笔】滤镜

【炭精笔】滤镜可以创建素描绘制的效果，前景色用于绘制较暗区域，背景色用于绘制较亮区域，另外在其对话框中还有四种纹理样式以及八种光照方向可供选择，在此可以选择一种纹理，通过缩放和凸显滑块进行调节，如图7-74所示。

图7-74

知识：

【撕边】滤镜就是使图像产生由撕边的纸片组成的图像效果，然后使用前景色和背景色为图像着色，如下图所示。

知识：

【炭笔】滤镜可以使用前景色在背景色上重新绘制图像，产生色调分离的涂抹效果。在绘制的图像中粗线将绘制图像的主要边缘，细线将绘制图像的中间色调，如下图所示。

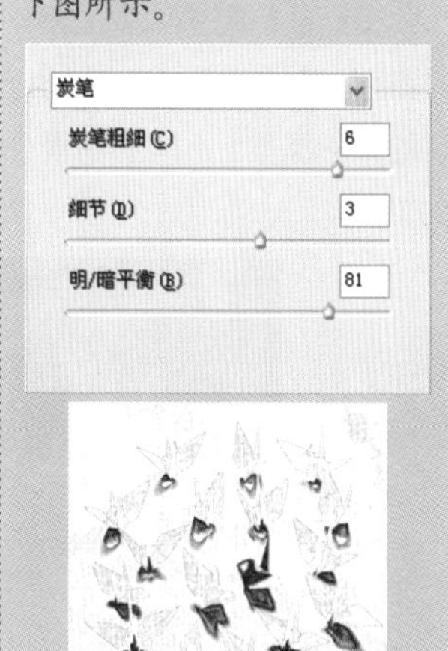

8.【图章】滤镜

【图章】滤镜可以简化图像，使其呈现图章盖印的效果，如图7-75所示。

图7-75

9.【网状】滤镜

【网状】滤镜可透过网格向图像上泼洒半固体的颜料，使图像的暗调区域结块，亮光区域被轻微颗粒化。在【网状】滤镜对话框中颗粒的密度以及高光区域的色域和暗调区域的色阶范围都是可以进行设置的，如图7-76所示。

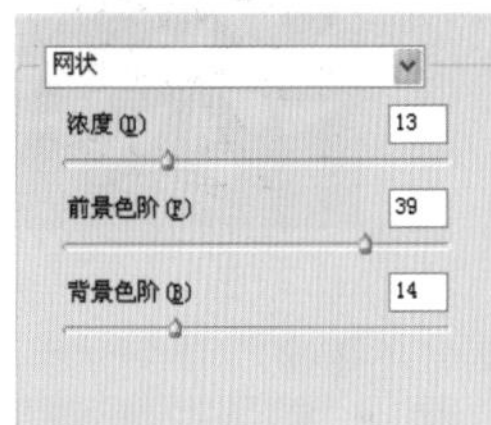

图7-76

08 渲染滤镜组

渲染滤镜组中共包括五种滤镜，通过这些滤镜可以在图像中制作3D形状、云彩图案、折射图案以及模拟的光反射等效果。

1.【云彩】滤镜

【云彩】滤镜可以根据前景色和背景色随机生成柔和的云彩图案。如果按住【Alt】键，执行【云彩】命令则会生成色彩更加鲜明的云彩图案。不同的前景色和背景色会产生不同的效果，如图7-77所示。

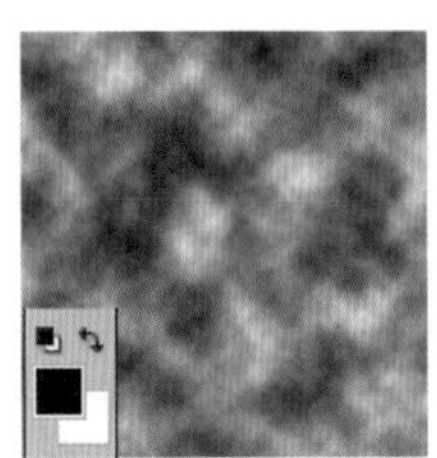
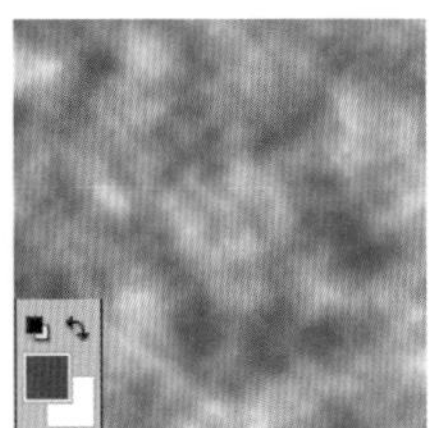

图7-77

2.【分层云彩】滤镜

【分层云彩】滤镜可以将云彩和现有的图像互相混合，其方式

知识：

【影印】滤镜可以模仿前景色和背景色两种不同颜色影印图像的效果，如下图所示。

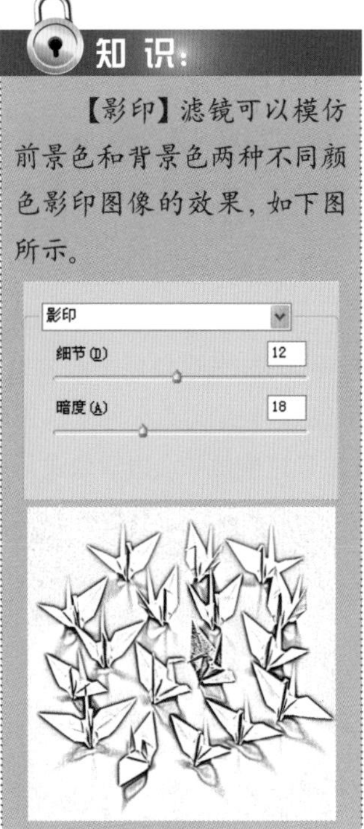

与【差值】混合模式的方式相同。如图7-78所示即为在【云彩】滤镜效果上添加【分层云彩】滤镜效果。

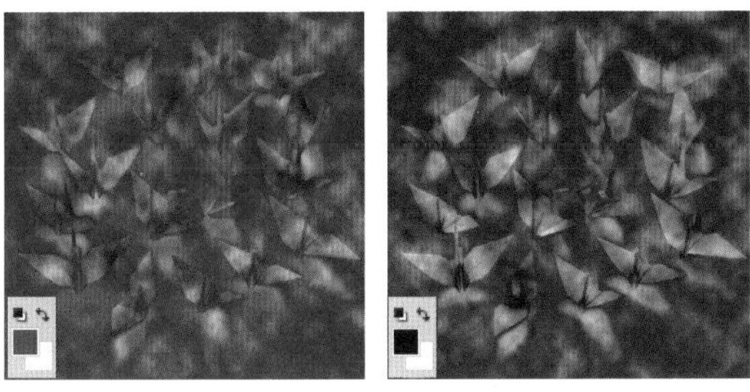

图7-78

3.【光照效果】滤镜

【光照效果】滤镜是Photoshop中一个功能强大的灯光效果滤镜，其中包括三种光照类型、四套光照属性和17种光照样式，如图7-79所示。该滤镜可以在RGB图像上产生很多光照效果。

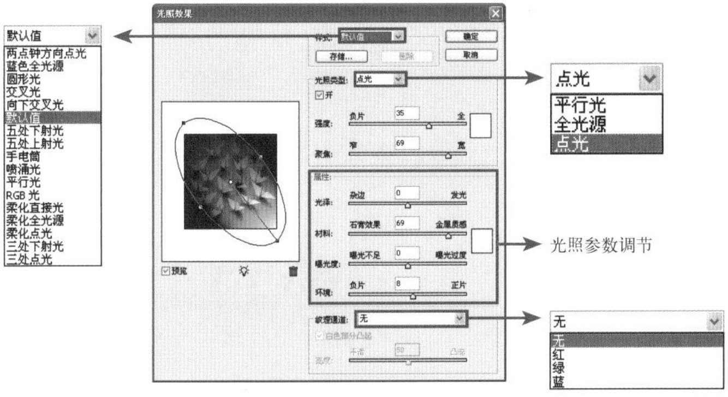

图7-79

4.【镜头光晕】滤镜

【镜头光晕】滤镜可以模拟光照折射到摄像机的效果，表现玻璃和金属的反光；也可以用来增强灯光的效果，如图7-80所示。

图7-80

09 艺术效果滤镜组

艺术效果滤镜组位于滤镜库的最下方，在滤镜库中可以应用所有的艺术效果滤镜对图像进行编辑，可以为图像制作出绘画或

知识：

【纤维】滤镜可以制作出类似于纤维质感的画面，如下图所示。

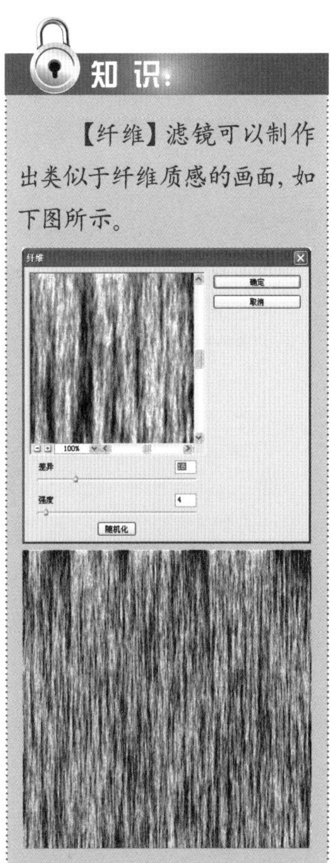

艺术效果。

1.【壁画】滤镜

【壁画】滤镜使用短而圆的、粗略涂抹的小块颜料，以一种粗糙的风格绘制图片，如图7-81所示。

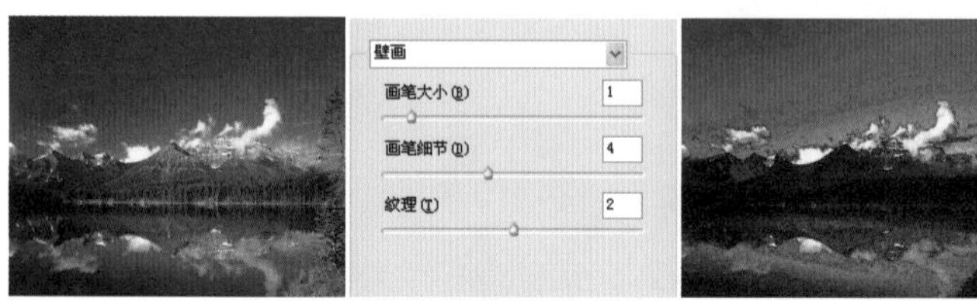

图7-81

2.【彩色铅笔】滤镜

【彩色铅笔】滤镜是以各种颜色的铅笔在单一的背景上沿着特定方向勾画图像，重要的边缘是用粗糙的画笔勾勒的，单一的颜色区域将被背景色代替，如图7-82所示。

图7-82

3.【粗糙蜡笔】滤镜

【粗糙蜡笔】滤镜可以产生类似于彩色画笔描绘的效果，如图7-83所示。

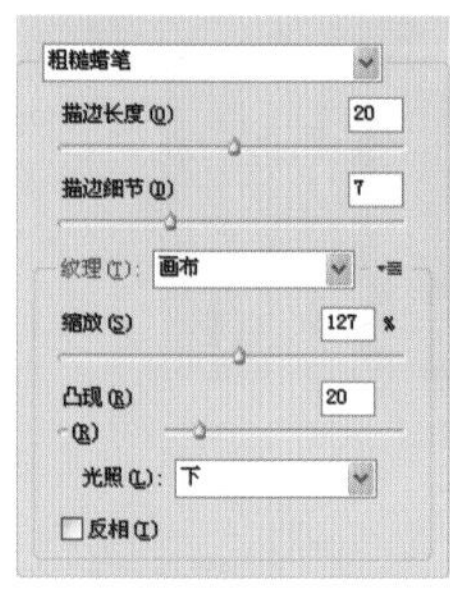

图7-83

4.【底纹效果】滤镜

使用【底纹效果】滤镜在纹理背景上绘制图像，可制作出使所选的纹理与图像相互融合在一起的效果，如图7-84所示。

5.【调色刀】滤镜

使用【调色刀】滤镜可以减少图像细节，使图像产生类似于刀刮去图像的效果，如图7-85所示。

知识：

【干画笔】滤镜可以制作出类似于画笔绘制图像的效果，通过减少图像的颜色来简化图像的细节，使图像形成介于优化和水彩之间的效果，如下图所示。

图7-84

图7-85

6.【海报边缘】滤镜

【海报边缘】滤镜可以减少源图像中的颜色，并查找图像的边缘，描绘黑色的外轮廓，如图7-86所示。

图7-86

7.【海绵】滤镜

【海绵】滤镜可以产生类似于使用海绵在画面中绘画的效果，如图7-87所示。

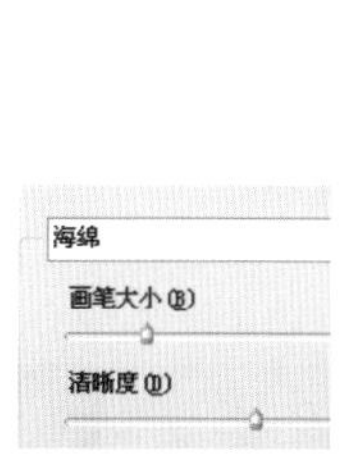

图7-87

8.【绘画涂抹】滤镜

【绘画涂抹】滤镜可以使图像产生模糊的艺术效果，在其对话框中可以调整笔尖大小控制图像边界的锐化程度等，如图7-88所示。

知识：

使用滤镜时通常会打开滤镜库或者相应的对话框，在预览框中可以预览效果图，单击加号按钮可以放大图像，单击减号按钮可以减小图像，单击并拖曳预览框内的图像可移动图像。

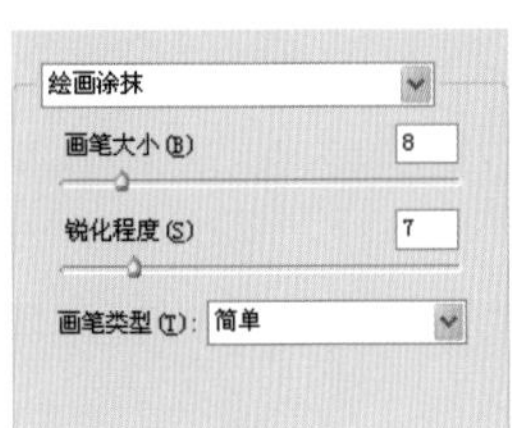

图7-88

9.【胶片颗粒】滤镜

【胶片颗粒】滤镜可以在图像中的暗色调与中间色调之间添加颗粒，使画面看起来色彩较为均匀平衡，如图7-89所示。

图7-89

10.【木刻】滤镜

【木刻】滤镜可以将画面中相近的颜色利用一种颜色进行代替且减少画面中原有的颜色，使图像看起来是由几种颜色绘制而成的，如图7-90所示。

图7-90

11.【塑料包装】滤镜

【塑料包装】滤镜可以为图像添加一层发光的塑料表层，如图7-91所示。

图7-91

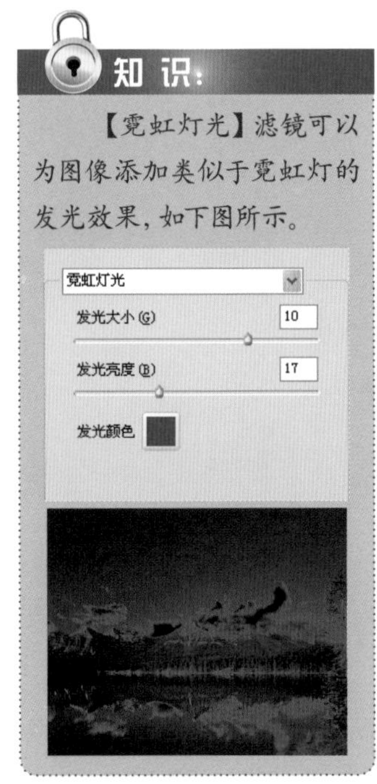

知识：

【霓虹灯光】滤镜可以为图像添加类似于霓虹灯的发光效果，如下图所示。

知识：

使用【涂抹棒】滤镜后，画面中较暗的区域将会被密而短的黑色线条涂抹柔化，如下图所示。

独立实践任务 2课时

任务2

宣传页卡片的设计与制作

任务背景和任务要求

某摄影公司现需要设计师做一些明信片大小的宣传页卡片，用以宣传公司的摄影作品。图片大小为200毫米×200毫米，分辨率为300像素/英寸。

任务分析

使用通道抠出人物，运用图层混合模式将人物与背景层相互融合，使其更加自然。

任务素材

任务素材见素材\模块07\任务2

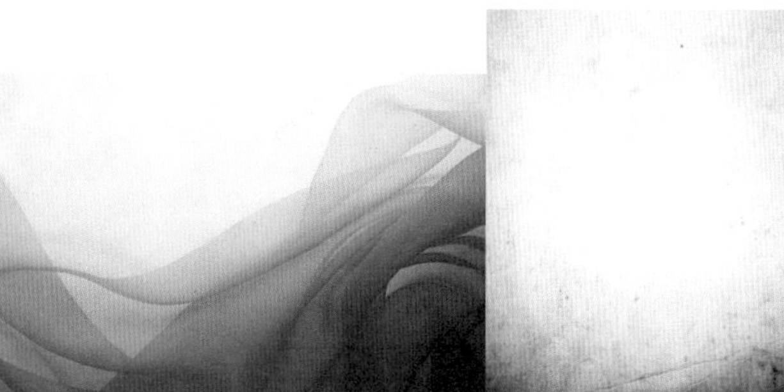

任务参考效果图

模块08

设计制作儿童写真照片
——色彩调整命令的基础应用

任务参考效果图

能力目标

能使用调色工具调整图像颜色

专业知识目标

了解Photoshop中的色彩模式

软件知识目标

1. 掌握【色阶】命令的使用方法

2. 掌握【曲线】命令的使用方法

课时安排

4课时（讲课2课时，实践2课时）

模拟制作任务 2课时

任务1

儿童写真照片的设计与制作

任务背景

“我的宝贝”摄影公司为庆祝公司周年庆举办优惠活动，现需要设计师做一些宣传该公司的儿童写真摄影作品。

任务要求

需要设计者通过对照片的颜色运用在图像处理方面突出儿童的童真可爱。

任务分析

运用【色彩平衡】、【曲线】、【色阶】等命令调整颜色基调，突出个性的同时不失去画面颜色的统一感。

本案例的难点

使用调色工具组调整图像颜色

操作步骤详解

制作图像背景

❶ 打开Photoshop CS5软件，执行【文件】>【新建】命令，在弹出的【新建】对话框中设置【名称】为“儿童写真”，【宽度】和【高度】分别为“203毫米”和“254毫米”，【分辨率】为“300像素/英寸”，【颜色模式】②为“RGB颜色”，如图8-1所示，设置完成后单击【确定】按钮。

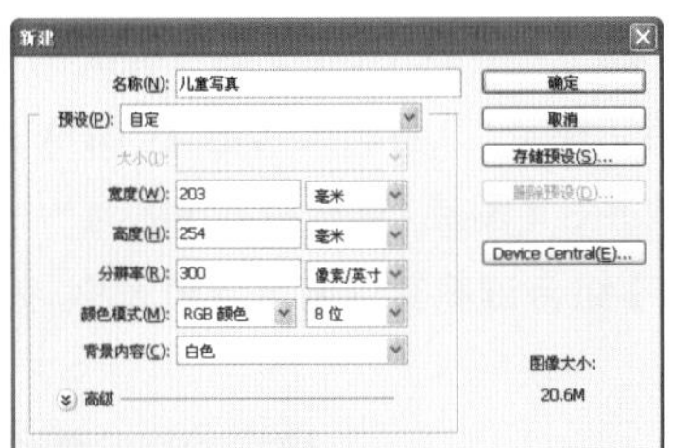

图8-1

❷ 打开“素材\模块08\任务1\纹理”文件，按【Ctrl+A】组合键全选图层，按【Ctrl+C】组合键复制图层纹理，按【Ctrl+V】组合键将其粘贴到“儿童写真”文档，在【图层】面板将其命名为“纹理底图”，按【Ctrl+T】组合键调整图像大小和方向，如图8-2所示。

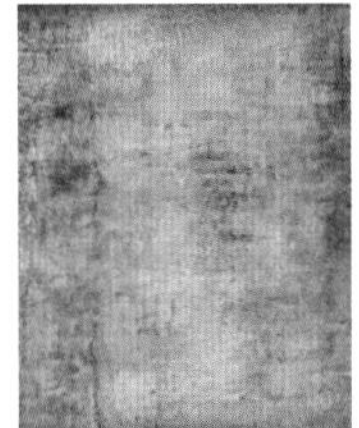

图8-2

❸ 打开“素材\模块08\任务1\草地”文件，选择工具箱中的【裁切工具】裁选出草坪，如图8-3所示。

图8-3

❹ 按【Ctrl+A】组合键全选图层，按【Ctrl+C】组合键复制图层“草坪”，按【Ctrl+V】组合键将其粘贴到“儿童写真”文档，在【图层】面板将其命名为“草坪”，按【Ctrl+T】组合键调整图像大小和方向，如图8-4所示。

图8-4

❺ 打开“素材\模块08\任务1\城堡”文件，选择工具箱中的【魔棒工具】，在城堡的黑色背景处单击，按【Ctrl+Shift+I】组合键反选城堡，如图8-5所示。

图8-5

❻ 按【Ctrl+A】组合键全选图层，按【Ctrl+C】组合键复制城堡，按【Ctrl+V】组合键将其粘贴到“儿童写真”文档，在【图层】面板将其命名为“城堡”，按【Ctrl+T】组合键调整图像大小和方向，如图8-6所示。

图8-6

人物图像抠图

⑦ 打开“素材\模块08\任务1\小孩”文件，打开【通道】面板，复制其“蓝”通道，按【Ctrl+L】[4]组合键调整数值及效果如图8-7所示。

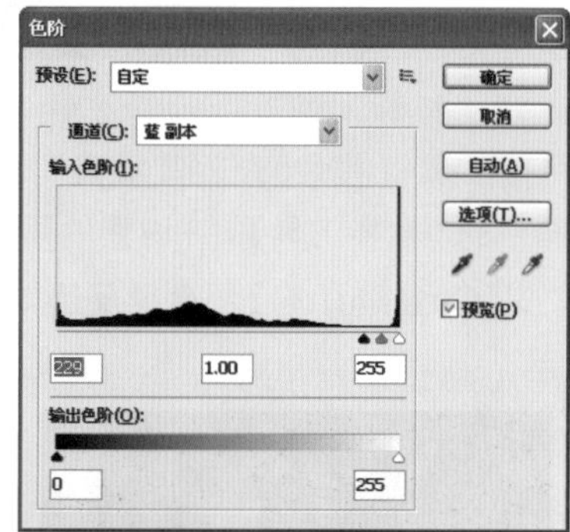
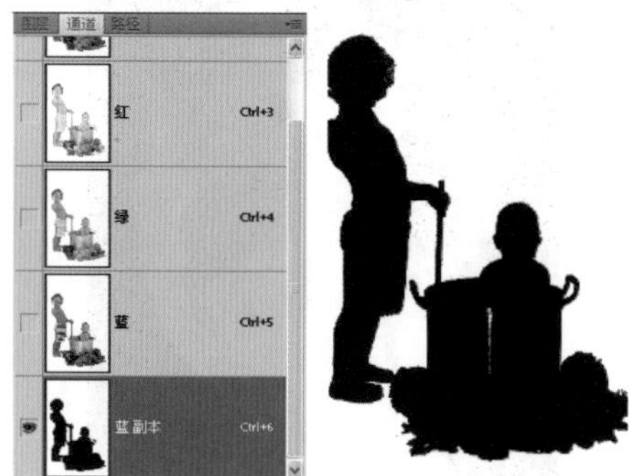

图8-7

⑧ 按住【Ctrl】键的同时在“蓝副本”通道上单击，效果如图8-8所示。

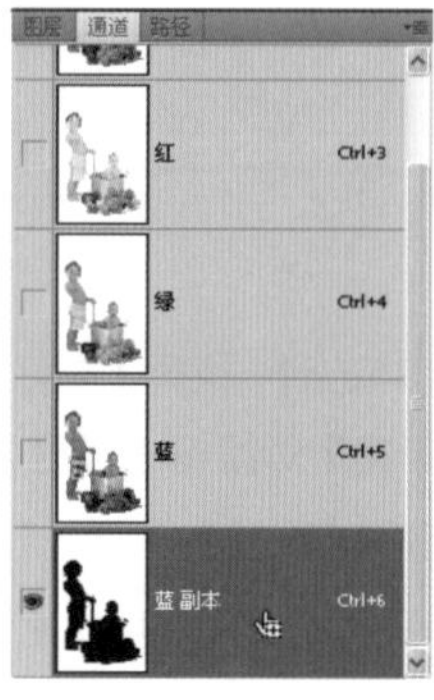

图8-8

⑨ 按【Ctrl+Shift+I】组合键反选小孩，单击“RGB”通道，按【Ctrl+C】组合键复制选区，将当前文档切换至“儿童写真”，按【Ctrl+V】组合键粘贴小孩并在【图层】面板将其命名为“小孩”，按【Ctrl+T】组合键将其调整至合适大小，效果如图8-9所示。

图8-9

⑩ 打开“素材\模块08\任务1\草地”文件，选择工具箱中的【魔棒工具】在云朵处单击同时按住【Shift】键，效果如图8-10所示。

图8-10

⑪ 按【Ctrl+C】组合键复制选区，将当前文档切换至“儿童写真”，按【Ctrl+V】组合键粘贴白云并在【图层】面板将其命名为“白云”，按【Ctrl+T】组合键将其调整至合适大小，效果如图8-11所示。

图8-11

合并热气球图像

⑫ 打开"素材\模块08\任务1\热气球"文件，选择工具箱中的【缩放工具】，放大热气球局部，用【钢笔工具】抠出热气球，右击，在弹出的快捷菜单中选择"建立选区"选项，在弹出的【建立选区】对话框中将其【羽化半径】设置为"0"，如图8-12所示。

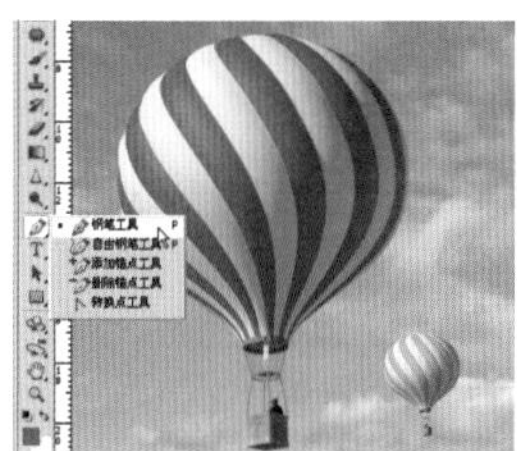

图8-12

⑬ 按【Ctrl+Shift+I】组合键反选红色热气球，按【Ctrl+C】组合键复制选区，将当前文档切换至"儿童写真"，按【Ctrl+V】组合键粘贴红色热气球并在【图层】面板将其命名为"红色热气球"，按【Ctrl+T】组合键将其调整至合适大小，效果如图8-13所示。

图8-13

⑭ 回到"热气球"文档，按【Ctrl+D】组合键取消选区，选择工具箱中的【钢笔工具】用以上方法抠出蓝色气球将其粘贴到"儿童写真"文档，在【图层】面板将其命名为"蓝色气球"，再按【Ctrl+T】组合键将其调整至合适大小，如图8-14所示。

图8-14

⑮ 回到"热气球"文档，按照以上方法抠出青色气球，如图8-15所示。将其粘贴到"儿童写真"文档，在【图层】面板将其命名为"青色气球"，再按【Ctrl+T】组合键将其调整至合适大小。

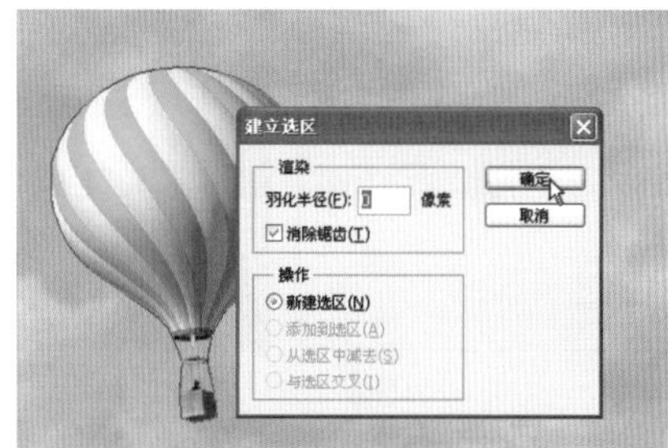

图8-15

⑯ 在【图层】面板将"青色气球"拖曳至图层"白云"的下面，按【Ctrl+T】组合键调整其位置和大小，如图8-16所示。

图8-16

调整底图颜色

⑰ 选择图层“纹理底图”，按【Ctrl+M】组合键弹出【曲线】对话框，选择“红”通道调整曲线，单击【确定】按钮，效果如图8-17所示。

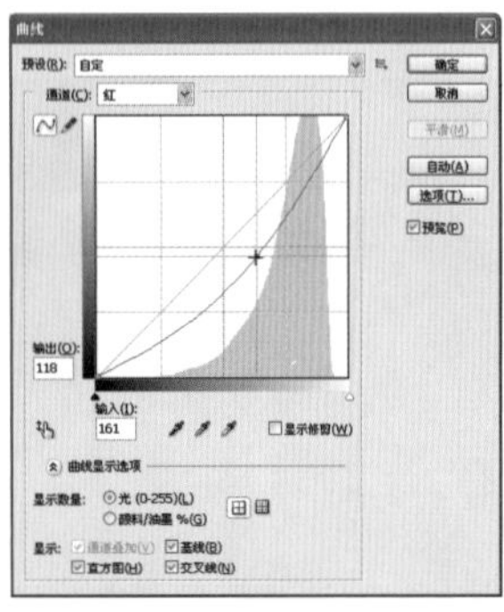

图8-17

⑱ 按【Ctrl+M】组合键弹出【曲线】对话框，选择“绿”通道调整曲线，单击【确定】按钮，效果如图8-18所示。

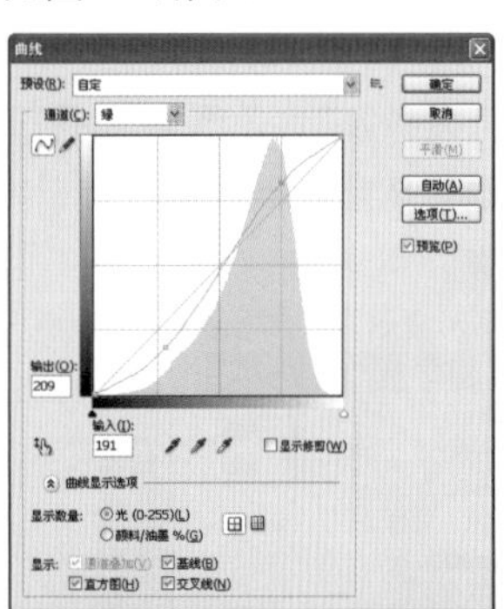

图8-18

⑲ 按【Ctrl+M】组合键弹出【曲线】对话框，选择“蓝”通道调整曲线，单击【确定】按钮，效果如图8-19所示。

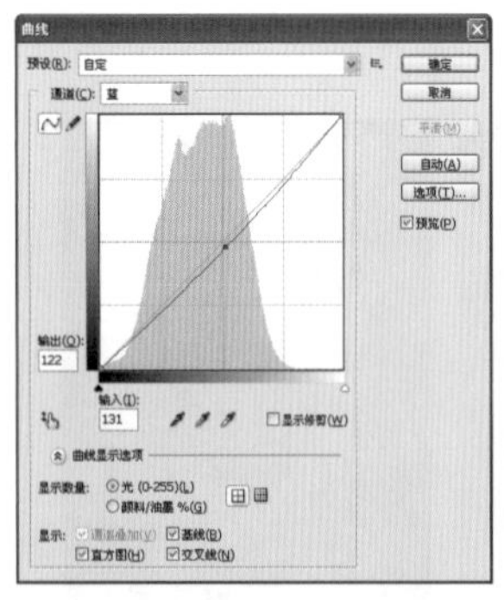

图8-19

修饰草坪

⑳ 选择图层“草坪”，选择工具箱中的【橡皮擦工具】，在工具选项栏将【画笔大小】设置为“100px”，【模式】设置为【画笔】，【不透明度】设置为“90%”，【流量】设置为“100%”，如图8-20所示。

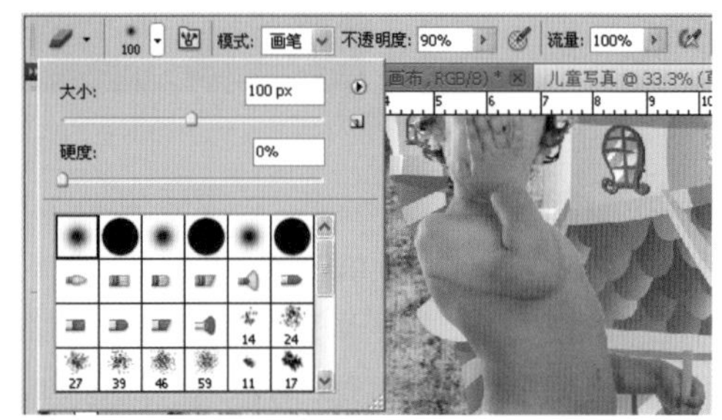

图8-20

㉑ 用【橡皮擦工具】擦除草坪上的蓝色背景和白色的云，最终效果如图8-21所示。

图8-21

㉒ 执行【图像】>【调整】>【色相/饱和度】命令，将【色相】滑块移动至“30”，将【饱和度】滑块移动至“–13”，将【明度】滑块移动至“–25”，如图8-22所示。

图8-22

㉓ 执行【图像】>【调整】>【色彩平衡】命令，在【色阶】中输入“+32”、“+60”、“-30”，如图8-23所示。

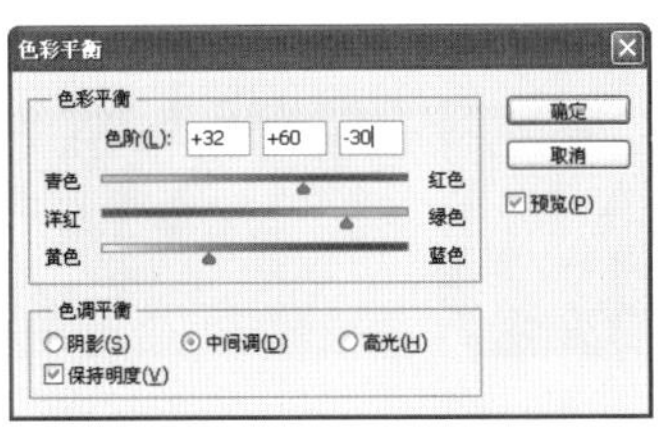

图8-23

调整图像颜色

㉔ 选择图层“小孩”，在【图层】面板底部单击【混合模式】按钮为其添加投影，【混合模式】为“正常”，【不透明度】为“75%”，【角度】为“100度”，【距离】为“16像素”，【大小】为“100像素”，效果如图8-24所示。

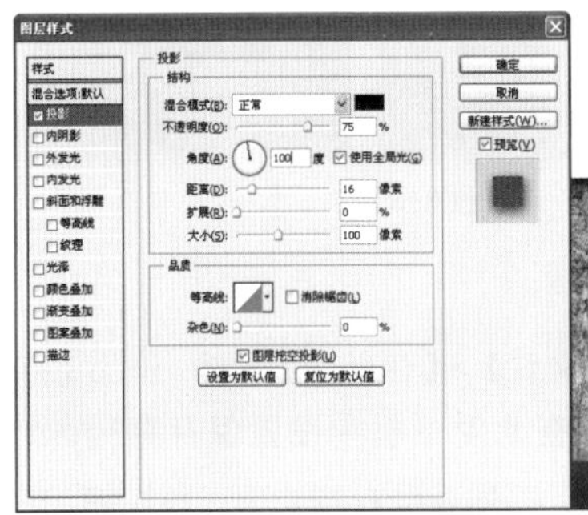

图8-24

㉕ 选择图层“青色气球”，执行【图像】>【调整】③>【色彩平衡】⑥命令，弹出【色彩平衡】对话框，在【色阶】中输入“+30”、“+20”、“-10”，如图8-25所示。

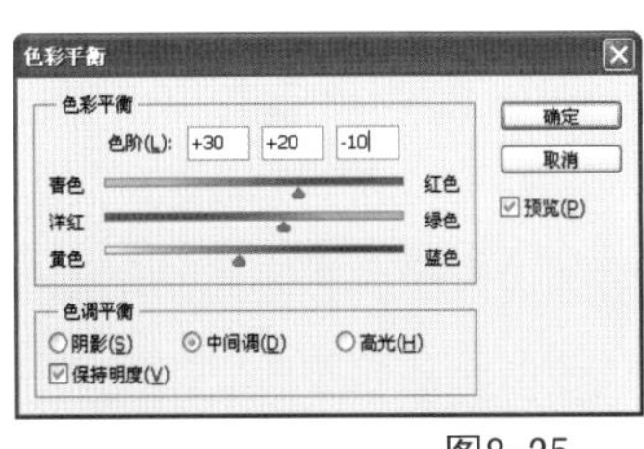

图8-25

㉖ 选择图层“白云”，执行【图像】>【调整】>【曲线】⑤命令，选择“蓝”通道调整曲线，如图8-26所示。

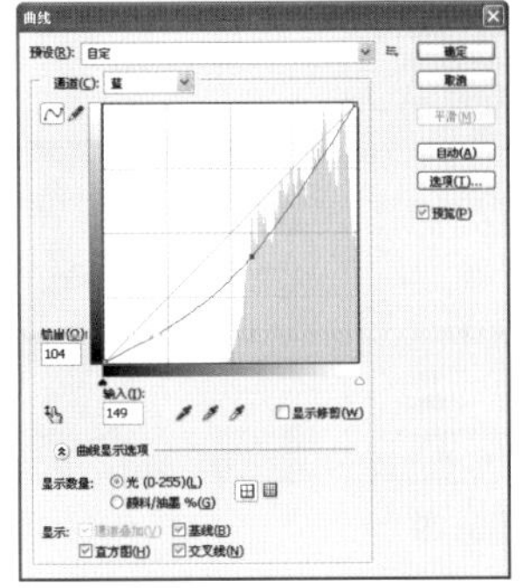

图8-26

㉗ 选择工具箱中的【橡皮擦工具】，在工具选项栏将画笔【大小】设置为“150px”，【模式】设置为“画笔”，【不透明度】设置为“50%”，【流量】设置为“40%”，如图8-27所示。

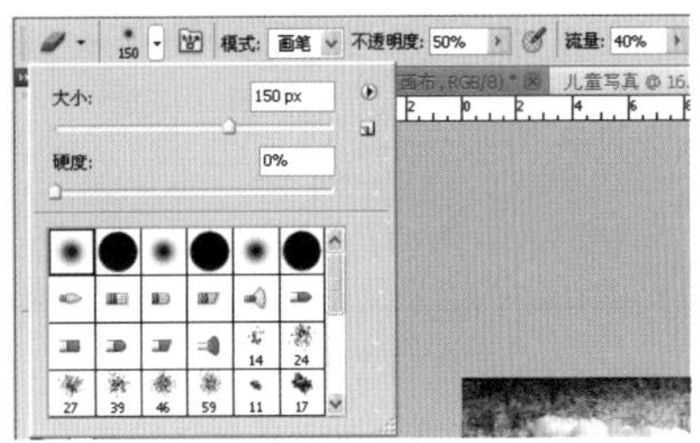

图8-27

㉘ 用【橡皮擦工具】擦拭白云的四周使其边缘若隐若现，最终效果如图8-28所示。

图8-28

㉙ 选择图层“红色热气球”，执行【图像】>【调整】>【色相/饱和度】⑦命令，将【色相】滑块移动至“+16”，将【饱和度】滑块移动至“-5”，将【明度】滑块移动至“+10”，如图8-29所示。

图8-29

㉚ 选择图层“蓝色气球”，执行【图像】>【调整】>【色彩平衡】命令，弹出【色彩平衡】对话框，在【色阶】中输入“+34”、“+35”、“-66”，如图8-30所示。

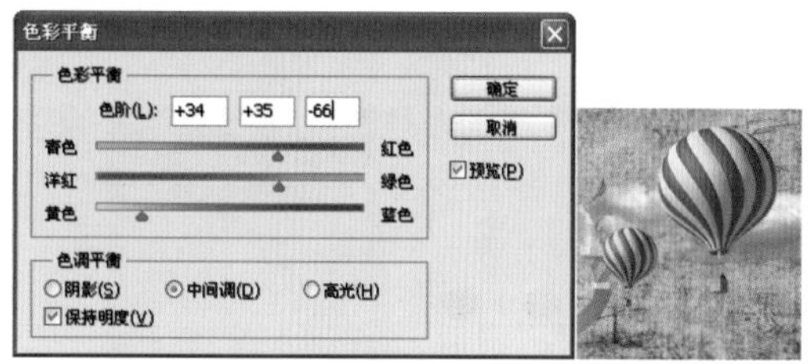

图8-30

修饰热气球

㉛ 选择工具箱中的【缩放工具】，放大蓝色热气球的局部，选择工具箱中的【多边形套索工具】将气球下端的蓝色移去，如图8-31所示。

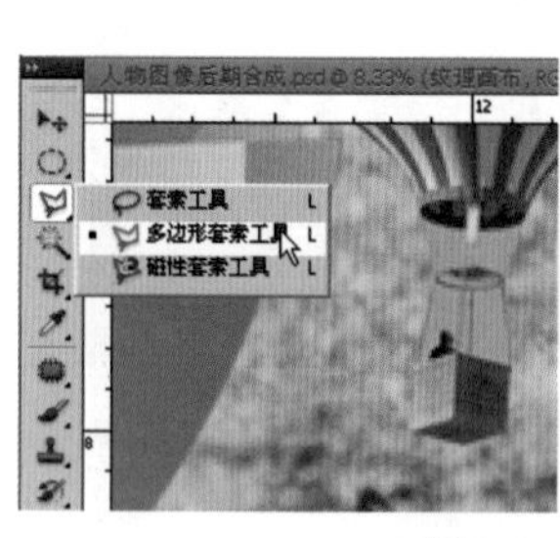

图8-31

㉜ 选择工具箱中的【缩放工具】，放大红色热气球的局部，选择工具箱中的【多边形套索工具】将热气球下端的蓝色移去，如图8-32所示。

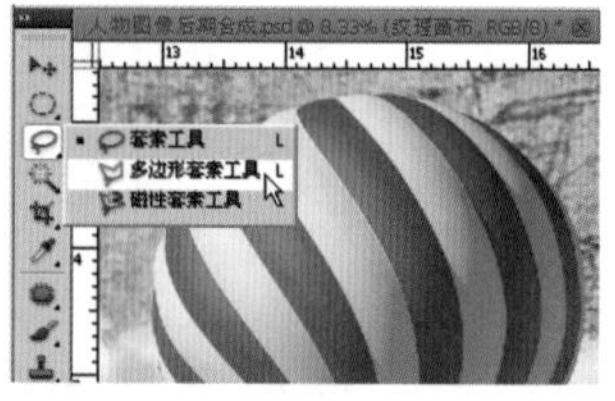

图8-32

㉝ 选择工具箱中的【缩放工具】，放大青色气球的局部，选择工具箱中的【多边形套索工具】将气球下端的蓝色移去，如图8-33所示。

图8-33

存储输出

㉞ 执行【文件】>【存储为】命令，弹出【存储为】对话框，在此对话框中设置保存路径，然后单击【格式】下拉列表框右侧的下三角按钮，在展开的下拉菜单中选择“JPEG”选项，单击【保存】按钮。

知识点拓展

01 颜色基础知识

1. 颜色的形成

颜色是人的大脑对不同频率光波的感知。颜色的形成有三个必不可少的因素，分别是光源、物体和人。光源照射到物体上，物体吸收部分光，而剩余的未被吸收的光反射到人眼里，人的眼睛就会产生颜色的感觉。

(1) 光

光是人眼可以看见的一种电磁波，也称可见光谱。光源是颜色产生的一个最重要的条件，没有光源就没有颜色。通过科学家的研究发现，人眼的视网膜上分别含有感应红、绿、蓝三色光的锥体细胞，还含有在弱光环境下提供视觉的杆体细胞。在研究中还发现，红(R)、绿(G)、蓝(B)三色光可以混合出大部分的色光，R+G=Y(黄)，R+B=M(洋红)，B+G=C(青)，R+G+B=W(白)，因此太阳光也可视为由三色叠加而成，同时，使用C、M、Y三种颜色两两混合又可以合成红、绿、蓝，如图8-34所示。

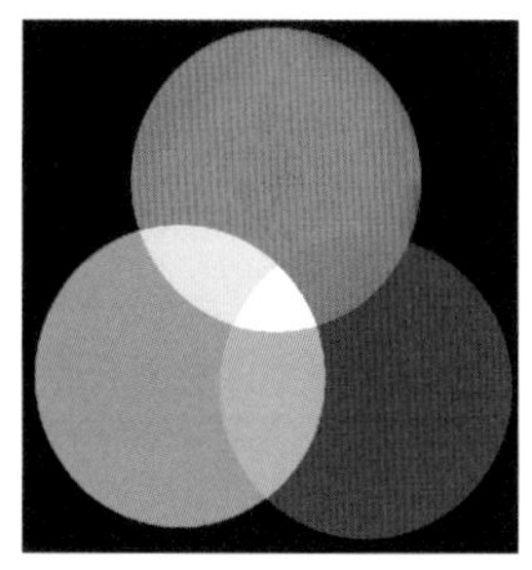

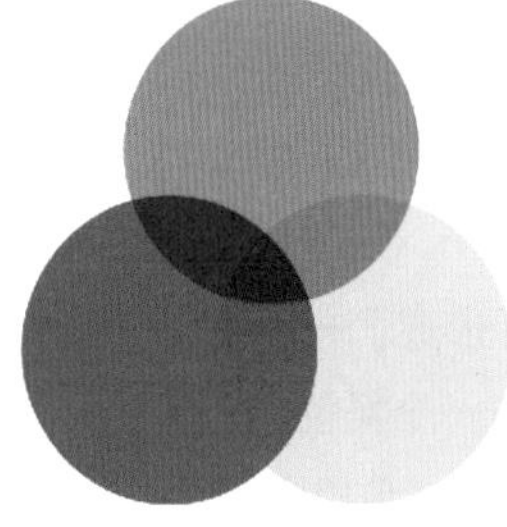

图8-34

(2) 物体

光源在大气传播的过程中，照射到某个物体的表面，将以一种特殊的形式进入到物体表面的原子中去，物体吸收了一些光，未被吸收的光源将会反射出来，从而显示了物体的颜色，所以说物体的颜色是由物体吸收和反射光源而产生的。

(3) 人

人是颜色形成的三个因素当中最复杂的一个，当光源被物体反射后到达人的眼里，进入人眼球的视网膜，从而人也就看到了颜色。

有光、有物体才能看到颜色，颜色也是主观的，对颜色的感受也是因人而异的。人们将颜色分为无彩色和彩色，无彩色是从白到

知识：

光波也是电磁波，太阳光中包含了低频到高频的所有电磁波，频率越高的光波波长越短，频率越低的波长越长，人眼只能看到380～780纳米(nm)之间的光波，这段波长的光称为可见光，根据波长长短排序依次为红、橙、黄、绿、青、蓝、紫色。

知识：

色域是色彩区域的简称，是一种颜色模式的可见范围，不同的颜色模式的色域是不同的。

黑的所有灰色，彩色是除了无彩色之外的各种颜色。

2. 颜色的属性

颜色包含色相、明度、饱和度三个属性，如图8-35所示。

图8-35

色相是指颜色的相貌，色彩可呈现出来的质的面貌，是人对不同波长光反射到人眼中所产生的视觉感受，需要注意的是无彩色没有色相；明度是指颜色的明暗程度，也是指物体反射光的强度；饱和度是指颜色的纯度，也是指颜色的鲜艳程度，某个颜色中包含其他的颜色越少，纯度越高，颜色也越鲜艳。

知识：

在同一光源下的不同物体，反射光比较多的比反射少的显得亮。同一物体在不同的光源下，较亮的光源比较暗的光源反射强度高，因此该物体显得较亮。

02 颜色模式

人们通过语言描述颜色的时候通常只能模糊定义颜色，例如绿色的草地等，为了帮助人们获得更准确的颜色，便设计了多种描述颜色的颜色模型使颜色数据化，如RGB、CMYK、Lab颜色模型等，每种模型都有一个颜色范围即形成了一个色彩空间(色域)，在色彩空间中不同位置分别对应一个颜色。在电脑中使用某种颜色模型来定义颜色就是图像的颜色模式，如常用的RGB颜色模式、CMYK颜色模式、Lab颜色模式等。

1.RGB 颜色模式

RGB颜色模型是基于色光的混合叠加而建立的模型，R、G、B分别表示红、绿、蓝三色，应用该模型的图像颜色模式称为RGB颜色模式。图像中的所有颜色都是这三个颜色混合得到的，增加这三种颜色在图像中的含量时，图像的颜色会越来越亮，也将该颜色模式称为色光加色模式。R、G、B这三种颜色称为色光的三原色，共256个级别的数值（0～255），0表示黑色即没有光，255表示光强度最大即显示为白色，如图8-36所示。

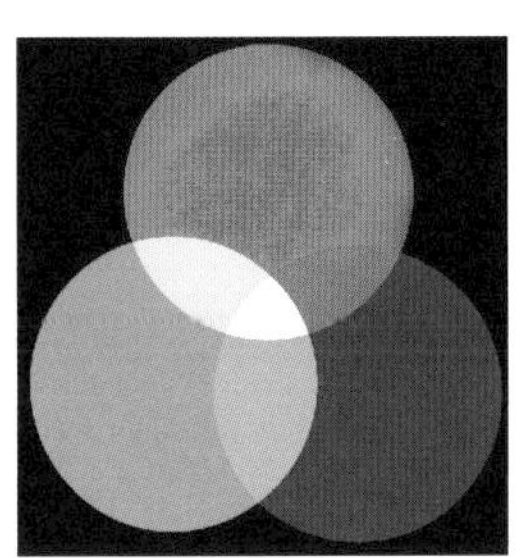

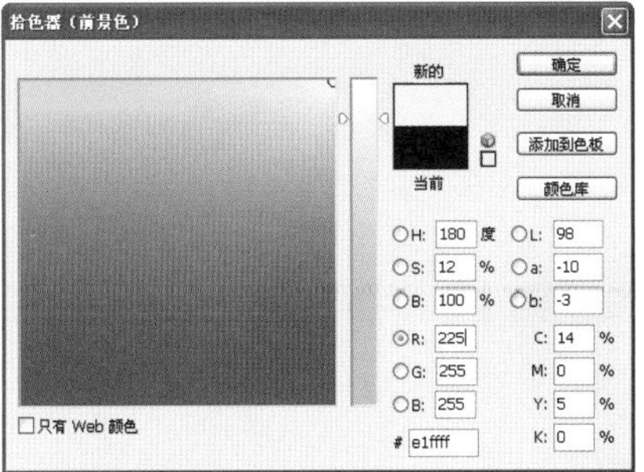

图8-36

2.CMYK 颜色模式

CMYK颜色模型是基于印刷油墨合成效果所产生的颜色模型，C、M、Y、K分别表示青、品红(洋红)、黄、黑色，CMY为色料三原色。在该颜色模式下，图像中的所有颜色都是这三种颜色混合得到，当逐渐增加这三种油墨墨量，油墨吸收的光也逐渐增多，反射的光变少，于是颜色也逐渐变暗，所以可以将该颜色模式称为色料减色模式。理论上当三种油墨最大时显示为黑色，但是由于油墨在实际生产中的纯度不能达到100%，使用CMY三种颜色不能合成纯黑色，只能得到棕褐色，为了得到更好的印刷效果，在CMY的基础上添加了黑色。CMYK颜色模式图像的通道拆分为“青色”通道、“洋红”通道、“黄色”通道和“黑色”通道，该颜色模式取值范围为0~100，数值越大，表示墨量越多颜色越多，如图8-37所示。

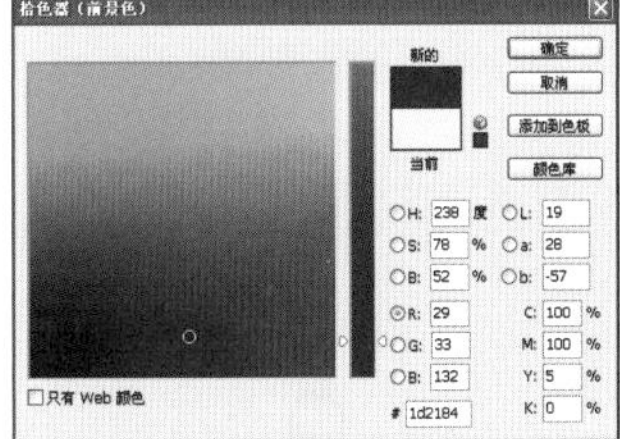

图8-37

3.Lab 颜色模式

Lab颜色模式是基于人类对颜色的感觉所创建的颜色模式，所有颜色在该模式中都有对应位置，因此该模式的色域是最大的。L表示明度即颜色明暗变化，a表示红绿对抗色，b表示黄蓝对抗色；L取值为0～100(纯黑～纯白)，a取值为–128~+127(绿～洋红)、b取值为–128~+127(蓝~黄)，正为暖色，负为冷色，如图8-38所示。

提 示：

CMYK颜色模式图像的通道拆分为“青色”通道、“洋红”通道、“黄色”通道和“黑色”通道，该颜色模式取值范围为0～100，如下图所示，当超过100时，Photoshop会弹出警告对话框。

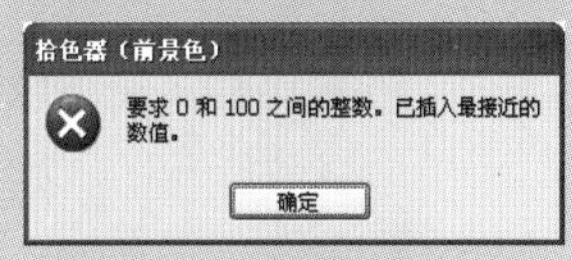

知 识：

电脑中Lab颜色模式图像的通道分为“明度”通道、“a”通道、“b”通道，如下图所示，由于该模式将图像明暗与颜色拆分，因此利用该特点调整某些图像的颜色可以得到很好的效果。

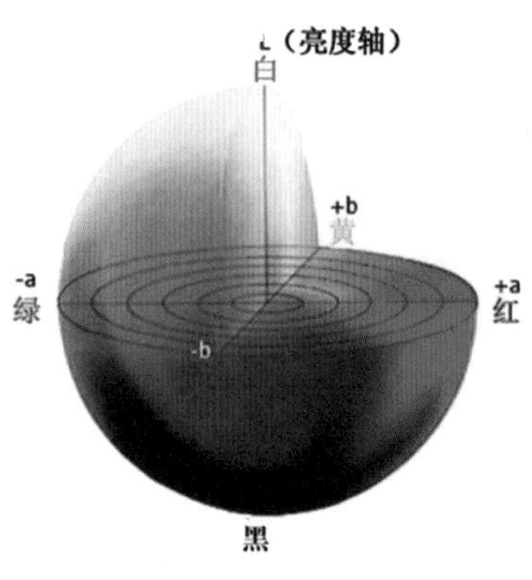

图8-38

4. 灰度模式

在灰度模式中，图像的颜色信息只有明度信息，图像中不含有任何的彩色信息，灰度模式在图像中使用不同的灰度级别。在 8 位图像中，最多有 256 级灰度。灰度图像中的每个像素都有一个 0（黑色）到 255（白色）之间的亮度值，如图8-39所示。

提 示：

在印刷单色印刷品时，我们可以将RGB或者CMYK图像转换成灰度模式。

图8-39

5. 双色调模式

双色调模式由灰度模式直接转换得到，其中包含了"单色调"、"双色调"、"三色调"和"四色调"四种类型，该模式常用于印刷。该模式可以得到几种油墨混合叠加的效果，如图8-40所示为双色调效果，图8-41所示为三色调效果。

知 识：

要将图像转换成双色调模式，首先要将图像转换成灰度模式，彩色图像不能直接转换成双色调模式。

索引颜色模式和32位图像无法转换为多通道模式。

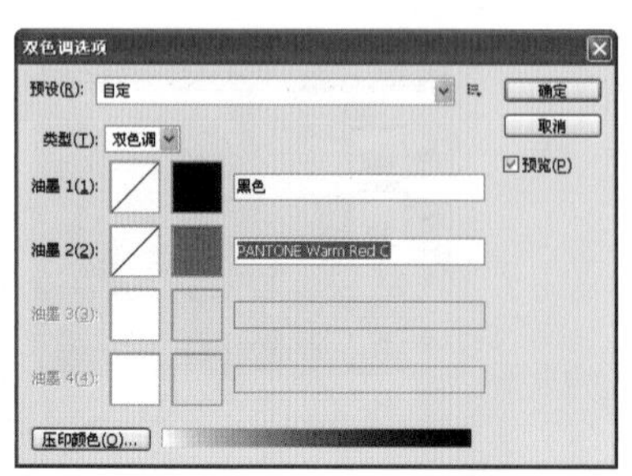

图8-40

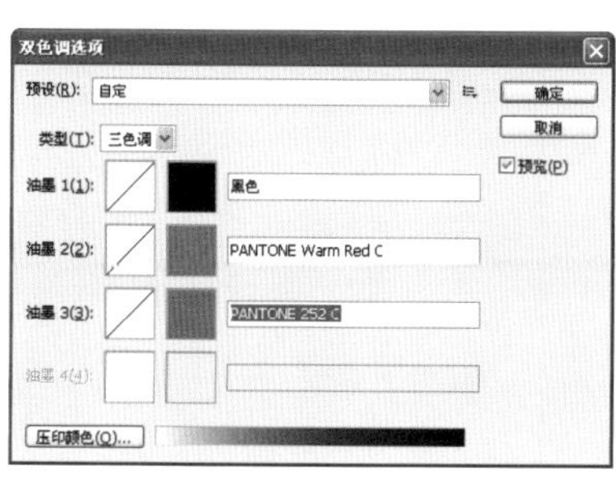

图8-41

6. 其他颜色模式

索引颜色模式可生成最多 256 种颜色的 8 位图像文件。当转换为索引颜色时，Photoshop 将构建一个颜色查找表，用以存放并索引图像中的颜色。如果原图像中的某种颜色没有出现在该表中，则程序将选取最接近的一种，或使用仿色以现有颜色来模拟该颜色。

通道模式图像在每个通道中包含 256 个灰阶，对于特殊打印很有用。多通道模式图像可以存储为 Photoshop、大文档格式(PSB)、Photoshop 2.0、Photoshop Raw 或 Photoshop DCS 2.0 格式。

位图模式使用两种颜色值（黑色或白色）之一表示图像中的像素。位图模式下的图像被称为位映射 1 位图像，因为其位深度为 1。

03 颜色调整命令

颜色调整是Photoshop的一个重要的功能，Photoshop CS5中提供了多个颜色调整命令，用于图像的颜色调整，设计师可以使用这些命令来完成图像的颜色调整工作。

执行【图像】>【调整】命令，在弹出的菜单中包含了Photoshop CS5最常用的调色命令，如图8-42 所示。

图像(I) 图层(L) 选择(S) 滤镜(T)
模式(M)
调整(A)
自动色调(N) Shift+Ctrl+L
自动对比度(U) Alt+Shift+Ctrl+L
自动颜色(O) Shift+Ctrl+B
图像大小(I)... Alt+Ctrl+I
画布大小(S)... Alt+Ctrl+C
图像旋转(G)
裁剪(P)
裁切(R)...
显示全部(V)
复制(D)...
应用图像(Y)...
计算(C)...
变量(B)
应用数据组(L)...
陷印(T)...

亮度/对比度(C)...
色阶(L)... Ctrl+L
曲线(V)... Ctrl+M
曝光度(E)...
自然饱和度(V)...
色相/饱和度(H)... Ctrl+U
色彩平衡(B)... Ctrl+B
黑白(K)... Alt+Shift+Ctrl+B
照片滤镜(F)...
通道混合器(X)...
反相(I) Ctrl+I
色调分离(P)...
阈值(T)...
渐变映射(G)...
可选颜色(S)...
阴影/高光(W)...
HDR 色调...
变化...
去色(D) Shift+Ctrl+U
匹配颜色(M)...
替换颜色(R)...
色调均化(Q)

图8-42

知识：

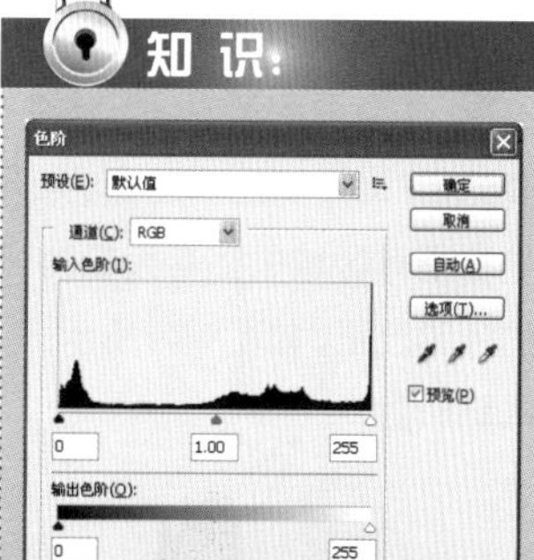

【通道】：用来选择需要调节的通道，可以选择“GRB”通道，也可以选择原色通道。

【自动】：用于自动分析色调的分布，自动调整图像色阶分布。

吸管图标用于定义图像中的白场、中性灰和黑场。

04 【色阶】命令

色阶命令是最常用的颜色调整命令，用于校色。通过【色阶】命令可以调整图像的色调，控制图像的明暗变化。按【Ctrl+L】组合键或执行【图像】>【调整】>【色阶】命令，弹出【色阶】对话框，在【色阶】对话框中通过拖曳输入和输出的滑块来调整图像颜色，通过观察对话框中的直方图来查看图像像素的色阶分布，如图8-43所示。

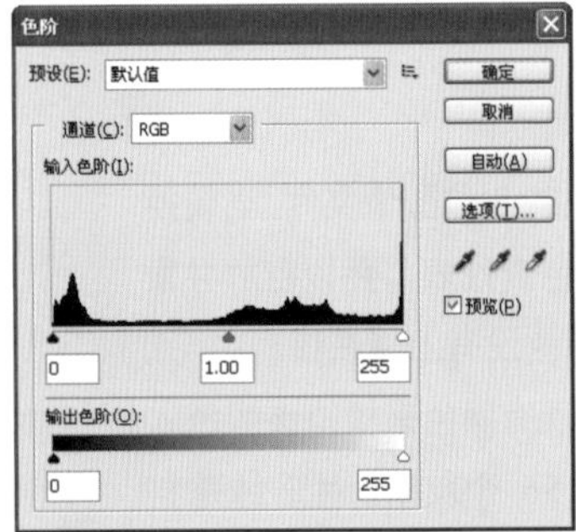

图8-43

直方图用图形表示图像的每个亮度级别的像素数量，展示像素在图像中的分布情况。直方图显示阴影中的细节（在直方图的左侧部分显示）、中间调（在中部显示）以及高光（在右侧部分显示）。直方图可以帮助确定某个图像是否有足够的细节来进行良好的校正。

直方图还提供了图像色调范围或图像基本色调类型的快速浏览图。暗色调图像的细节集中在阴影处，亮色调图像的细节集中在高光处，而平均色调图像的细节集中在中间调处。全色调范围的图像在所有区域中都有大量的像素。识别色调范围有助于确定相应的色调校正，如图8-44所示。 暗调、中间调和亮调，又称为灰场、黑场和白场。

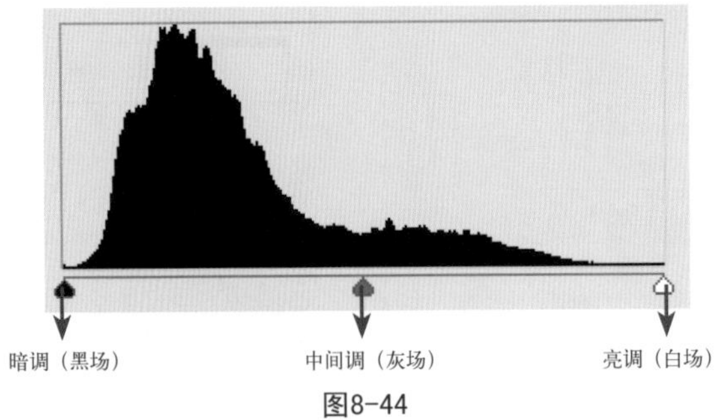

图8-44

可在【通道】下拉列表框中选择单通道对其进行调整。

在【预设】下拉列表框中选择一些选项，而不需要再去设置色阶的参数便可直接得到效果，单击按钮可以存储或者载入色

知识：

执行【窗口】>【直方图】命令，弹出【直方图】面板，通过观察【直方图】面板中直方图的形状，我们可以判断图像的大致色调，如下图所示。

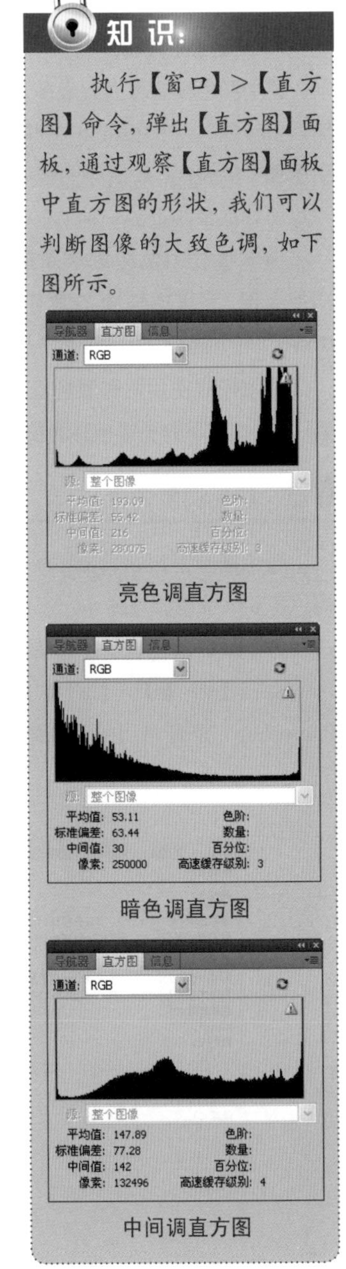

阶的预设。

【色阶】对话框中的【输入色阶】有三个滑块，分别用于控制图像的暗调、中间调和亮调，如图8-45所示。拖曳暗调滑块向右移动的时候，在暗调滑块左侧区域的像素会变成黑色，如图8-46所示。同理拖曳亮调滑块向左移动的时候，在亮调滑块右侧区域的像素会变成白色，如图8-47所示。

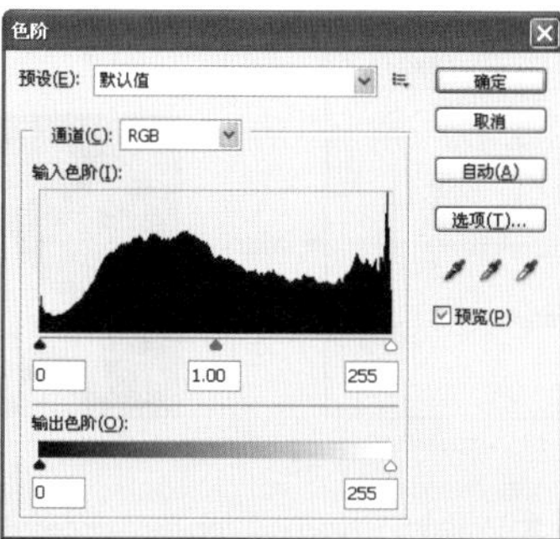

图8-45

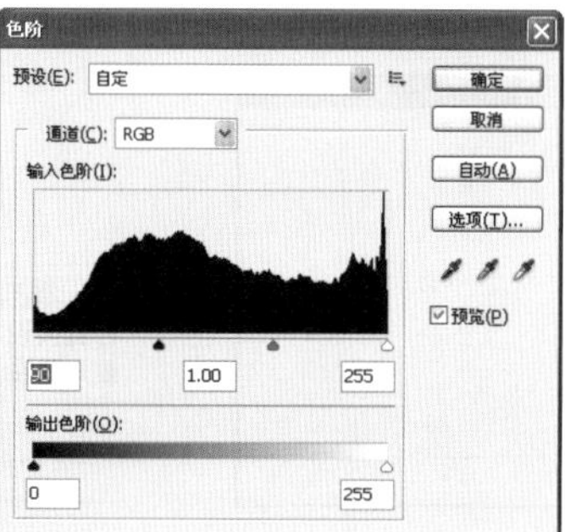

图8-46

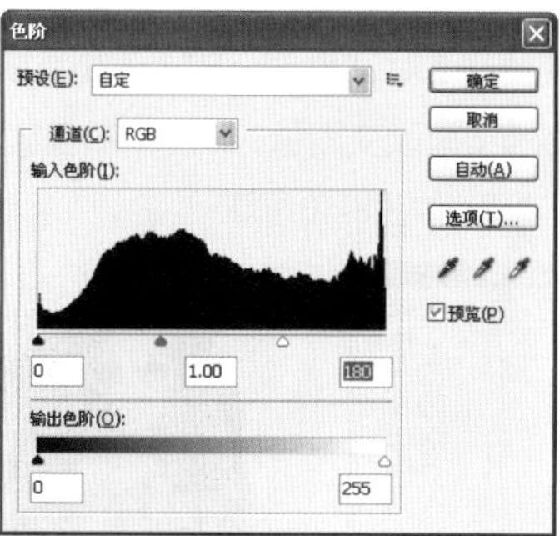

图8-47

【输出色阶】定义画面中的黑场、灰场和白场，如向右拖曳黑场滑块，则会将该值定义为黑色。

05 曲线

曲线是Photoshop中最强大的调色工具，它包含了【色阶】、【阈值】和【亮度/对比度】等多个命令的功能，通过控制点来对

在【曲线】命令中，使用可以在图像中取样以设置黑场。使用在图像中取样以设置灰场。使用在图像中取样以设置白场。

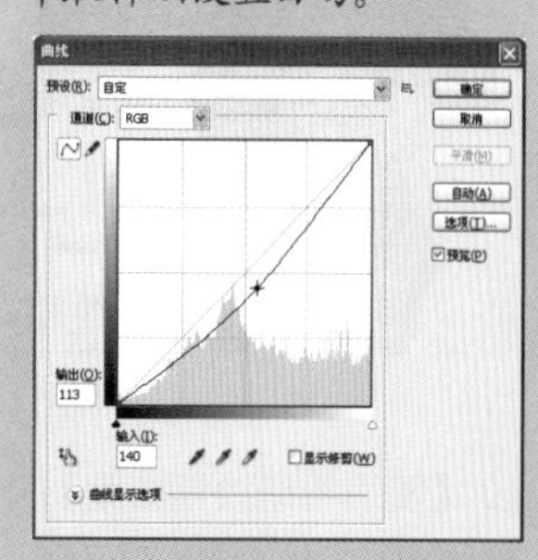

图像进行调整。

执行【图像】>【调整】>【曲线】命令或者按【Ctrl+M】组合键，弹出【曲线】对话框，如图8-48所示。

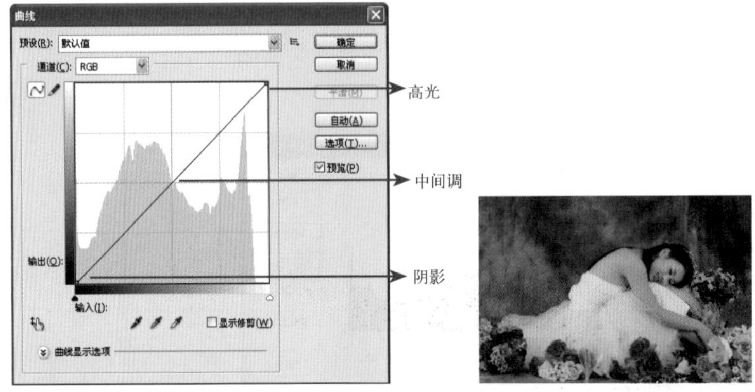

图8-48

【预设】：单击【预设】选项右侧的下拉按钮可选择一些设定好的曲线选项，如图8-49所示。设置好曲线后可单击右侧的按钮，可在弹出的菜单中选择【存储预设】与【载入预设】。

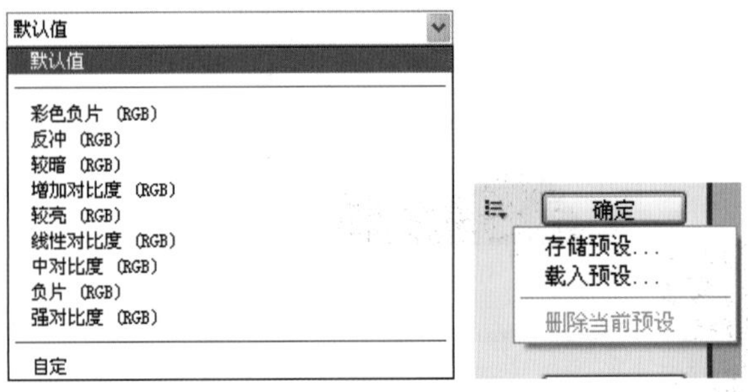

图8-49

【通道】：在下拉列表框中可以选择要调整的通道。通道数量由文件的颜色模式决定。

【通过添加点来调整曲线】：打开【曲线】对话框时，该按钮就为按下状态，此时可在曲线中单击添加控制点，通过拖曳控制点对曲线进行改变，即改变图像。当为RGB模式时，曲线向上弯曲，可将图片中间调调亮；曲线向下弯曲，可将图片中间调调暗，如图8-50所示。

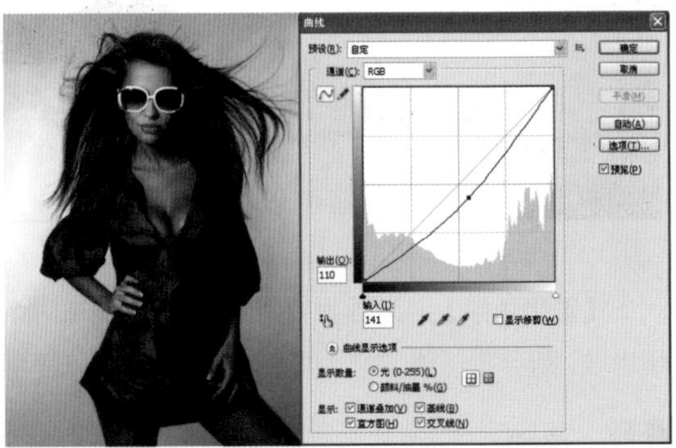

图8-50

【使用铅笔绘制曲线】：按下按钮后，按住鼠标左键不放拖曳，可绘制手绘效果的自由曲线，如图8-51所示。

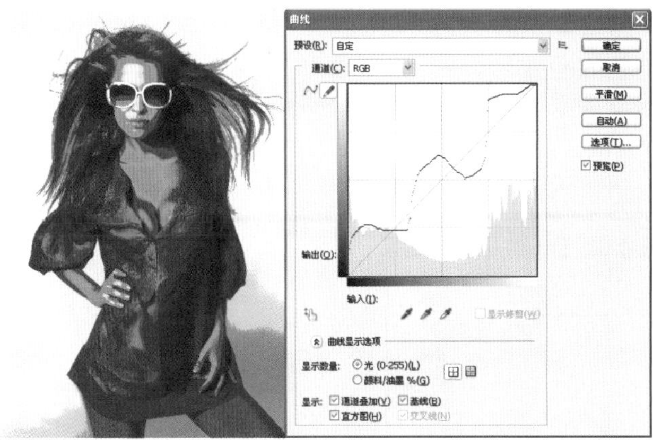

图8-51

【平滑】：在使用【使用铅笔绘制曲线】后，单击该按钮，可以对曲线进行平滑处理，如图8-52所示。

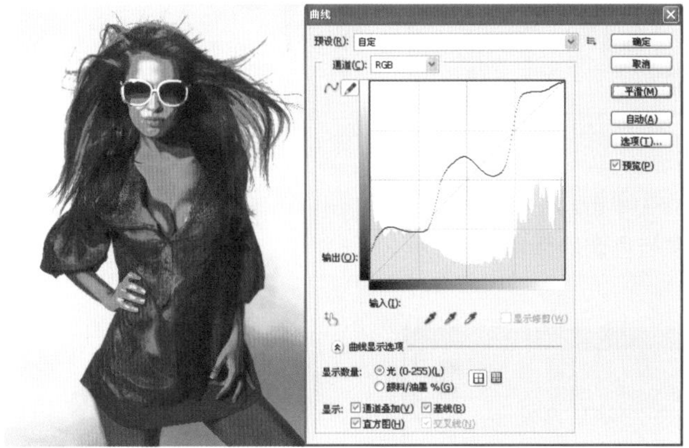

图8-52

【图像调整工具】：选择该工具后，将光标放在图像上时，曲线上会出现一个空心的圆形，表示光标区域在曲线上的位置，如图8-53所示。单击后可出现一个控制点，按住拖曳则可调整相应色调。

图8-53

知 识:

使用【曲线】命令调整图像时，如果对所调整的效果不满意，可以按住键盘上的【Alt】键，【曲线】对话框中的【取消】按钮会变成【复位】按钮，但是它可以将图像恢复调整以前的颜色状态，如下图所示。

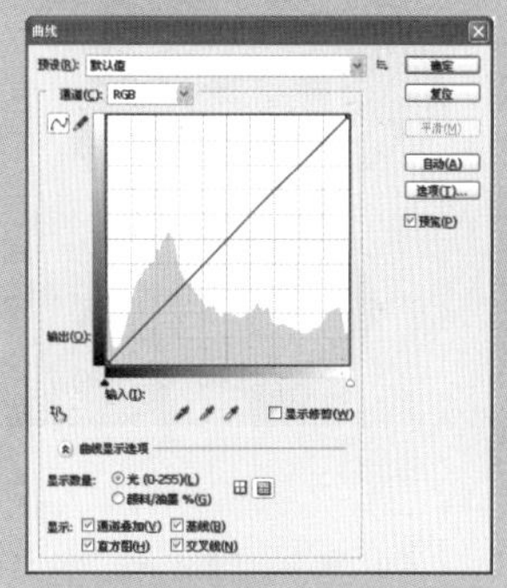

【输入色阶】显示了调整前的像素值，【输出色阶】显示了调整后的像素值，通过这两个数值可确定控制点的位置。

【设置黑场】：使用该工具在图像中单击，则可以将单击点的像素定义为黑色，原图中比该点暗的像素全部变成黑色，比该点亮的区域不变，如图8-54所示。

图8-54

【设置灰点】：使用该工具在图像中单击，则可根据单击点的亮度来调整其他中间色调的平均亮度与色调的颜色，通常用来校色，如图8-55所示。

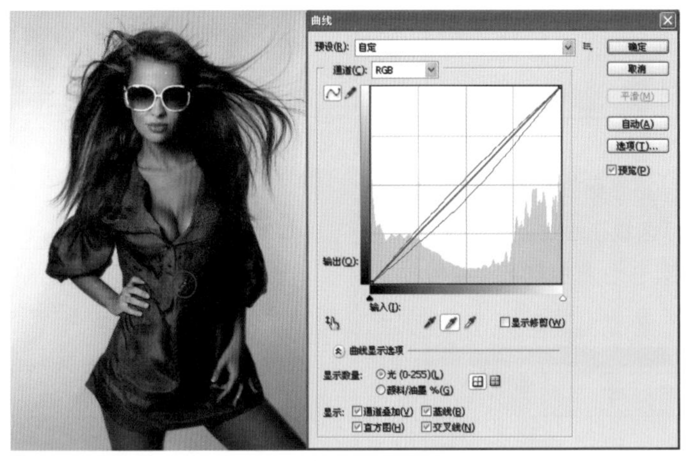

图8-55

【设置白场】：使用该工具在图像中单击，则可以将单击点的像素定义为白色，原图中比该点亮的像素全部变成白色，比该点暗的区域不变，如图8-56所示。

知识：

在【曲线】对话框中，默认的网格数量为16，按住【Alt】键并使用鼠标左键单击网格。要更改网格线的数量，如下图所示。

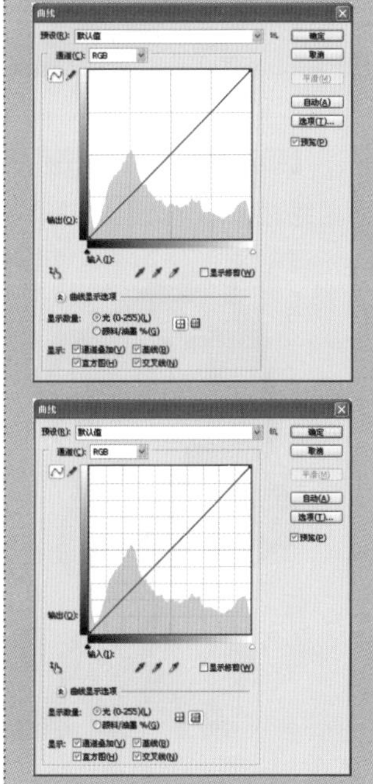

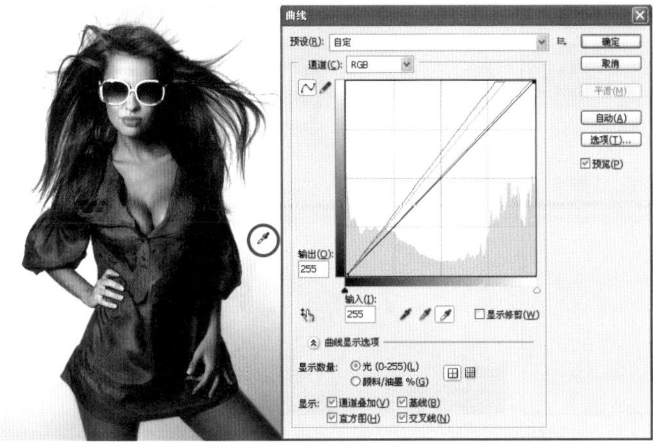

图8-56

1. 创建控制点

使用【曲线】命令调整图像，要在曲线上创建控制点，通过控制点来调整图像的明暗和颜色的分布。在默认情况下，曲线是倾斜角度为45°的直线，在直线的两端各有一个控制点，左下角的端点为图像的最暗部分，右上角的端点为图像的最亮部分，将鼠标移动到曲线附近，鼠标指针会变成十形状，单击可以创建控制点，如图8-57所示。

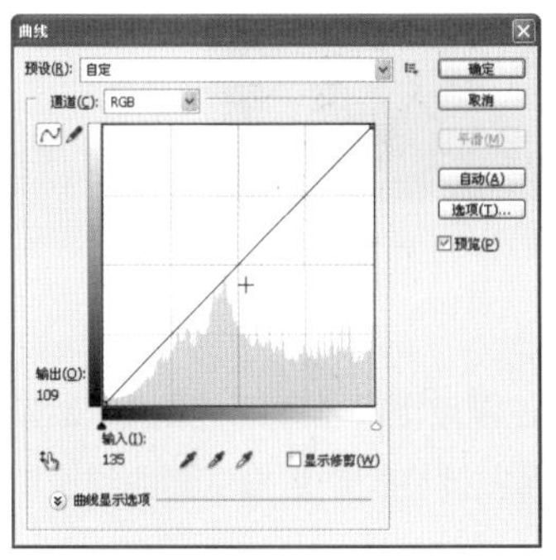

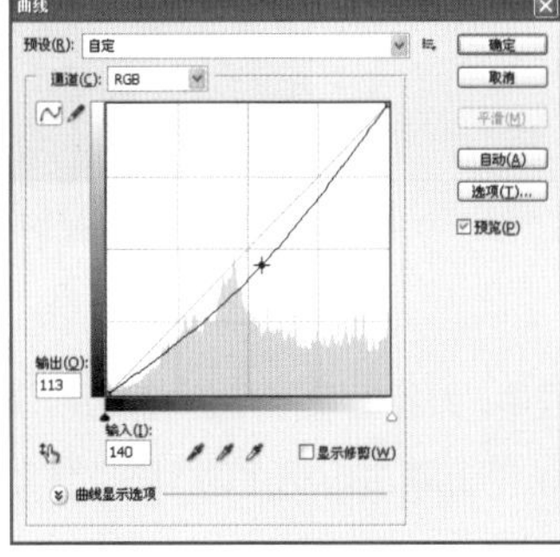

图8-57

2. 调整控制点

在【曲线】对话框中，可以通过拖曳控制点的位置来调整图像的颜色，在创建的控制点的位置按住鼠标左键不放，可以拖曳控制点的位置。将控制点往控制区域的上方拖曳，可以提高图像的亮度，如图8-58所示。

知识：

在图像中，除了图像中最亮的地方和最暗的地方，其余的地方所有的RGB或者是CMYK的等值的颜色都称之为中性灰。

中性灰是校正图像偏色的重要依据，在图像中本来灰色的区域出现了RGB不等值的地方，因此证明了图像出现了偏色，选择【曲线】命令上的灰色吸管工具，在该图像的像素上单击，可以强制将该处像素的RGB颜色等值。然后校正整张图像的偏色。

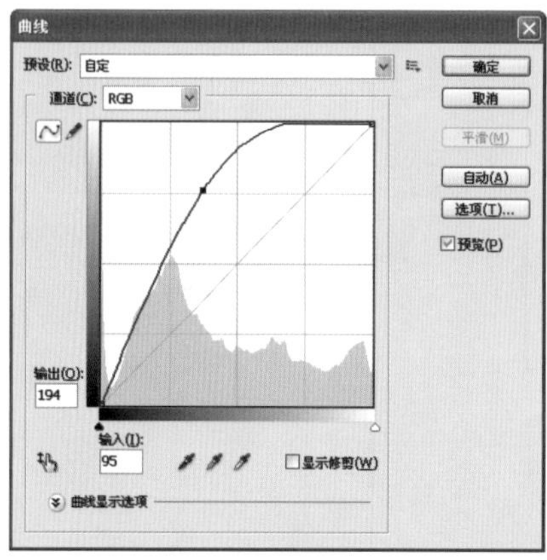

图8-58

将控制点往控制区域的下方的位置拖曳，可以将图像变暗，如图8-59所示。

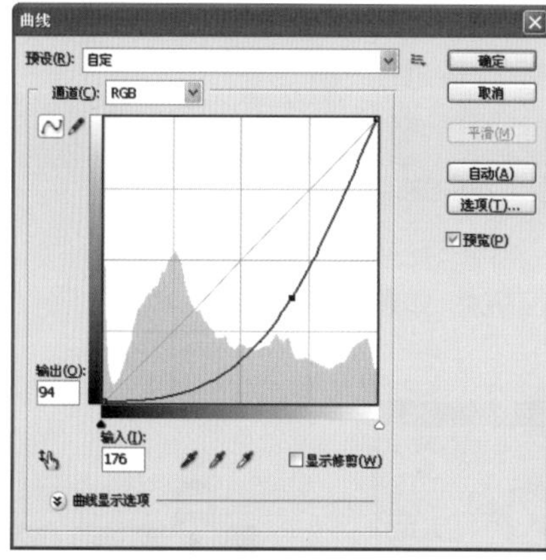

图8-59

3.删除控制点

在使用【曲线】命令调整图像的过程中，如果出现多余的控制点，在控制点上单击激活控制点，然后按键盘上的【Delete】键可以删除控制点；单击激活控制点，然后按住鼠标左键将控制点拖曳到曲线控制区域的地方，也可以删除控制点，如图8-60所示。

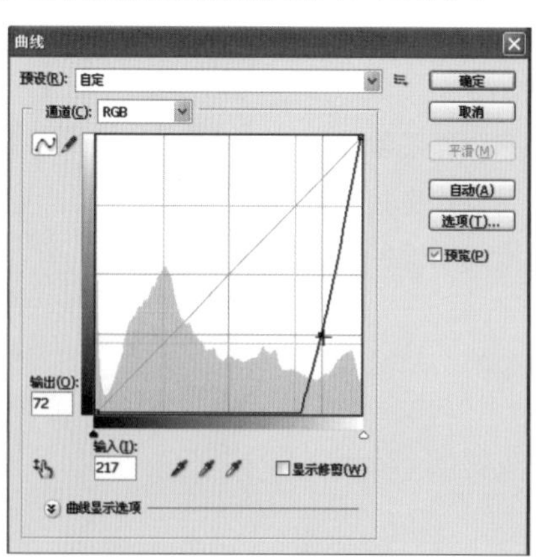
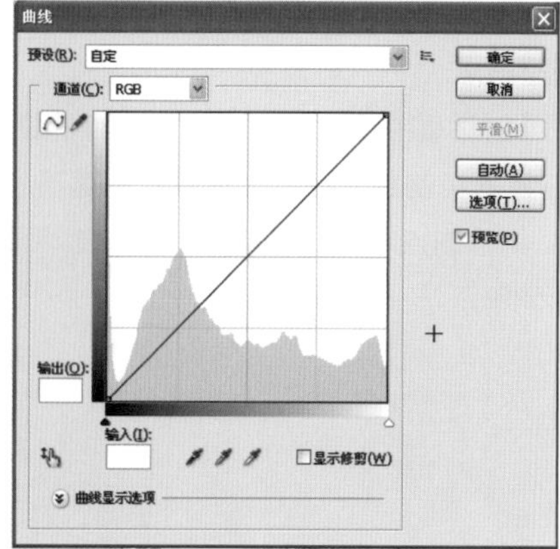

图8-60

06 色彩平衡

执行【图像】>【调整】>【色彩平衡】命令或按【Ctrl+B】组合键，即可弹出【色彩平衡】对话框。

该命令可用于校色和调色。它通过调整三个滑块来设置图像上颜色的配比，其中，青色和红色为补色关系，洋红和绿色为补色关系，黄色与蓝色为补色关系。在增加一个颜色的同时就是在减少另一个颜色。

选择【阴影】、【中间调】和【高光】时必须要注意，这三个区域没有明显的界限，当调整高光时也会少量影响中间调和阴影。

勾选【保持明度】复选框改变其中一个颜色，其他的颜色也会相应发生变化，如图8-61所示。

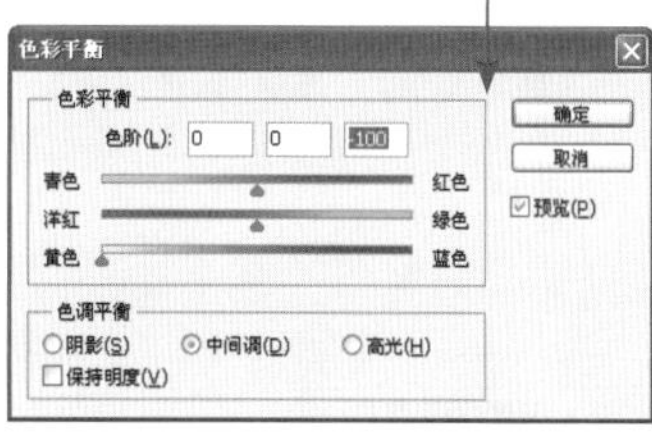

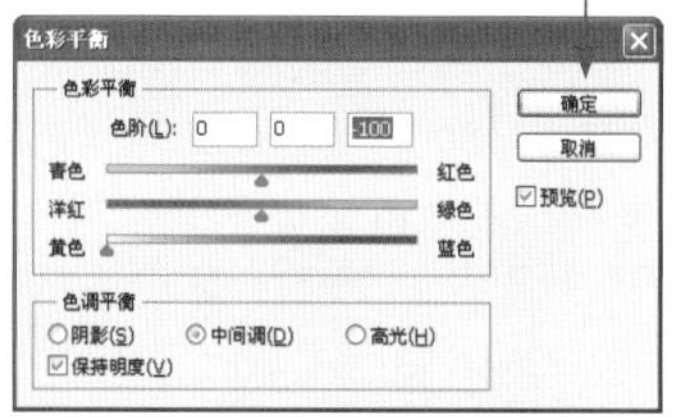

图8-61

07 色相/饱和度

【色相/饱和度】命令用来改变图像颜色的组成、颜色的明度和颜色的饱和度。执行【图像】>【调整】>【色相/饱和度】命令，弹出【色相/饱和度】对话框，如图8-62所示。

提 示：

【色彩平衡】命令不支持编辑原色通道，所以只有在【通道】面板中选择了复合通道才能使用该命令，否则该命令不能使用。

知 识：

勾选【保持亮度】复选框，可以防止图像的亮度值随颜色的更改而改变。该选项可以保持图像的色调平衡。

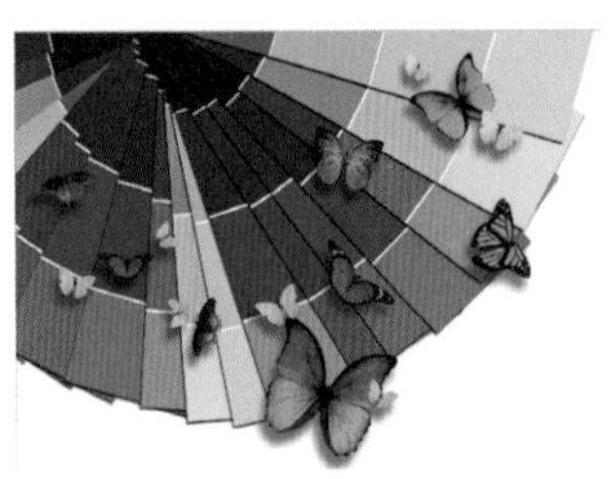

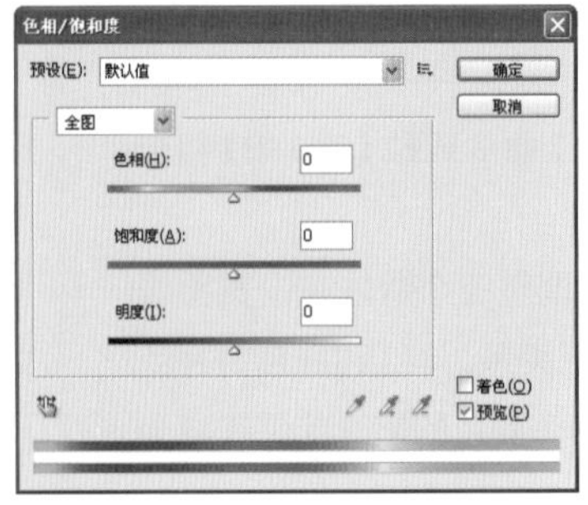

图8-62

【色相】：在【预设】选项下方的下拉列表框中选择“全图”选项，向左拖曳【色相】滑块，数值由原来的“0”变成“–180”，可以看到对话框最下方的颜色条的位置发生变化，图像的颜色也发生变化，如图8-63所示。

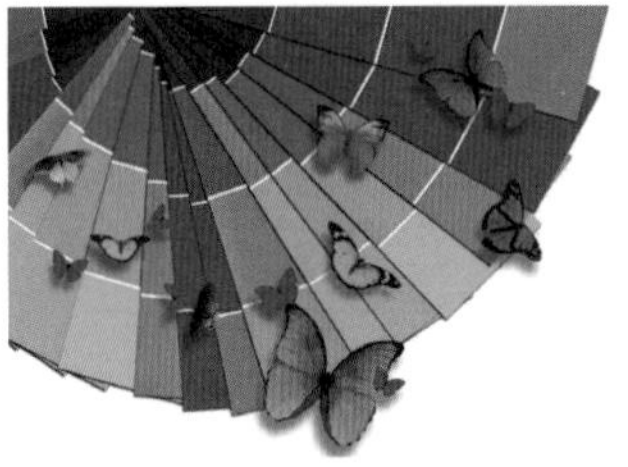

图8-63

在【预设】选项下方的下拉列表框中选择“黄色”选项，向左拖曳【色相】滑块，数值由原来的“0”变成“–180”，可以看到对话框最下方的颜色条的位置发生变化，图像的颜色也发生变化，如图8-64所示。

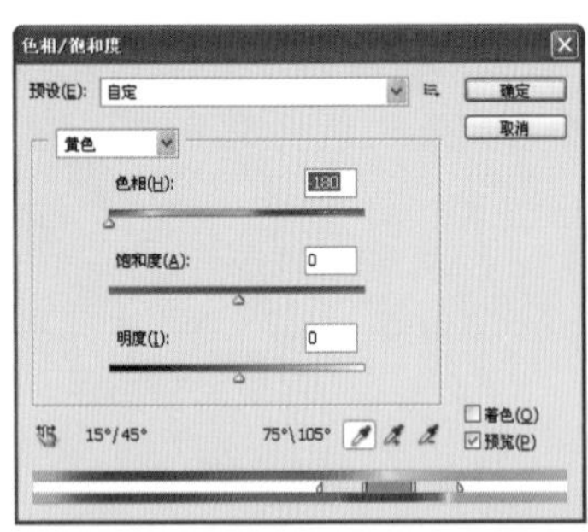

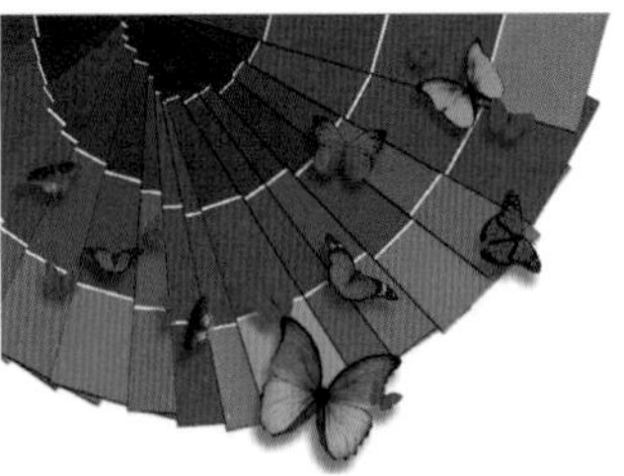

图8-64

使用鼠标拖曳【饱和度】滑块，可以提高或者降低图像的饱和度，向左侧拖曳滑块可以降低图像的饱和度，当数值为“–100”时，图像将会变成灰度图效果；向右侧拖曳滑块可以将饱和度提高，当调整到数值为“+100”时饱和度数值达到最大值，颜色会变得更加鲜亮，如图8-65所示。

提 示：

在【色相/饱和度】对话框中，“明度”选项可以提高或降低图像的明度，当明度值达到最大值“+100”时图像将变成白色，当达到最小值“–100”时图像将变成黑色。

知 识：

【去色】命令可以将图像中像素的彩色信息去掉，将图像变成灰度图像。

【去色】命令与灰度颜色模式不同的是，灰度模式不能添加彩色，而【去色】命令只是将颜色信息去掉，并没有改变图像的颜色模式，还可以通过其他命令来添加颜色。

亮度/对比度(C)...	
色阶(L)...	Ctrl+L
曲线(U)...	Ctrl+M
曝光度(E)...	
自然饱和度(V)...	
色相/饱和度(H)...	Ctrl+U
色彩平衡(B)...	Ctrl+B
黑白(K)...	Alt+Shift+Ctrl+B
照片滤镜(F)...	
通道混合器(X)...	
反相(I)	Ctrl+I
色调分离(P)...	
阈值(T)...	
渐变映射(G)...	
可选颜色(S)...	
阴影/高光(W)...	
HDR 色调...	
变化...	
去色(D)	Shift+Ctrl+U
匹配颜色(M)...	
替换颜色(R)...	
色调均化(Q)	

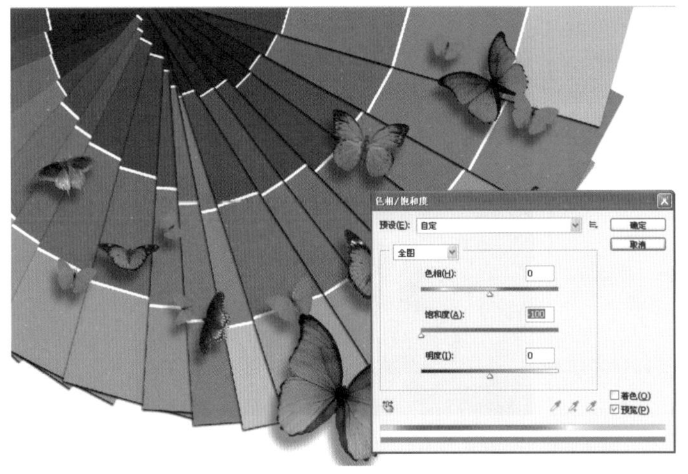

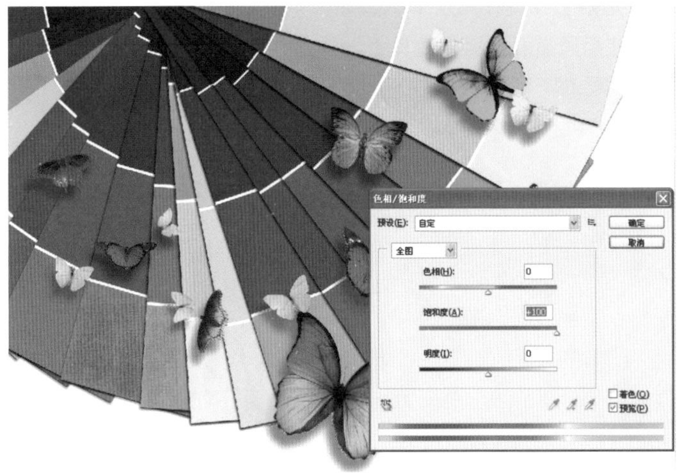

图8-65

08 补充知识点

1. 通道混合器

可以将通道中的颜色按比例进行增加或者减少，从而改变图像。执行【图像】>【调整】>【通道混合器】命令，即可弹出【通道混合器】对话框，如图8-66所示。

知识：

在【通道混合器】对话框中，“常数”选项用于调整输出通道的灰度值，负值增加更多的黑色，正值增加更多的白色。“-200%”会使输出通道变成黑色，而“+200%”会使输出通道变成白色。

图8-66

下面用一些简单的颜色来进一步介绍通道混合器的作用效果，在RGB颜色模式的图像中设置五个颜色：白、红、绿、蓝和黑，如图8-67所示。然后使用通道混合器观察其变化。

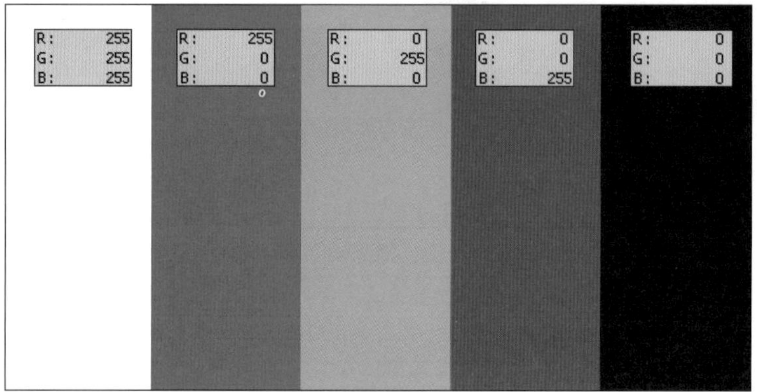

图8-67

在【通道混合器】对话框中选择“红”通道，将其【源通道】选项组中的“红色”设置为“0%”，如图8-68所示。观察图像我们会发现，红色变成了黑色，白色变成了青色，而其他颜色没有变化。由此可见，我们将【源通道】选项组中的“红色”设置为“0%”后图像中的红色信息全部被屏蔽掉了；因为设置的颜色为纯色，所以选择小于“–100”或大于“100”时将还是“–100”与“100”的效果，如图8-69所示。

图8-68

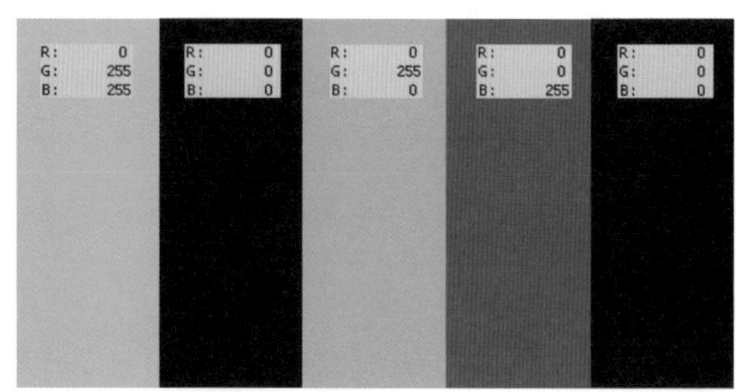

图8-69

在【通道混合器】对话框中选择“红”通道，将其【源通道】选项组中的“绿色”设置为“100%”，如

图8-70所示。观察图像我们会发现，只有绿色变成了黄色，而其他颜色没有变化。由此可见，我们将【源通道】选项组中的“绿色”设置为“100%”后图像中的绿色信息全部被添加了红色，如图8-71所示。

图8-70

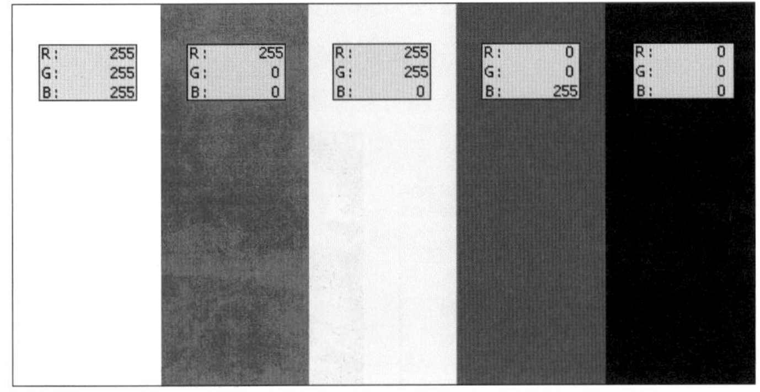

图8-71

同理，在【通道混合器】对话框中选择“红”通道，将其【源通道】选项组中的“蓝色”设置为“100%”，如图 8-72所示。观察图像我们会发现，只有蓝色变成了品红色，而其他颜色没有变化。由此可见，我们将【源通道】选项组中的“蓝色”设置为“100%”后图像中的绿色信息全部被添加了红色，如图8-73所示。

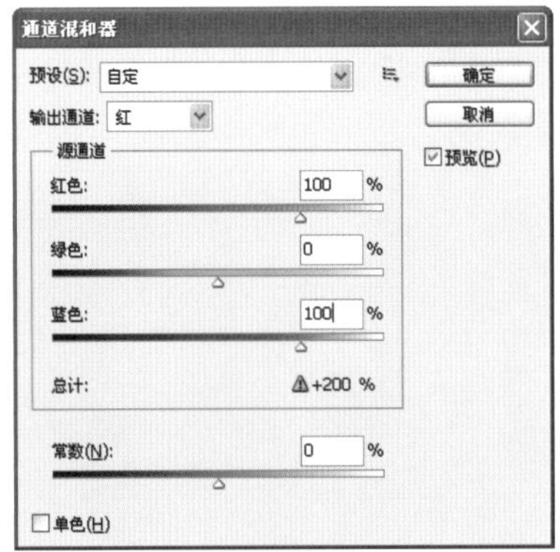

图8-72

知识：

要减少一个通道在输出通道中所占的比重，可以将相应的源通道滑块向左拖曳。要增加通道的比重，可以将相应的源通道滑块向右拖曳。

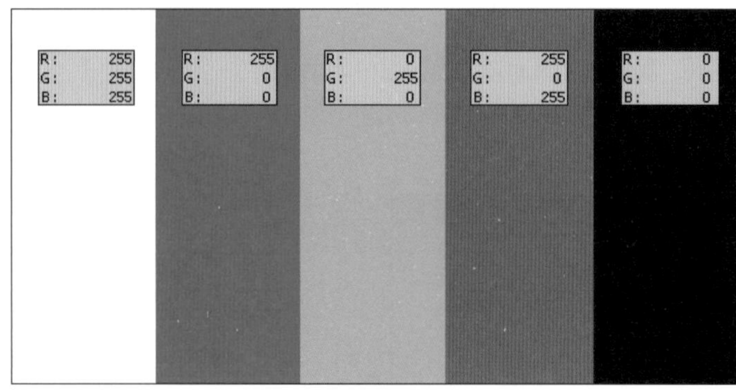

图8-73

同理，在【通道混合器】对话框中选择“绿”通道和“蓝”通道后也一样，在【源通道】选项组中选择为本色时将会对含本色属性的颜色进行更改；选择其他颜色时，将会在该颜色中添加选择通道的颜色。

当勾选【单色】复选框时将可以得到类似灰度模式的效果，但是可以对其进行控制。

2. 阈值

阈值就是临界值，Photoshop中的阈值实际上是基于图片亮度的一个黑白分界值，默认值是50%中性灰，即128。亮度高于128(＜50%的灰)的白即会变白，低于128(＞50%的灰)的黑即会变黑，如图 8-74所示为【阈值】命令所实现的效果。

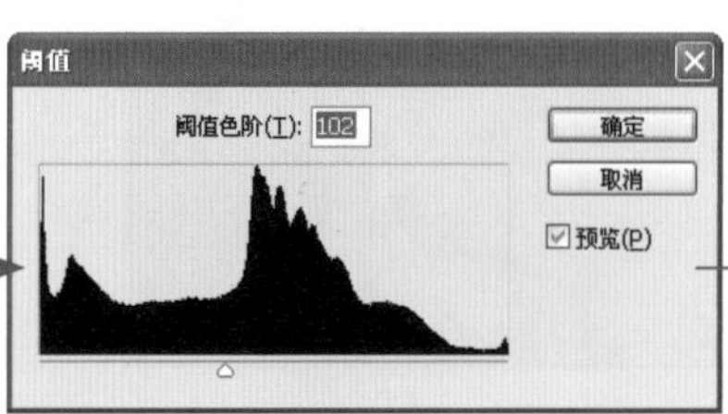

图8-74

独立实践任务 2课时

任务2

人物图像的后期合成

任务背景和任务要求

用所给的图片素材，制作出一张活泼的人物图像合成图片。

图片要符合正常的视觉逻辑。

尺寸设置：260毫米×285毫米。

任务分析

正确使用素材制作图片，后期合成具有一定的美观性。

任务素材

任务素材见素材\模块08\任务2

任务参考效果图

模块09

设计制作手机包装盒
——色彩调整命令的高级应用

任务参考效果图

能力目标

1.能够使用调整图层调整图像颜色

2.能够使用【信息】面板读取颜色数值

软件知识目标

1.掌握调整图层的建立

2.掌握调整图层的使用

3.掌握【信息】面板的相关知识

专业知识目标

了解印刷专业调色[3]知识

课时安排

4课时（讲课2课时，实践2课时）

模拟制作任务 2课时

任务1

手机包装盒的设计与制作

任务背景

2011年，某公司推出新款智能手机，在全国招标彩色包装盒①设计方案。

任务要求

设计师根据公司提供的电子文件和产品照片信息等，按照客户的要求挑选图片，并将其色彩调整到最佳以彰显手机拍照优良性能。包装盒内置物为：一部手机、一个充电器、一张光盘、一根数据线，手机尺寸为“100毫米×60毫米×7毫米”。

任务分析

根据手机的尺寸和放置物的情况估计包装盒内尺寸大致需要“110毫米×160毫米×60毫米”，因此将包装盒设计面的尺寸设置为“350毫米×170毫米”，包含盒盖、盒底、两个墙高和包边尺寸。

本案例的难点

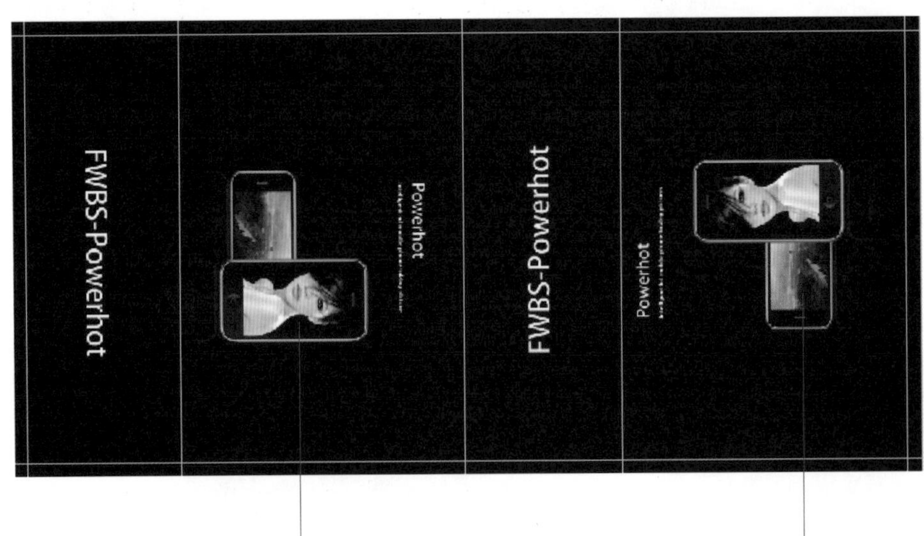

人物调色

风景调色

操作步骤详解

处理包装盒面配图

❶ 打开Photoshop CS5软件，打开“素材\模块09\任务1\调整图层1”和“调整图层2”文件，如图9-1所示。

图9-1

❷ 选择工具箱中的【移动工具】，按住【Shift】键将文档“调整图层2”的图像拖曳到“调整图层1”中，如图9-2所示。

图9-2

❸ “调整图层2”的图像被拖曳到“调整图层1”文档后，图像是居中分布的，如图9-3所示。

图9-3

❹ 在【图层】面板中的【图层1】缩略图前的眼睛处单击，隐藏该图层，如图9-4所示。

图9-4

❺ 将鼠标放在图层“背景”上，单击选择“背景”，然后执行【图像】>【调整】>【色阶】命令，如图9-5所示。

图9-5

❻ 在弹出的【色阶】对话框中单击【自动】按钮，如图9-6所示。

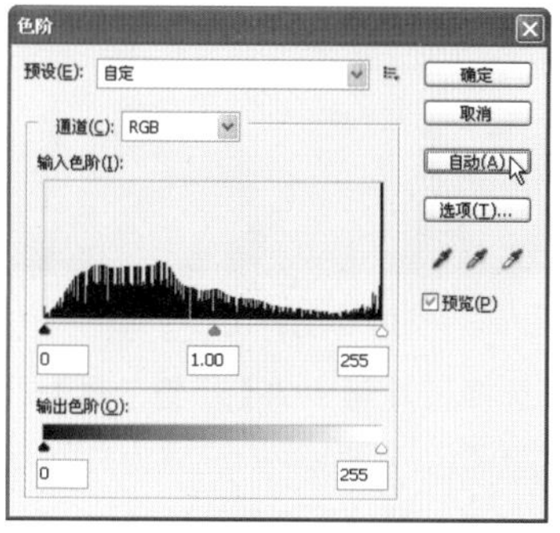

图9-6

❼ 图层“背景”的【色阶】自动调整后图像效果如图9-7所示。

图9-7

❽ 单击【图层】面板中的“图层1”图层缩略图前眼睛位置处，显示隐藏的图层“图层1”，如图9-8所示。

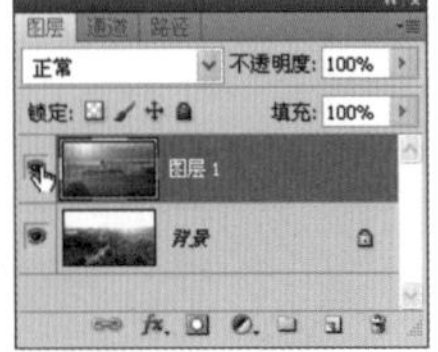

图9-8

❾ 选择图层“图层1”，按【Ctrl+T】组合键，在弹出的菜单中选择“水平翻转”选项，如图9-9所示，可得到如图9-10所示的效果。

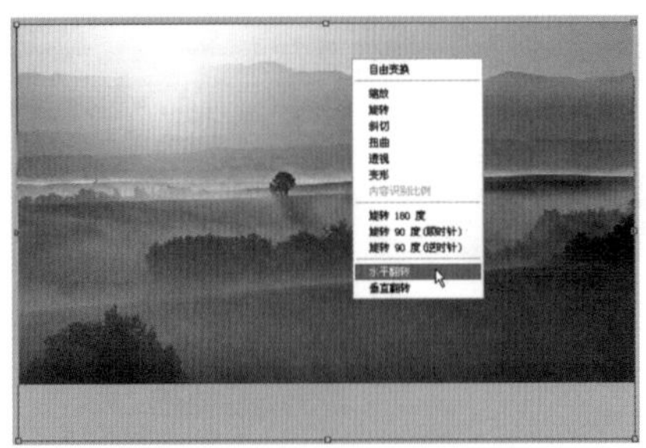

图9-9

图9-10

❿ 选择工具箱中的【渐变工具】，将“前景色”设置为黑色，“背景色”设置为白色，在工具选项栏中单击渐变选项右侧的下拉按钮，在下拉列表框中选择“前景色到透明色渐变”，如图9-11所示。

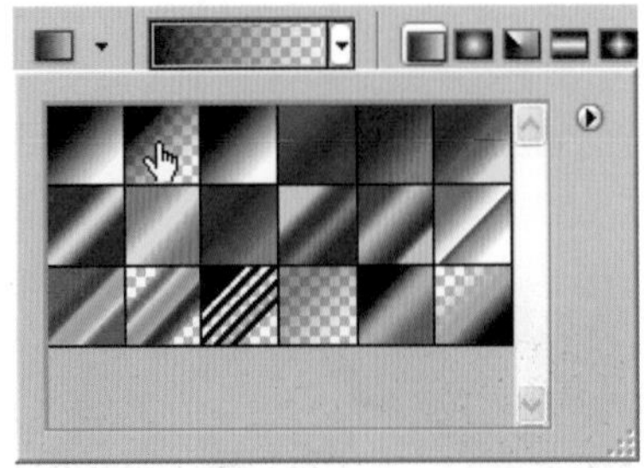

图9-11

⓫ 将【渐变类型】设置为“线性渐变”，【模式】设置为“正常”，【不透明度】设置为“50%”，然后选择图层“图层1”，单击【图层】面板下方的【创建图层蒙版】按钮，选择工具箱中的【渐变工具】，在“图层1”图像四周进行渐变效果，直至“图层1”中的图像与图层“背景”中的图像相融合，如图9-12所示。

图9-12

⓬ 选择图层“背景”，单击【图层】面板中的【创建新图层】按钮，新建图层并将其命名为“图层2”，将图层【模式】设置为“正片叠底”，将前景色设置为“R246、G206、B151”，选择工具箱中的【画笔工具】，在工具选项栏中将画笔【大小】设置为“400%”，【硬度】设置为“0%”，【模式】设置为“正常”，【不透明度】设置为“50%”，如图9-13所示。用画笔在天空位置进行涂抹至如图9-14所示效果。

图9-13

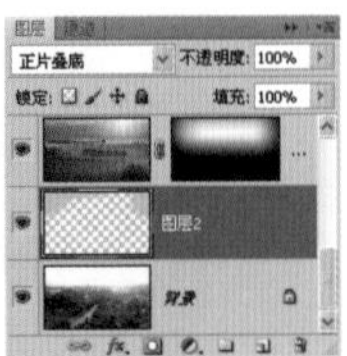

图9-14

⓭ 打开“素材\模块09\任务1\烟雾”文件，选择图层“烟”，右击，在弹出的快捷菜单中选择“复制图层”选项，在弹出的【复制图层】对话框的【目标】选项组的【文档】下拉列表框中选择“包装盒.psd”选项，即可将图层“烟”复制到文档“包装盒.psd”中，如图9-15所示。

图9-15

⑭ 选择图层“烟”，将其图层模式设置为“滤色”，如图9-16所示。

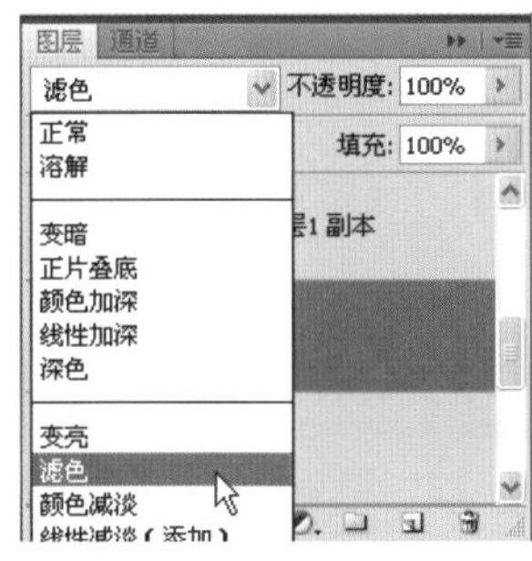

图9-16

⑮ 按【Ctrl+T】组合键，将图层“烟”调整至合适大小和位置，按【Enter】键结束命令，如图9-17所示。

图9-17

⑯ 选择图层“烟”，按【Ctrl+L】组合键，在弹出的【色阶】对话框中设置色阶，如图9-18所示。调整色阶后的图层“烟”如图9-19所示。

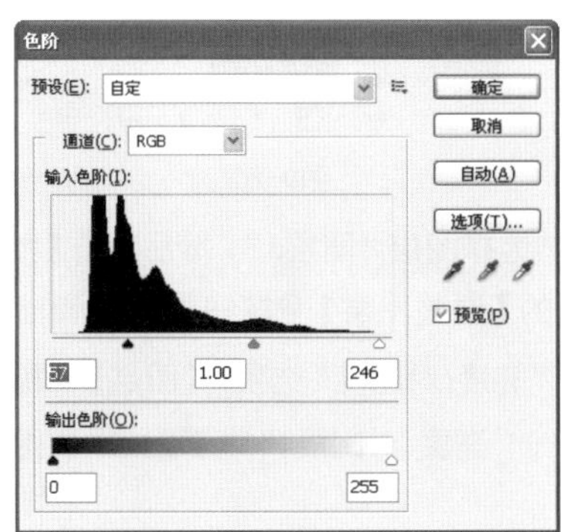

图9-18

图9-19

⑰ 执行【图像】>【调整】>【色彩平衡】命令，在弹出的【色彩平衡】对话框中按如图9-20所示设置【色阶】参数，然后单击【确定】按钮，烟雾效果如图9-21所示。

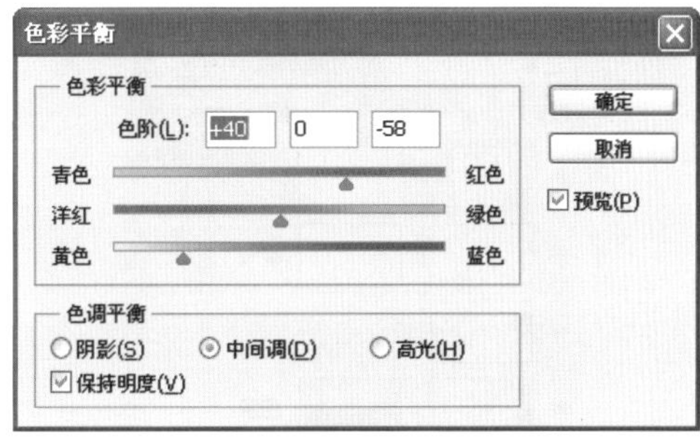

图9-20

图9-21

⑱ 打开“素材\模块09\任务1\雾气”文件，选择图层“雾气”，右击，在弹出的快捷菜单中选择“复制图层”选项，在弹出的【复制图层】对话框的【目标】选项组的【文档】下拉列表框中选择“包装盒.psd”选项，打开文档“包装盒.psd”，将其位置调整至如图9-22所示位置。

图9-22

⑲ 选择图层“背景”，然后单击【图层】面板下方的【创建新的填充或调整图层】按钮，在弹出的菜单中选择“曲线”选项，【图层】面板中则会新建一个“曲线1”调整图层，如图9-23所示。

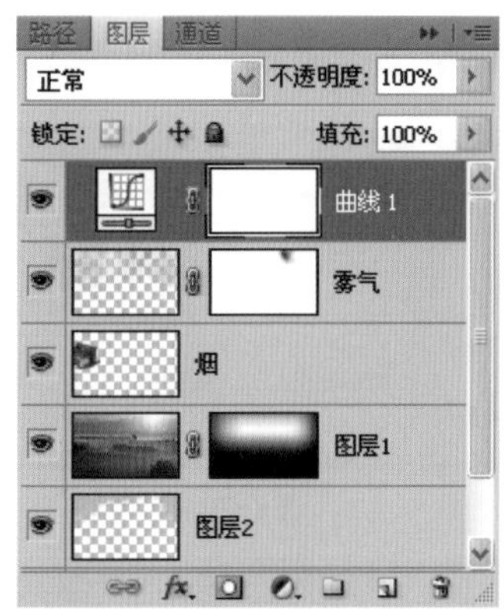

图9-23

⑳ 在弹出的【调整】对话框中，将模式设置为“自定”，【通道】选择“蓝”，【输出】设置为“0”，【输入】设置为“8”，如图9-24所示。

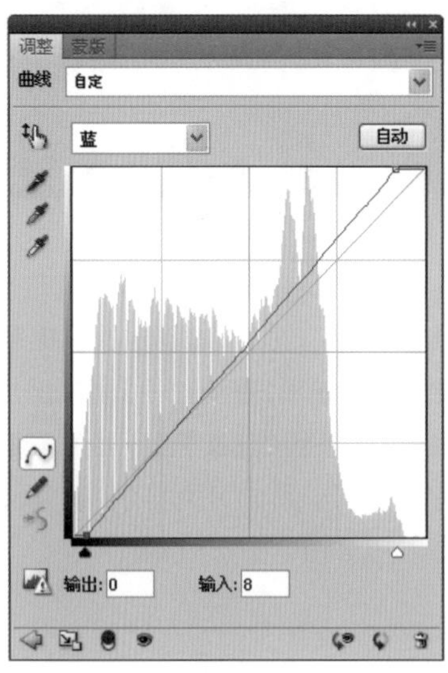

图9-24

㉑ 选择【通道】为“红”，【输出】设置为“187”，【输入】设置为“173”，如图9-25所示。

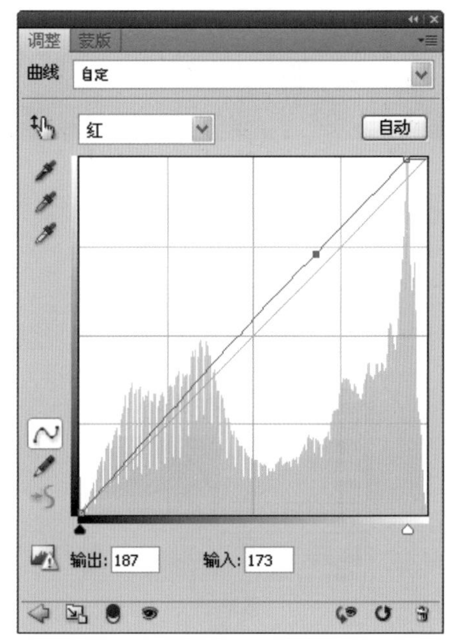

图9-25

㉒ 选择“曲线1”调整图层，按住【Ctrl+Shift+Alt+E】快捷键盖印所有图层，并将盖印后的图层命名为“图层3”，如图9-26所示。

图9-26

㉓ 选择图层“图层3”，然后单击【图层】面板下方的【调整图层】按钮，在弹出的菜单中选择“亮度/对比度”选项，【图层】面板中则会新建一个“亮度/对比度1”调整图层，如图9-27所示。

图9-27

24 在弹出的【亮度/对比度】对话框中，将【亮度】设置为“-17”，【对比度】设置为“92”，如图9-28所示。

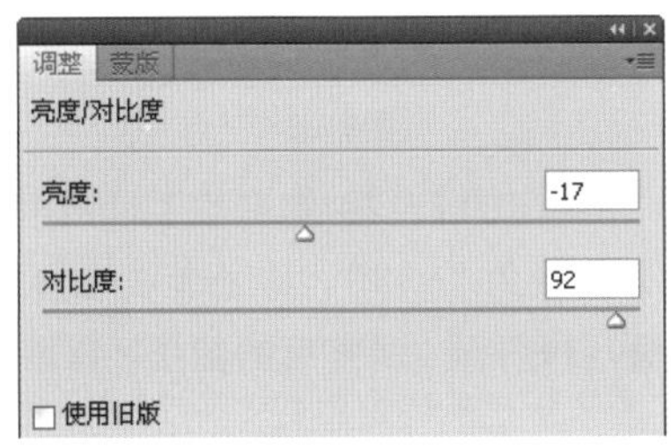

图9-28

25 进行曲线和亮度/对比度调整过后的盖印图层效果如图9-29所示。

图9-29

26 选择图层“图层 3”，按住【Ctrl+Shift+Alt+E】组合键盖印所有图层，并将盖印后新生成的图层命名为“图层 4”，如图 9-30 所示。

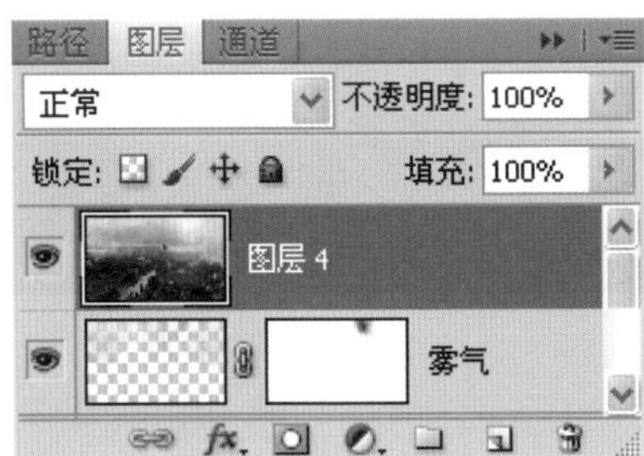

图9-30

27 选择图层“图层4”，执行【滤镜】>【渲染】>【镜头光晕】命令，如图9-31所示。

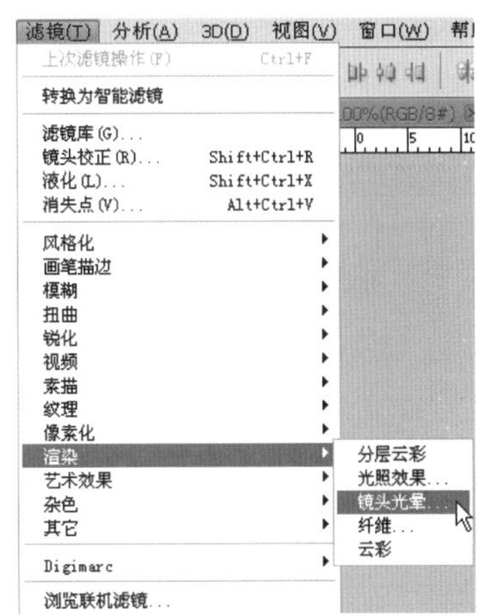

图9-31

28 在弹出的【镜头光晕】对话框中，将镜头的十字小图标拖曳到太阳光源处，将【亮度】设置为“70%”，【镜头类型】设置为【50-300毫米变焦】，如图9-32所示。设置【镜头光晕】滤镜后的效果，如图9-33所示。

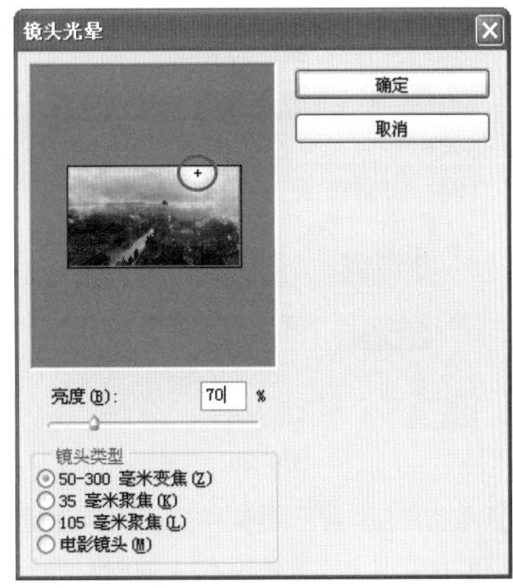

图9-32

图9-33

㉙ 选择图层“图层4”，右击，在弹出的快捷菜单中选择“合并可见图层”选项，将得到合并后的图层“背景”，如图9-34所示。

图9-34

㉚ 选择图层“背景”，按住鼠标左键，将图层“背景”拖曳到【创建新图层】按钮上，如图9-35所示，得到图层“背景副本”，如图9-36所示。

图9-35

图9-36

㉛ 单击图层“背景副本”的图层缩略图前的小眼睛按钮，隐藏图层“背景副本”，如图9-37所示。

图9-37

㉜ 选择图层“背景”，然后执行【图像】>【调整】>【色相/饱和度】命令，如图9-38所示。

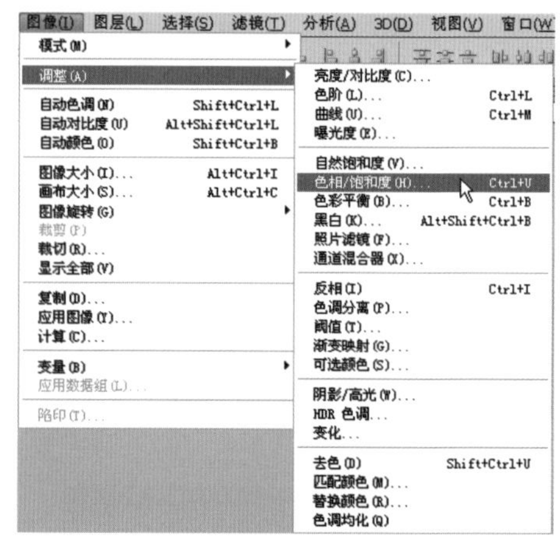

图9-38

㉝ 在弹出的【色相/饱和度】对话框中，将【明度】设置为“–38”，其他选项均为默认数值，如图9-39所示。调整后的图层“背景”如图9-40所示。

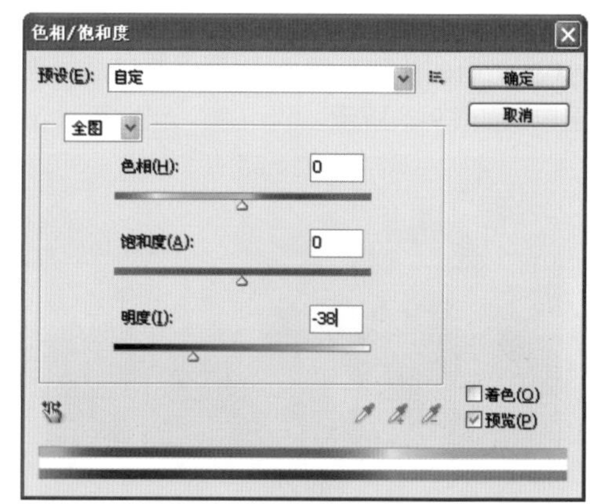

图9-39

图9-40

㉞ 选择图层“背景”，单击图层“背景”的图层缩略图前方的眼睛图标，使其显示，如图9-41

所示。然后单击【图层】面板下方的【添加图层蒙版】按钮，如图9-42所示。

图9-41

图9-42

㉟ 选择工具箱中的【渐变工具】，将“前景色”设置为黑色，“背景色”设置为白色，在【渐变】对话框中选择【前景色到透明色渐变】，给图层“背景副本”四周拉出暗角渐变，如图9-43所示，渐变后的图层“背景”效果如图9-44所示。

图9-43

图9-44

㊱ 选择图层“背景副本”，右击，在弹出的快捷菜单中选择“合并可见图层”选项，将得到合并后的图层“背景”。选择图层“背景”，然后执行【滤镜】>【锐化】>【USM锐化】命令，如图9-45所示。

图9-45

㊲ 在弹出的【USM锐化】对话框中，将【数量】设置为“67%”，【半径】设置为“2.3像素”，【阈值】设置为“0”，如图9-46所示。单击【确定】按钮，【USM锐化】后的图像效果如图9-47所示。

图9-46

图9-47

38 选择图层“背景”，然后单击【图层】面板下方的【创建新的填充或调整图层】按钮，在弹出的菜单中选择“曲线”选项，【图层】面板中则会新建一个“曲线1”调整图层，如图9-48所示。

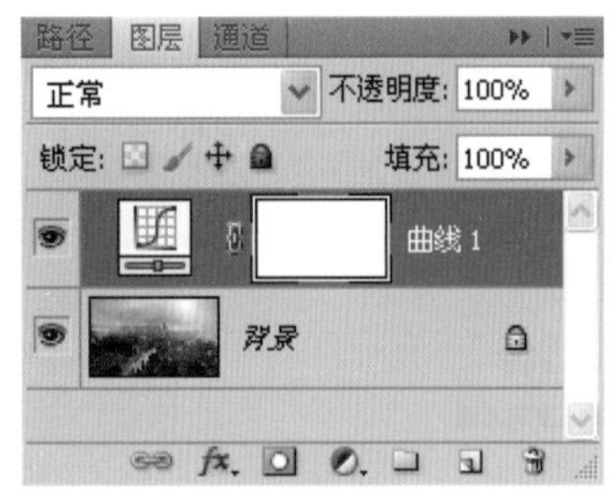

图9-48

39 在弹出的【调整】对话框中，将模式设置为“自定”，【通道】选择“蓝”，【输出】设置为“115”，【输入】设置为“159”，如图9-49所示。

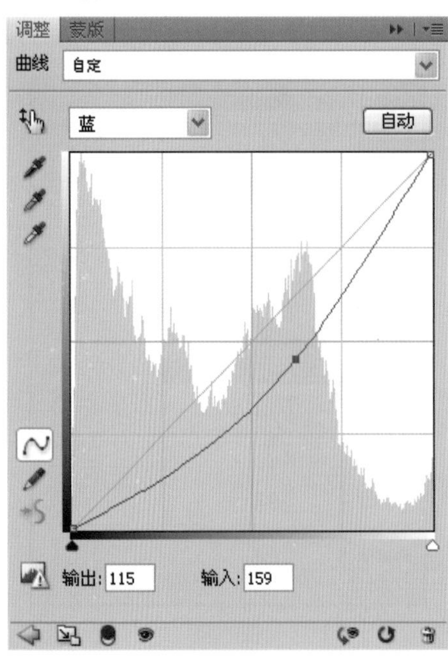

图9-49

40 选择“曲线”调整图层，右击，在弹出的快捷菜单中选择“合并可见图层”选项，最终效果如图9-50所示。

图9-50

41 打开“素材\模块09\任务1\手机素材”文件，选择图层“手机”，右击，在弹出的快捷菜单中选择“复制图层”选项，在弹出的【复制图层】对话框的【目标】选项组中，在【文档】下拉列表框中选择“包装盒.psd”选项，然后单击【确定】按钮，选择文档“包装盒.psd”，如图9-51所示。

图9-51

42 选择图层“背景”，按住【Alt】键双击图层“背景”，图层“背景”将会变成“图层0”，然后按【Ctrl+T】组合键，将其缩放并移动至适合“手机”大小、位置即可，如图9-52所示，然后按【Enter】键结束命令。

图9-52

调整人物

43 打开“素材\模块09\任务1\人物照片”文件，选择图层“背景”，执行【窗口】>【信息】命令，打开【信息】面板，选择工具箱中的【颜色取样器工具】，在人物身上找到最亮的高光点，单击取样，用同样的方法在人物脸上找中间调进行取样，在头发上找到暗调并进行取样，如图9-53所示。

图9-53

㊹ 选择图层“背景”，按住【Alt】键双击图层“背景”，图层“背景”将会变成“图层0”，然后单击【图层】面板下方的【创建新的填充或调整图层】按钮，如图9-54所示。

图9-54

㊺ 在弹出的菜单中选择“色阶”选项，在弹出的【色阶】对话框中按如图9-55所示设置数值。

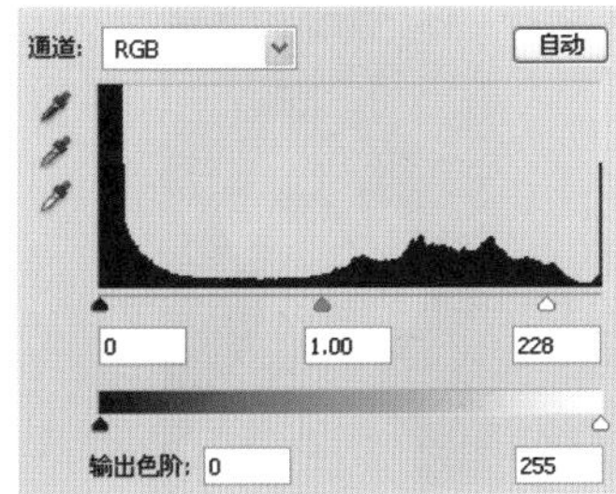

图9-55

㊻ 单击【创建新的填充或调整图层】按钮，在弹出的菜单中选择“色阶”选项，在弹出的【色阶】对话框中按如图9-56所示设置数值。

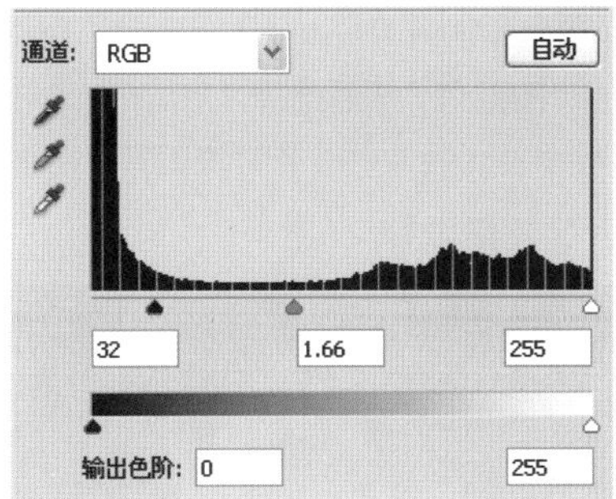

图9-56

㊼ 单击【创建新的填充或调整图层】按钮，在弹出的菜单中选择“曲线”选项，在弹出的【曲线】对话框中将【输出】设置为“133”，【输入】设置为“125”，如图9-57所示。

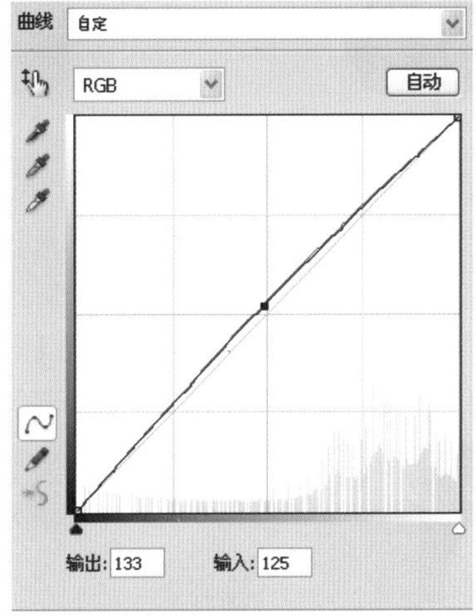

图9-57

㊽ 单击【创建新的填充或调整图层】按钮，在弹出的菜单中选择“色彩平衡”选项，在弹出的【色彩平衡】对话框中选择【高光】色调，将【黄色】设置为“–8”，如图9-58所示。

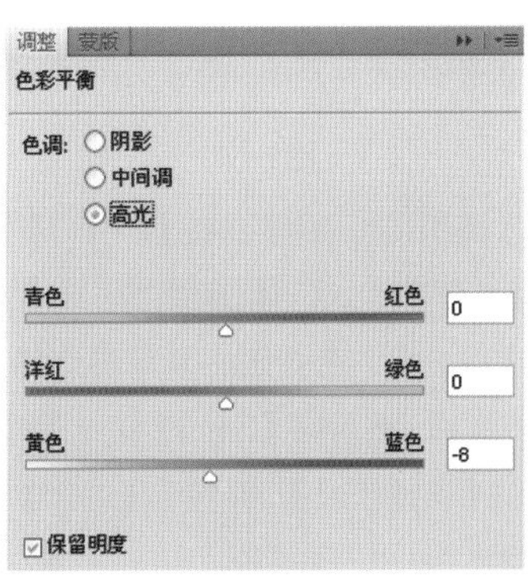

图9-58

㊾ 按【Ctrl+Shift+Alt+E】组合键，盖印图层，得到图层“图层1”，然后选择“图层1”，右击，在弹出的快捷菜单中选择“合并可见图层”选项，最终人物图片的效果如图9-59所示。

图9-59

㊿ 选择图层“图层1”，右击，在弹出的快捷菜单中选择“复制图层”选项，在弹出的【复制图层】对话框的【目标】选项组中，在【文档】下拉列表框中选择“包装盒.psd”选项，然后单击【确定】按钮，选择文档“包装盒.psd”，如图9-60所示。

图9-60

51 选择图层“手机”，按【Ctrl+J】组合键，复制图层“手机”，选择图层“手机副本”，按【Ctrl+T】组合键，在弹出的菜单中选择“顺时针旋转90°”选项，然后按【Enter】键结束命令，选择工具箱中的【移动工具】，并按住【Shift】键将图层“手机副本” 拖曳至如图9-61所示位置。

图9-61

52 选择工具箱中的【移动工具】，将“图层1”移动至图层“手机”和“手机副本”中间，然后按【Ctrl+T】组合键，将图层“图层1”调整至如图9-62所示大小和位置，然后按【Enter】键结束命令。

图9-62

53 选择工具箱中的【矩形选框工具】，将鼠标指针放在人物图像的黑色背景上，依次框选手机形状外的黑色背景，然后按【Delete】键删除，按【Ctrl+D】组合键取消选区，如图9-63所示。

图9-63

54 按【Ctrl+Shift+N】组合键，新建图层“图

层2”，将前景色设置为黑色，按【Alt+Delete】组合键，将图层“图层2”填充为黑色，然后将图层“图层2”拖曳到最底层，效果如图9-64所示。

图9-64

55 选择图层“手机”和“图层0”，然后右击，在弹出的快捷菜单中选择“合并图层”选项，用同样的方法将图层“手机副本”和“图层1”合并，如图9-65所示。

图9-65

56 选择图层“手机”，按【Ctrl+J】组合键复制图层，得到图层“手机副本2”，然后选择图层“手机副本2”，将图层【不透明度】设置为“30%”，按【Ctrl+T】组合键，将鼠标放在自由变换定界框上缘中间控制点上，按住鼠标左键不放，先下拖曳至如图9-66所示位置，然后按【Enter】键结束命令。

图9-66

57 单击【图层】面板底部的【添加图层蒙版】按钮，选择工具箱中的【渐变工具】，在工具选项栏中设置颜色为“前景色到背景色”，类型为“线性渐变”，【前景色】为“白色”，【背景色】为“黑色”，在“手机副本2”的图像的下侧按住鼠标左键向上拖曳到合适的位置时释放鼠标，效果如图9-67所示。

图9-67

58 用同样的方法制作出图层“手机副本”的倒影，如图9-68所示。然后将图层“手机副本2”和“手机”合并，将图层“手机副本”和“手机副本3”合并。选择工具箱中的【移动工具】，将图像移动至如图9-69所示位置。按【Ctrl+Shift+Alt+E】组合键盖印图层，得到图层“图层3”。

图9-68　　图9-69

59 选择工具箱中的【横排文字工具】为图像中添加文字，如图9-70所示。

图9-70

拼合盒盖、盒底

60 执行【文件】>【新建】命令，在弹出的对话框中设置【名称】为“手机包装盒”，【宽度】和【高度】分别设置为“170毫米”和“35毫米”，【分辨率】为“300像素/英寸”，【颜色模式】为【CMYK颜色】，【背景内容】为“背景色”，单击【确定】按钮，如图9-71所示。

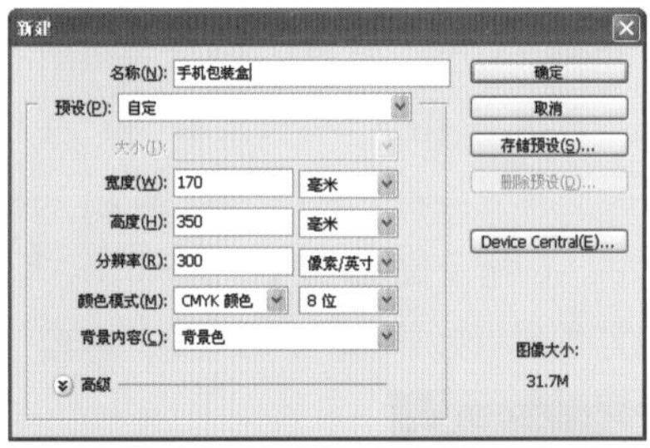

图9-71

61 设置两条垂直参考线，参考线的坐标分别为“5毫米”和“165毫米”，再设五条水平参考线，参考线坐标分别为“5毫米”、“115毫米”、“175毫米”、“285毫米”和“345毫米”，如图9-72所示。

62 打开文档“包装盒”选项，选择图层“图层3”，将其复制到文档“手机包装盒”中，并将图层“图层3”，命名为“盒盖”，然后按【Ctrl+J】组合键复制图层“盒盖”，并将其命名为“盒底”，然后按【Ctrl+T】组合键，在弹出的菜单中选择“旋转180°”选项，并将其调整至合适位置，然后选择工具箱中的【横排文字工具】，为图像添加文字，并调整至合适位置，如图9-73所示。

图9-72

图9-73

知识点拓展

01 包装设计

包装盒是目前应用最为广泛的、结构变化最多的一种销售包装容器，具有成本低、易加工、可以大批量生产的优势，其结构变化丰富，是最适合精美印刷的包装类型，展示促销效果好。为了方便客户审阅，在提交平面展开图的同时，最好设计一个实物展示图供客户审阅。平面展开图用于印刷和后期工艺制作，如图9-74所示为展开图，图9-75为实物图。

图9-74

图9-75

02 调整图层

调整图层可以将颜色调整命令应用于图像，而不更改图像中的像素值。例如，可以创建【色阶】或【曲线】调整图层，而不是直接在图像上调整【色阶】或【曲线】，如图9-76所示。

图9-76

知识：

调整图层具有许多与其他图层相同的特性。可以调整它们的不透明度和混合模式，并可以将它们编组以便将调整应用于特定图层。同样，也可以启用和禁用它们的可见性，以便应用或预览效果。

1. 创建调整图层

(1) 通过【图层】面板创建调整图层

单击【图层】面板下方的【创建新的填充或调整图层】按钮 ，在弹出的菜单中可以选择要创建的调整图层，如选择"曲线"选项，如图9-77所示。

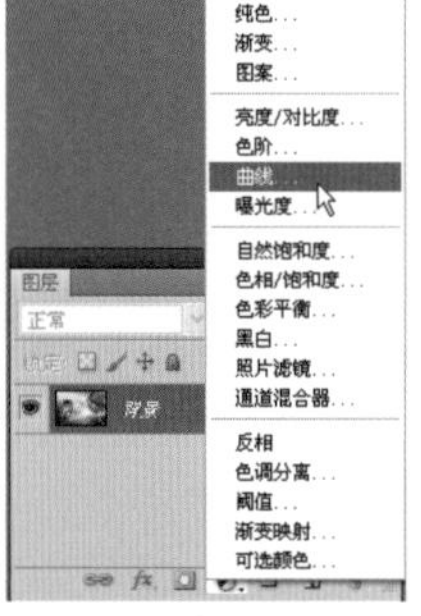
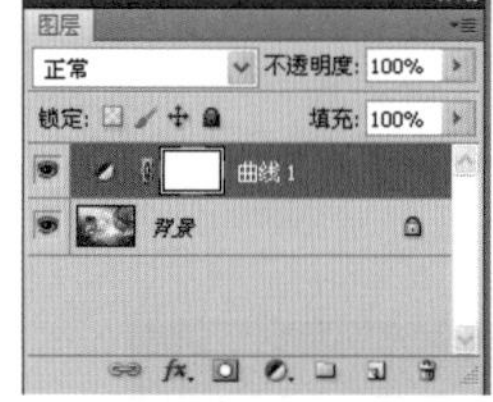

图9-77

创建调整图层后，在【图层】面板上可以看到有一个调整图层图标和一个蒙版缩略图，左边为调整命令，在【调整】面板下我们看到该调整命令的对话框，如图9-78所示。

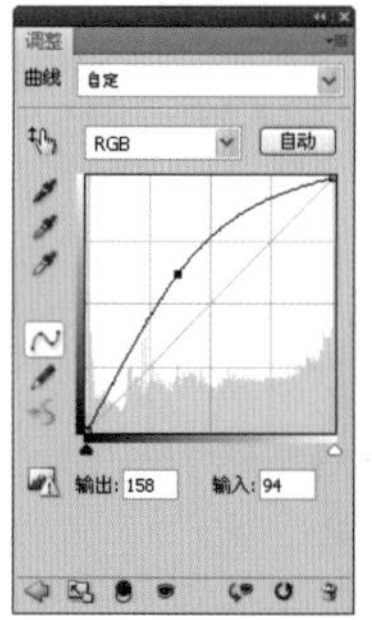

图9-78

在右边是图层蒙版，通过编辑图层蒙版可以及时控制调整图层对下方图像的控制，如图9-79 所示。

图9-79

(2) 通过菜单创建图层

执行【图层】>【新建调整图层】>【色阶】命令，弹出【新建图层】对话框，单击【确定】按钮，如图9-80所示。

知 识:

调整图层具有以下优点：

编辑不会造成破坏。可以尝试不同的设置并随时重新编辑调整图层。也可以通过降低该图层的不透明度来减轻调整的效果。

编辑具有选择性。在调整图层的图像蒙版上绘画可将调整应用于图像的一部分；通过重新编辑图层蒙版，可以控制调整图像的那些部分。通过使用不同的灰度色调在蒙版上绘画，可以改变调整图层。

能够将调整应用于多个图像。在图像之间复制和粘贴调整图层，以便应用相同的颜色和色调调整。

知 识:

反相调整图层没有可编辑的设置。

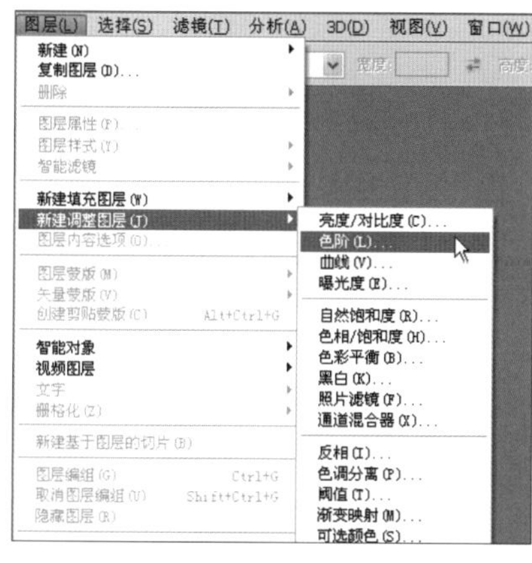

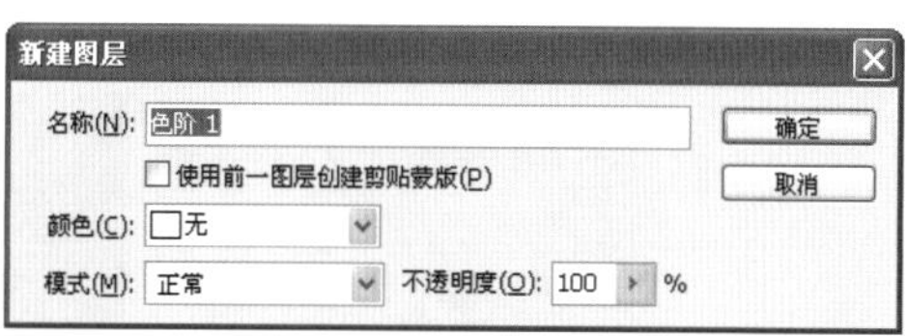

图9-80

单击【确定】按钮后，可以创建一个色阶调整图层，在【图层】面板上会出现调整图层的缩略图，名称为“色阶1”，如图9-81所示。

图9-81

2. 使用调整图层

（1）使用【调整】命令

执行【窗口】>【调整】命令，可以显示【调整】面板，在【图层】面板中选择【调整】命令，切换到【调整】面板，可以调整【色阶】命令的参数，如图9-82所示。

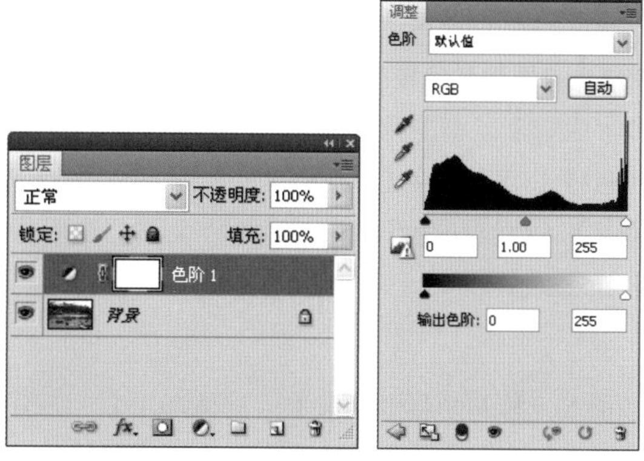

图9-82

（2）使用图层蒙版

激活调整图层上蒙版，选择工具箱中的【画笔工具】，将前景色设置为黑色，在图像中涂抹，图像中涂抹过的区域可以恢复到以前的状态，如图9-83和图9-84所示。

图9-83

图9-84

03 专业调色

在印刷时，经过设计和颜色调整的图像，不光要考虑其色彩的视觉效果，也要考虑其印刷后的效果，专业的调色是在掌握专业灯光、专业调配过的电脑等一切专业需要的情况下进行的。

在没有专业配备环境下，通常情况人们会根据一些基本要求，比如人物调整、风景调整、产品调整这三大类的调色的印刷基本规定来修改图像，以满足印刷后产品色彩的需要。

用于印刷的图像必须是在CMYK颜色模式下进行，在调整图像的时候应随时参考【信息】面板中的数值。

调整图像时需要注意以下几点。

①用来印刷此图像的纸张，如果是铜版纸的话，纸质较亮印刷出来的图像则会较亮，色彩比较鲜艳，所以在调图时就不需要将图像调得过于亮；如果是胶版纸的话，纸质表面不是太光滑，印刷出来的图像则会比较暗，所以调图时应尽量将图像调整得较亮些，颜色要比较鲜艳。

②一般在调整图像之前，先将图像颜色模式设置为RGB（可以调整一下图像整体的亮、暗、黑白反差），先进行一个图像的大体的层次和阶调的调整，这种方法适合于大的统一范围的调整。

③将图像转为CMYK颜色模式，可以使用【曲线】、【色阶】命令等进行一些微调。

④可执行【图像】>【调整】>【可选颜色】命令，然后对针对性的颜色进行微调，此方法适合更细微的调整，不会对图像整体有大的改变。

1. 人物调整

通常情况下，黄种人的人脸高光和中间调区域“K=0”，亮高光区域“C≤3”，中间调区域“C≈20”。

白种人的高光区域“K=0”、“C≤3”，黄色和洋红相近；中间调区域“K=0”、“C≈10”，洋红略大于黄色。

黄种人的高光区域“K=0”、“5≤C≤10”，黄色和洋红相近；中间调区域“25≤K≤35”“C≈35”，黄色和洋红相近。

棕色人种的高光区域“K=0”、“C≈20”，黄色和洋红相近；中间调区域“K≈40”、“C≈45”，黄色和洋红数值都很大并且很相近。

人物调整图像，如图9-85所示。

图9-85

人物的色彩调整关键是将脸部的肤色校正，正常情况下也就是正面布光，人脸的鼻尖和额头处于高光区域，脸颊为中间调区域，头发和脸颊交界处为暗调区域。

2. 产品调整

这类图像通常像素都分布在中间调区域，中间调也决定了图像是否偏色，因此使用【曲线】命令调整时，可以在中间点多设置控制点，对每个控制点进行精细的调整。

图像的高光区域不能出现极高光，也就是C、M、Y、K均为0，至少该有1～5的数值；暗调区域也不能出现极暗，也就是C、M、Y、K均为100。

产品调整图像如图9-86所示。

图9-86

3. 风景调整

风景图像的色彩调整，不像人物和产品调色一样要忠于原稿，它在忠于实际的基础上，也承载了摄影师的一些想法。

风景图像的高光区域也不能出现极高光，暗调区域也不能出现极暗，在调整风景图像时，通常情况下在"C≈65"、"M≈30"时天空颜色比较明亮蔚蓝，草地在"C≈100"、"M≈100"的情况下呈绿色，在

“C≈65”、“M≈30”的情况下呈碧绿色。

原风景图如图9-87所示，调整后如图9-88所示。

图9-87

图9-88

04 【信息】面板

执行【窗口】>【信息】命令，弹出【信息】面板，如图9-89所示。

图9-89

【信息】面板上的数值是颜色的数值，当鼠标移动到某个像素上时，【信息】面板上会显示当前这个像素的颜色数值，在下方的部分为当前像素在图像中的位置，下方的右边为选区的高度和宽度数值。

单击【信息】面板上的吸管图标，可以选择图像的颜色模式，单击坐标的图标，可以更改尺寸的单位，如图9-90所示。

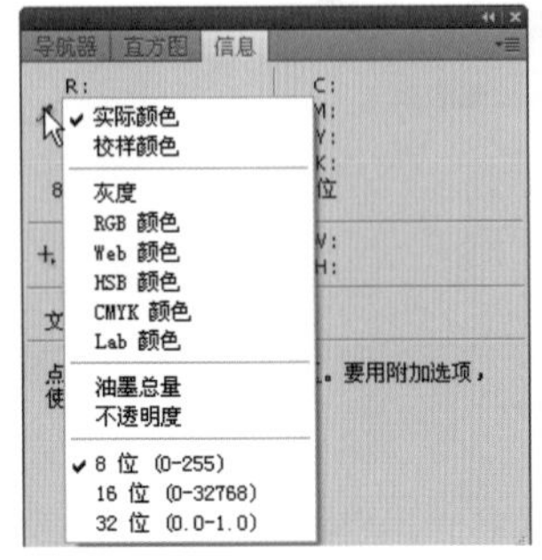

图9-90

> **知识：**
>
> 在调整图像的颜色时，可以使用【颜色取样工具】进行取样，取样的颜色点可以保存到【信息】面板中，如下图所示。
>
> 
>
>
> 在【信息】面板中，最多设置四个取样点。

在【信息】面板中，我们可以根据自己的习惯来设置面板中所显示的内容。

单击【信息】面板的右上角的下三角按钮，弹出一个菜单，在菜单中选择“面板选项”选项，可以设置面板的显示内容，如图9-91所示。

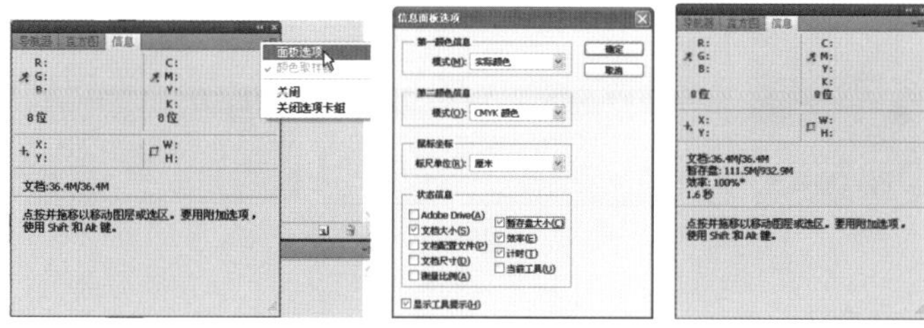

图9-91

05 其他调色命令

1.【去色】和【黑白】命令

【去色】和【黑白】命令都是在原有的颜色模式下，将彩色图像转换为灰色图像；相对于【去色】命令，【黑白】命令则要复杂得多，【黑白】命令可以设置各颜色的比例来进行转换，如图9-92所示。

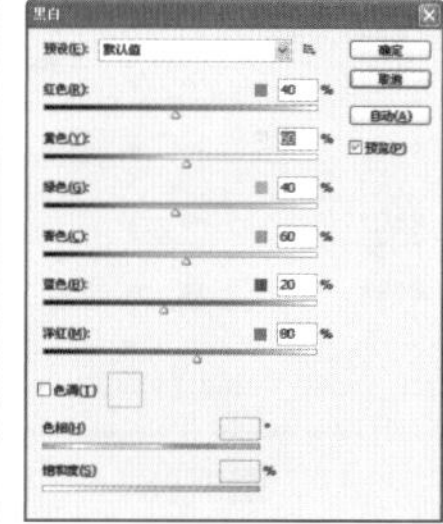

图9-92

勾选【色调】复选框来为灰色图像着色，在【色相】中选择颜色，在【饱和度】中设置该颜色的饱和度，如图9-93所示。

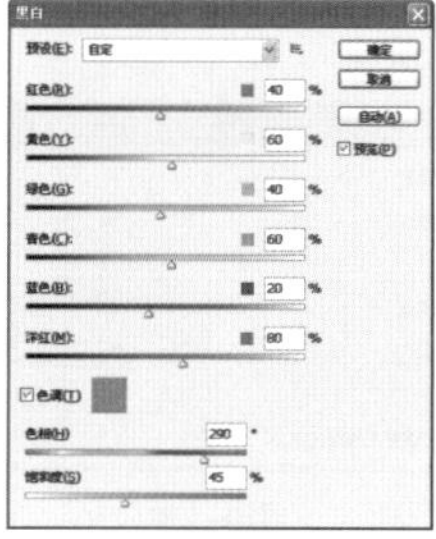

图9-93

2.【渐变映射】命令

【渐变映射】命令将相等的图像灰度范围映射到指定的渐变填充色。执行【渐变映射】命令，弹出【渐变映射】对话框，在渐变颜色条上单击，可以弹出【渐变编辑器】对话框，用来设置选择预设的某个渐变，渐变条左侧的颜色将映射到图像的暗调，暗调部分显示该颜色；右侧的颜色映射到图像的亮调部分；中间的颜色将映射到图像中间调，如图9-94所示。

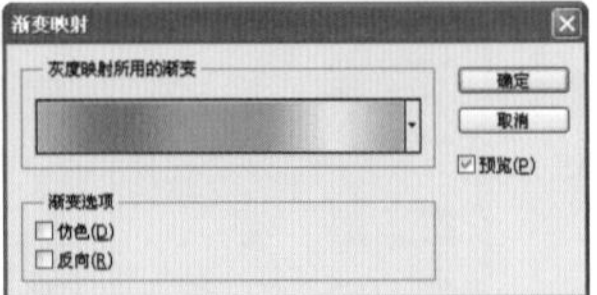

图9-94

3.【可选颜色】命令

【可选颜色】命令用于校正CMYK模式图像的颜色，在【颜色】选项中可以选择其中一种，然后拖曳下方C、M、Y、B四个选项滑块来调整在【颜色】中选择的颜色，正值表示增加颜色，负值代表减少颜色，【相对】表示颜色改变的相对量，【绝对】表示改变颜色的绝对量，【绝对】要比【相对】的改变量大，如图9-95所示。

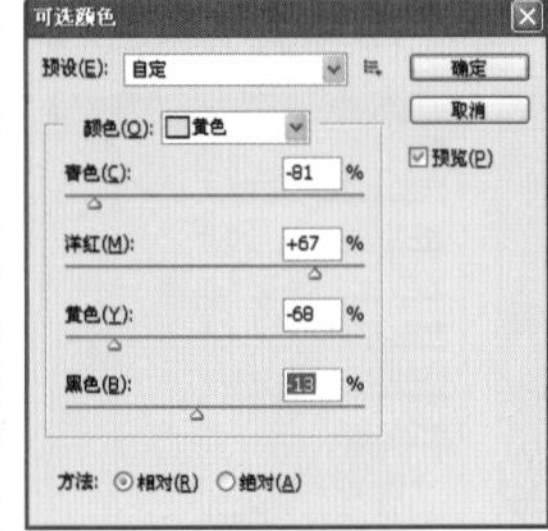

图9-95

4.【阴影/高光】命令

【阴影/高光】命令可以调整反差较大的图像。在该命令对话框中，【阴影】选项组用来提亮图像暗调部分，【高光】选项组用来压暗亮调部分。【数量】值越大，改变越大，如图9-96所示。

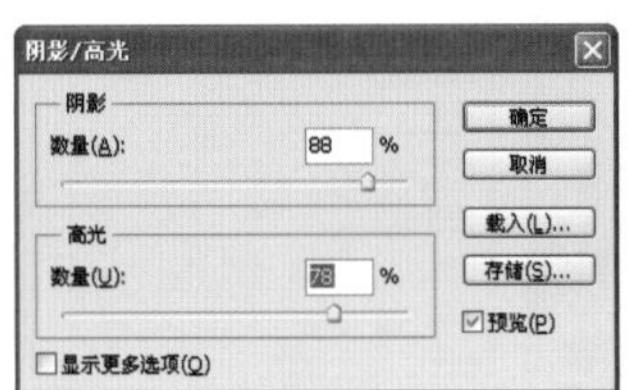

图9-96

独立实践任务 2课时

任务2

包装盒盒盖的设计与制作

任务背景和任务要求

为某化妆品的彩妆“烈火红唇”系列口红制作一个包装盒的盒面，尺寸为“120毫米×160毫米”，分辨率为“300像素/英寸”。

任务分析

因为要制作印刷成品，所以需要设置出血线，应该建立一个“126毫米×166毫米”的新文档，使用曲线调整人物的肤色，使用图层混合模式调整图层，然后将它们拼合在一个画面中。

任务素材

任务素材见素材\模块09\任务2

任务参考效果图

模块10

设计制作图书封面封底
——Photoshop知识的综合应用

任务参考效果图

能力目标

1. 熟练使用Photoshop的各项功能
2. 能设计制作图书的封面封底[3]

软件知识目标

1. 学会使用Photoshop蒙版
2. 学会使用Photoshop调色命令
3. 了解本章相关工具的应用

专业知识目标

1. 了解图书的装订方式[1]、书脊的计算方法[2]
2. 了解图书封面封底的结构[3]

课时安排

4课时（讲课2课时，实践2课时）

模拟制作任务 2课时

任务1

图书封面封底的设计与制作

任务背景

某设计公司需要设计师为出版即将发行的建筑历史题材的图书设计一款图书封面。

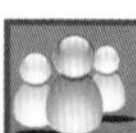

任务要求

画面有视觉冲击力，简洁、大方，画面风格符合图书内容。

尺寸设置为“185毫米×260毫米”，书脊厚度为“10毫米”。

任务分析

设计师开始设计之前一定要将尺寸计算好，由于是用无线胶装方式[1]，因此可知本刊的书封由三部分组成，分别为封面、封底和书脊。由于封面的成品尺寸为“185毫米×260毫米”，封面的右侧和上下侧是预留的裁切出血位，左侧是书脊不需要预留出血位，因此在Photoshop中设置封面的宽、高尺寸分别为“185毫米+3毫米=188毫米”、“260毫米+3毫米+3毫米=266毫米”，书脊尺寸[2]根据内文纸张的克重和页数经过计算得知为“10毫米”。

本案例的难点

操作步骤详解

❶ 打开Photoshop CS5软件，执行【文件】>【新建】命令，在弹出的【新建】对话框中设置【名称】为“图书封面”，【宽度】和【高度】分别为“386毫米”和“266毫米”，【分辨率】为“300像素/英寸”，【颜色模式】为“CMYK颜色”，如图10-1所示，设置完成后单击【确定】按钮。

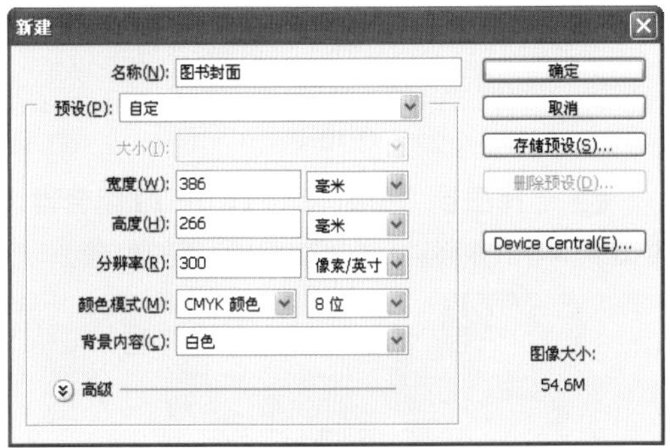

图10-1

❷ 按【Ctrl+R】组合键显示标尺，将鼠标指针移动到横向标尺上，按住鼠标左键拖曳依次创建两条参考线，分别移动到“3毫米”处和“263毫米”处，如图10-2所示。

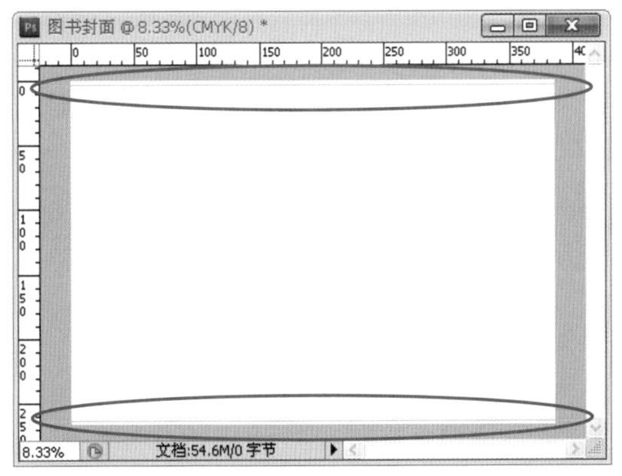

图10-2

❸ 将鼠标指针移动到纵向标尺上，按住鼠标左键拖曳依次创建四条参考线，分别移动到“3毫米”、“188毫米”、“198毫米”、“383毫米”处，如图10-3所示；执行【窗口】>【锁定参考线】命令，将参考线锁定。

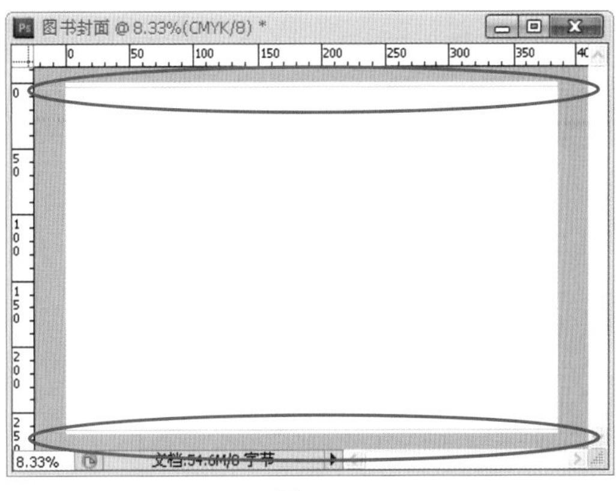

图10-3

❹ 单击工具箱中的【拾色器工具】，弹出【拾色器前景色】对话框，设置颜色数值为“C25、M30、Y60、K0”，如图10-4所示。按【Alt+Delete】组合键使用前景色填充图层，如图10-5所示。

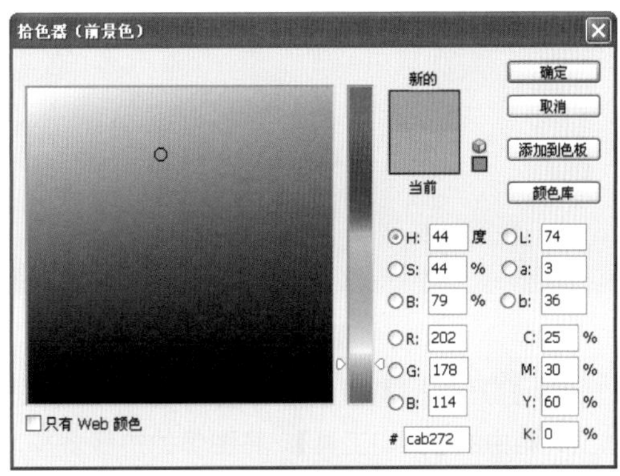

图10-4

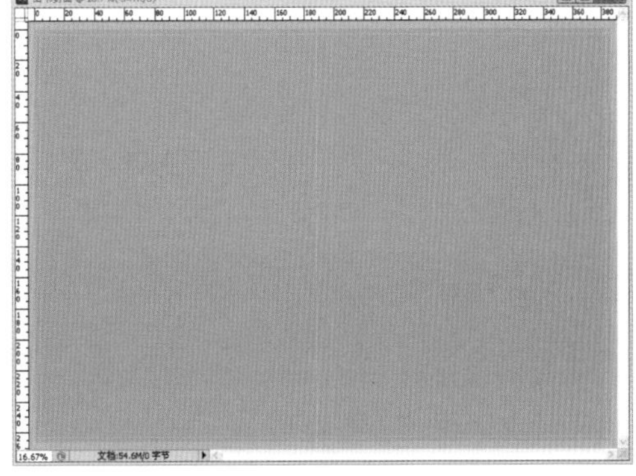

图10-5

❺ 执行【滤镜】>【杂色】>【添加杂色】命

令，在弹出的【添加杂色】对话框中设置【数量】为“15%”，选择【平均分布】单选按钮，勾选【单色】复选框，如图10-6所示。单击【确定】按钮，得到的效果如图10-7所示。

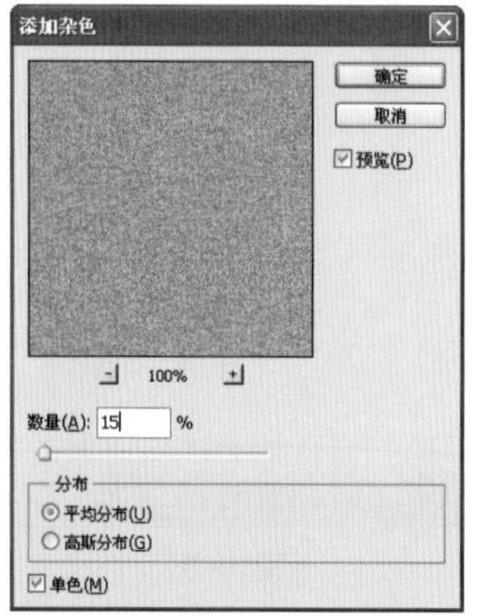

图10-6

图10-7

❻ 打开“素材\模块10\任务1\7-04”文件，选择工具箱中的【裁切工具】，将图像的边缘裁掉，如图10-8所示。

图10-8

❼ 按【Ctrl+A】组合键全选图像，按【Ctrl+C】组合键复制图像，将工作区切换到“图书封面”，按【Ctrl+V】组合键粘贴图像，如图10-9所示，并得到图层“图层1”。

图10-9

❽ 选择图层“图层1”，按【Ctrl+T】组合键调整图像大小，并移动到如图10-10所示的位置。

图10-10

❾ 执行【图像】>【调整】>【去色】命令，将“图层1”上的图像转换成单色图像，如图10-11所示。

图10-11

❿ 选择图层“图层1”，设置“图层1”的混合模式为【正片叠底】，如图10-12所示，图像的效果如图10-13所示。

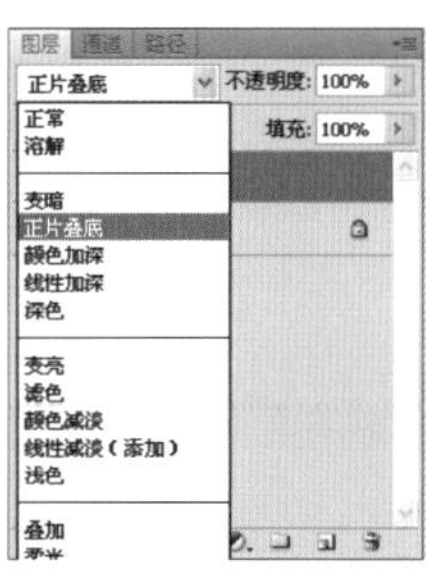

图10-12

图10-13

⑪ 单击【图层】面板下方的【添加图层蒙版】按钮，为“图层1”添加图层蒙版，如图10-14所示。

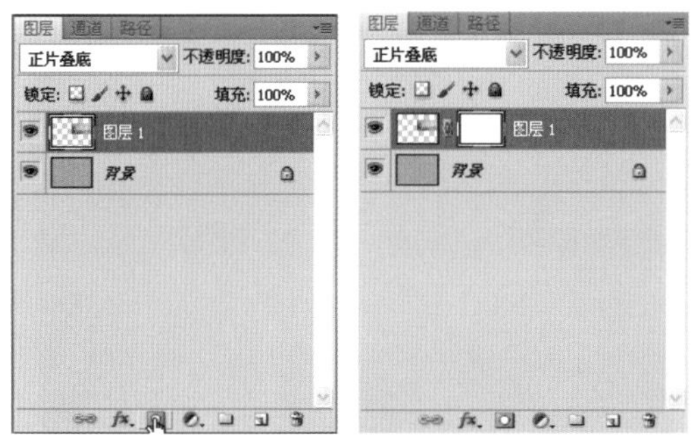

图10-14

⑫ 选择工具箱中的【画笔工具】，设置笔刷【大小】如图10-15所示。在工具选项栏中设置笔刷【不透明度】为“70%”，【流量】为“60%”，如图10-16所示。

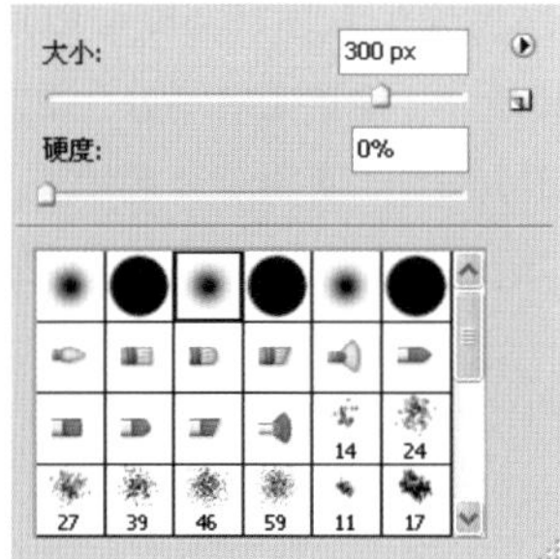

图10-15

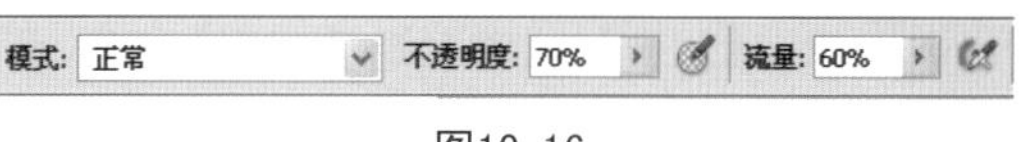

图10-16

⑬ 设置拾色器的前景色为“黑色”，使用【画笔工具】在图像的右上角位置涂抹，达到如图10-17所示的效果。

图10-17

⑭ 单击【图层】面板上的【创建新图层】按钮，创建一个新图层，并命名为“图层2”，如图10-18所示。

图10-18

⑮ 选择工具箱中的【椭圆选框工具】，为“图层2”创建一个选区，如图10-19所示。

图10-19

⑯ 执行【选择】>【修改】>【羽化】命令，在弹出的对话框中设置【羽化半径】为“250像素”，单击工具箱中的【拾色器工具】，在弹出的对话框中设置颜色数值为：“C5、M5、Y15、K0”，如图10-20所示，单击【确定】按钮。

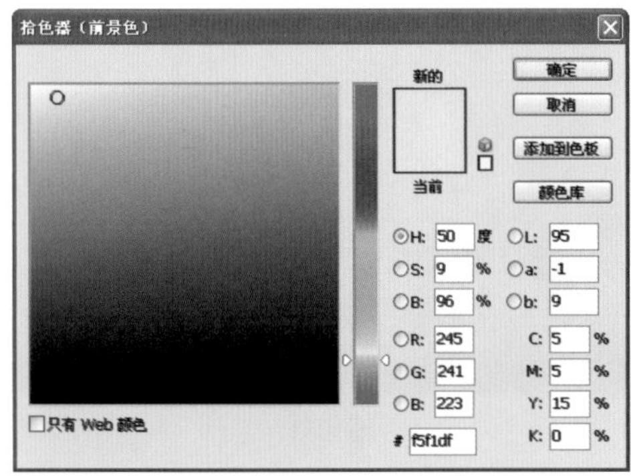

图10-20

⑰ 按【Alt+Delete】组合键将前景色填充到选区，按【Ctrl+D】组合键取消选区，如图10-21所示。

图10-21

⑱ 选择图层“图层2”，按【Ctrl+J】组合键复制一个图层副本，并命名为“图层2副本”，如图10-22所示。

图10-22

⑲ 选择工具箱中的【移动工具】，将图层“图层2副本”上的图像移动到合适位置，如图10-23所示。

图10-23

⑳ 单击【图层】面板底部的【创建新图层】按钮，创建一个新图层，命名为“图层3”，选择工具箱中的【矩形选框工具】，创建一个矩形选区，如图10-24所示。

图10-24

㉑ 选择工具箱中的【渐变工具】，单击工具选项栏中按钮，弹出【渐变编辑器】对话框，设置【渐变类型】为“杂色”，【粗糙度】为“50%”，【颜色模型】为“RGB”，RGB的颜色分布如图10-25所示，勾选【限制颜色】复选框，然后单击【确定】按钮。使用渐变色填充选区，如图10-26所示。填充完毕后，按【Ctrl+D】组合键取消选区。

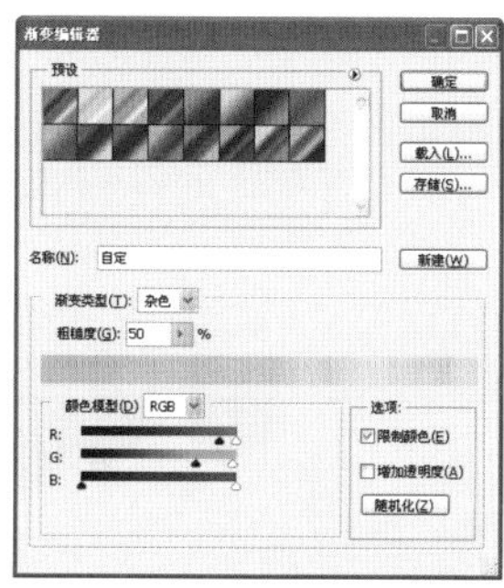

图10-25

图10-26

㉒ 在【图层】面板中设置图层“图层3”的【不透明度】为“50%”，图层混合模式为“叠加”，如图10-27所示，得到图像效果如图10-28所示。

图10-27

图10-28

㉓ 单击【图层】面板下方的【添加图层蒙版】按钮，为图层“图层3”添加图层蒙版，设置拾色器的前景色为“黑色”，选择工具箱中的【画笔工具】，使用【画笔工具】在图像中涂抹，达到如图10-29所示的效果。

图10-29

㉔ 选择工具箱中的【横排文字工具】，设置拾色器的前景色为“黑色”，【字体】设置为“方正大黑简”、【字号】为“80点”，在图像中输入文字“建筑空间”，放到如图10-30所示的位置。

图10-30

㉕ 执行【图层】>【栅格化】>【文字】命令，将文字图层转换成普通图层，如图10-31所示。

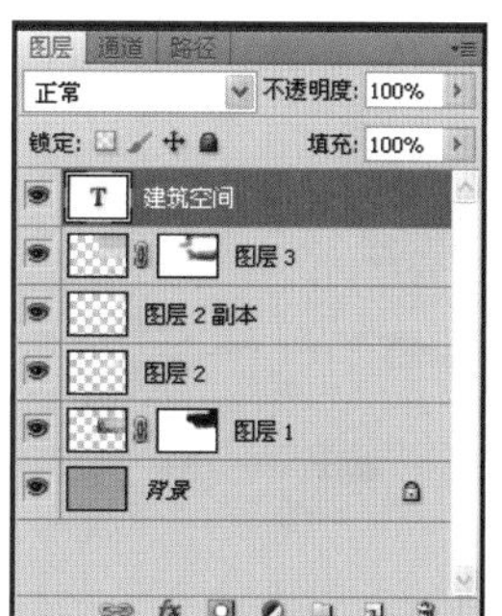

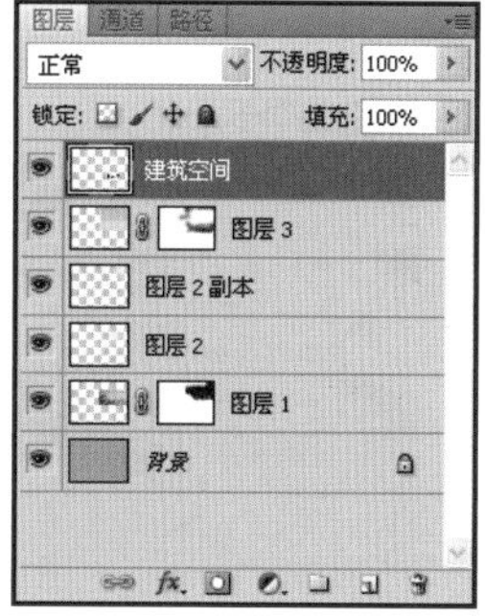

图10-31

㉖ 打开“素材\模块10\任务1\海浪”文件，按【Ctrl+A】组合键全选图像，按【Ctrl+C】组合键复制图像，将工作区切换到“图书封面”文档，按【Ctrl+V】组合键粘贴图像，在【图层】面板中得到图层“图层4”，按【Ctrl+T】组合键将图像调整到合适大小，如图10-32所示。

图10-32

㉗ 执行【图像】>【调整】>【阈值】命令，在弹出的对话框中设置【阈值色阶】为“35”，如图10-33所示；单击【确定】按钮，得到图像效果如图10-34所示。

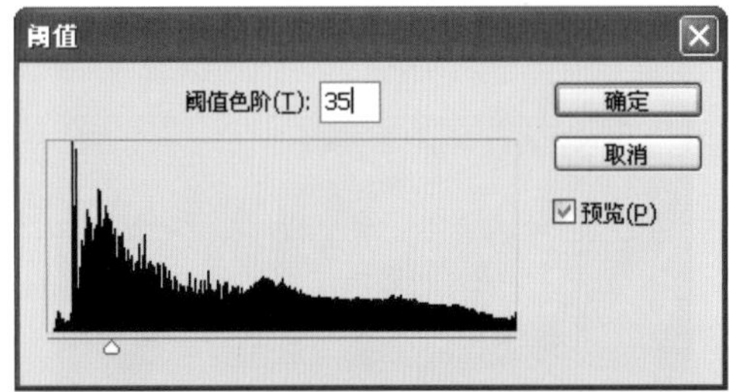

图10-33

图10-34

㉘ 选择图层“图层4”以外的其他图层，将选择的图层隐藏，只显示图层“图层4”，切换到【通道】面板，按住【Ctrl】键单击“CMYK”通道缩略图创建选区，如图10-35所示。

图10-35

㉙ 按【Ctrl+Shift+I】组合键将选区反选，切换到【图层】面板，将图层全部显示，如图10-36所示；将图层“建筑空间”移动到【图层】面板的最上方，如图10-37所示。

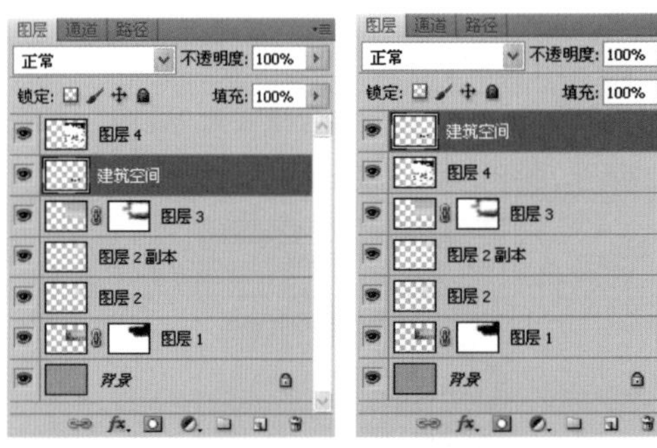

图10-36　　图10-37

㉚ 选择图层“图层4”，选择工具箱中的【移动工具】，将“图层4”移动合适位置，如图10-38所示。选择图层“建筑空间”，按【Delete】删除选区内的内容，按【Ctrl+D】组合键取消选区，得到的图像效果如图10-39所示。

图10-38

图10-39

31 选择工具箱中的【横排文字工具】，设置拾色器的前景色为“C35、M40、Y80、K0”，设置【字体】为“Times New Roman”，【字号】为“80点”，在图像中输入文字“BUILDING”，按【Ctrl+Enter】组合键结束文字创建，使用工具箱中的【移动工具】将其移动到如图10-40所示的位置。

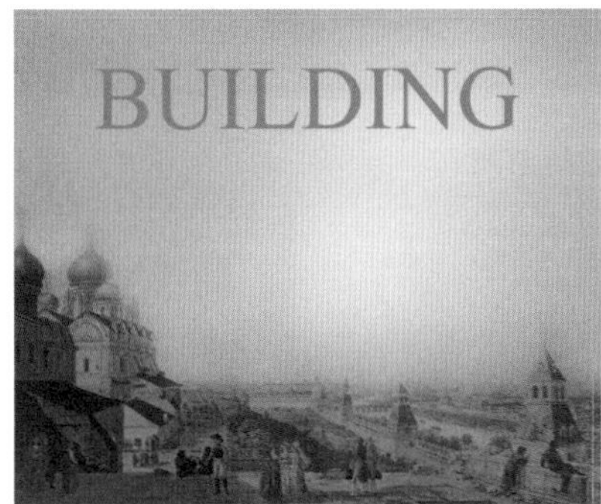

图10-40

32 选择工具箱中的【横排文字工具】，设置【字体】为“Times New Roman”，【字号】为“72点”，在图像中输入文字“SPACE”，按【Ctrl+Enter】组合键结束文字创建，使用工具箱中的【移动工具】将其移动到如图10-41所示的位置。

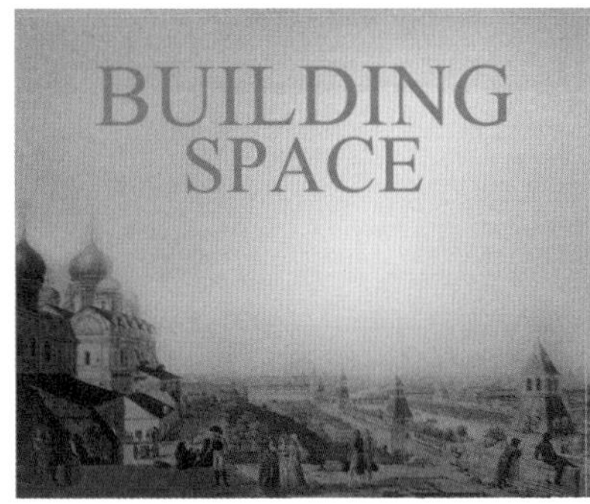

图10-41

33 按住【Ctrl】键选择“BUILDING”图层缩略图，加选图层“SPACE”，如图10-42所示。执行【图层】>【栅格化】>【文字】命令，将选中的文字图层转换为普通图层，如图10-43所示。

图10-42

图10-43

34 选择图层“图层4”，选择工具箱中的【移动工具】，将“图层4”移动到合适的位置，如图10-44所示。

图10-44

35 将图层“图层4”以外的所有图层隐藏，切换到【通道】面板，按住【Ctrl】键单击“CMYK”通道缩略图创建选区，按【Ctrl+Shift+I】组合键将选区反选，如图10-45所示。

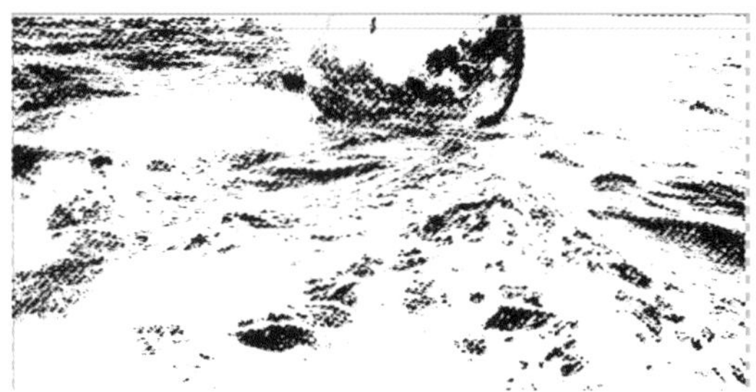

图10-45

36 显示图层“BUILDING”和“SPACE”，选择图层“BUILDING”，按【Delete】键删除选区内的内容，选择图层“SPACE”，按【Delete】键删除选区内的内容，按【Ctrl+D】组合键取消选区，得到图像效果如图10-46所示。

图10-46

37 删除图层“图层4”，将【图层】面板上所有图层显示，得到图像效果如图10-47所示。

图10-47

38 选择图层“建筑空间”，按住【Ctrl】键加选图层“BUILDING”和“SPACE”，按住鼠标左键将其拖曳到【图层】面板的右下方的【创建新图层】按钮上，如图10-48所示，将得到图层“SPACE副本”、“BUILDING副本”和“建筑空间副本”。

图10-48

39 选择图层“建筑空间副本”，选择工具箱中的【移动工具】，按【Ctrl+T】组合键将图像等比例缩放，调整至合适大小，移动到合适位置，如图10-49所示。

图10-49

40 选择图层“BUILDING副本”和“SPACE副本”，按【Ctrl+T】组合键将图像等比例缩放，调整至合适大小，移动到合适位置，如图10-50所示。

图10-50

41 按住【Ctrl】键选择图层“BUILDING副本”和“SPACE副本”，按住鼠标左键将其拖曳到【图层】面板的右下方的【创建新图层】按钮上，创建图层“BUILDING副本2”和“SPACE副本2”，如图10-51所示。

图10-51

42 选择图层“BUILDING副本2”和“SPACE副本2”，设置图层混合模式为【正片叠底】，得到图像效果如图10-52所示。

图10-52

43 打开“素材\模块10\任务1\文字”文件，全部选中文字，按【Ctrl+C】组合键复制文字，切换到Photoshop，将拾色器中的颜色设置为“C0、M0、Y0、K100”，选择工具箱中的【横排文字工具】，按住鼠标左键在工作区中绘制一个文本框，如图10-53所示。

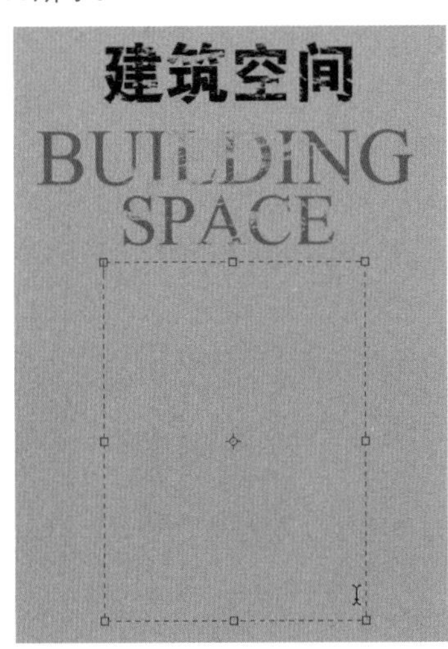

图10-53

44 在工具选项栏中设置【字体】为“方正黑体简”，【字号】为“10点”，按【Ctrl+V】组合键粘贴复制的文字，设置图层混合模式为【正片叠底】，如图10-54所示。

图10-54

45 执行【窗口】>【段落】命令，打开【段落】面板，设置参数如图10-55所示，得到文字效果如图10-56所示。

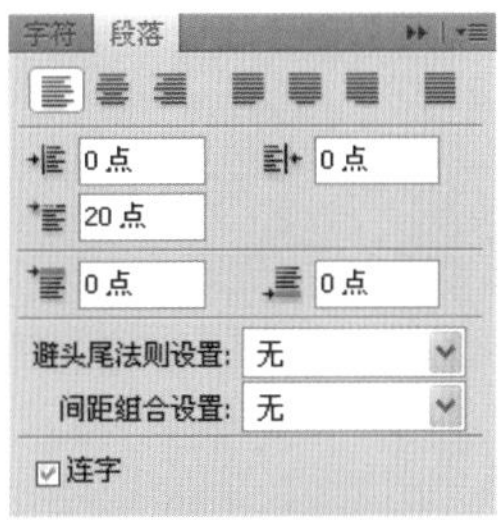

图10-55

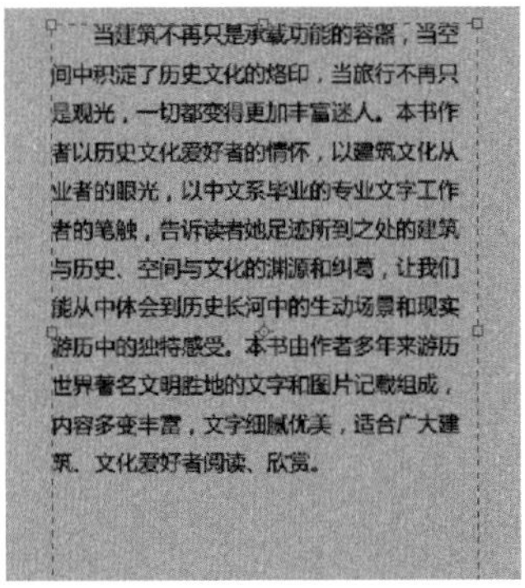

图10-56

46 选择工具箱中的【竖排文字工具】，在工具选项栏中设置【字体】为“方正大标宋简”，【字号】为“20点”，选择工具箱中的【移动工具】，将文字移动到图书封面中间书脊的位置，如图10-57所示。

图10-57

47 打开“素材\模块10\任务1\出版社logo横版”文件，在弹出的【导入PDF】对话框中单击【确定】按钮；将文件复制粘贴至图层“图书封面”，按【Ctrl+T】组合键将其调整至合适大小，选择工具箱中的【移动工具】，将其移动到如图10-58所示的位置。

图10-58

48 打开“素材\模块10\任务1\出版社logo竖版”文件，在弹出的【导入PDF】对话框中单击【确定】按钮；将文件复制粘贴至图层“图书封面”，按【Ctrl+T】组合键将其调整至合适大小，选择工具箱中的【移动工具】，将其移动到如图10-59所示的位置。

图10-59

49 打开“素材\模块10\任务1\条形码”文件，在弹出的【导入PDF】对话框中单击【确定】按钮；单击【图层】面板下方的【创建新图层】按钮，创建一个新图层“图层6”，选择工具箱中的【矩形选框工具】，在封底的右下角绘制一个矩形，并将绘制的矩形填充为“白色”，如图10-60所示。

图10-60

50 按【Ctrl+D】组合键取消选区，将图层“图层6”移动到【图层】面板的最上端，选择工具箱中的【移动工具】，将条形码移动到白色色块的中心位置；选择工具箱中的【横排文字工具】，设置【字体】为“方正黑体简”，【字号】为“10点”，在条形码下面输入“定价：39元”字样，如图10-61所示。

图10-61

51 选择工具箱中的【横排文字工具】，设置【字体】为“方正黑体简”，【字号】为“12点”，在封底的左下方输入文字“责任编辑：刘欣欣”，按【Enter】键，输入文字“封面设计：王楠楠”，选择工具箱中的【移动工具】，将文字移动到如图10-62所示的位置。

图10-62

52 调整完成后，图书封面封底效果制作完成，如图10-63所示。

图10-63

53 执行【文件】>【另存为】命令，弹出【另存为】对话框，将文件名称修改为“图书封面封底”，【格式】④选择PSD文件格式，如图10-64所示。

图10-64

知识点拓展

01 书刊的装订方式

知识：

按照折页方式折好页的纸张也称为折手，一张折好页的大纸张称为一个折手，书刊中最常见的一个折手是16页。

书刊的装订方式可以分为骑马订、无线胶装、锁线胶装和精装等几种不同的装订方式，每种装订方式都有其自身的特点和要求，每种装订方式的成本也大不相同，其中骑马订最便宜，接着是无线胶装、锁线胶装，最贵的装订方式是精装。

1. 骑马订

骑马订是在装订时将纸张对折，然后在纸张的中缝骑订上两三个铁钉使书刊成册，因此书刊内页页数必须是4 的倍数，比如36 页、48 页等页码数，像34 页、50 页的书刊则不能使用骑马订方式装订。骑马订通常用于档次较低、页码较少的书刊，页码多的书刊采用此装订方式则有掉页的可能。骑马订由于是直接在中缝骑订上铁钉，全书可以完全展开，因此书封的封面和封底之间没有书脊，在设计时不需要考虑书脊尺寸，如图10-65所示。

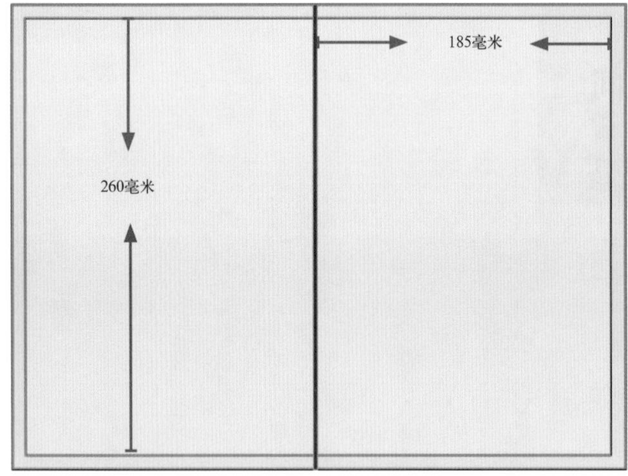

图10-65

2. 无线胶装和锁线胶装

无线胶装是指装订时将印刷好的内页大纸张通过某种折页方式折好，然后将折好页的纸张整齐叠放在一起，再将叠放好的纸张铣背打毛，铣背完成后，在纸张的铣背处涂抹上胶水使叠放的纸张能牢牢粘在一起，最后在书封的封二封三之间也刷上胶水，将书封与内页粘在一起完成装订。无线胶装是通过刷胶来粘贴叠放的纸张，当纸张被叠放在一起时就会产生一个厚度，也就是书脊，所以设计师在设计无线胶装的装订方式的书刊时，一定要考虑并计算好书脊的厚度。

锁线胶装与无线胶装比较相似，当书刊页码数很多时，为了避免出现掉页现象，最好采用锁线胶装，锁线胶装由于使用棉线对内页进行缝装，不需要刷胶水，因此不需要铣背这道工艺。如图10-66所示。

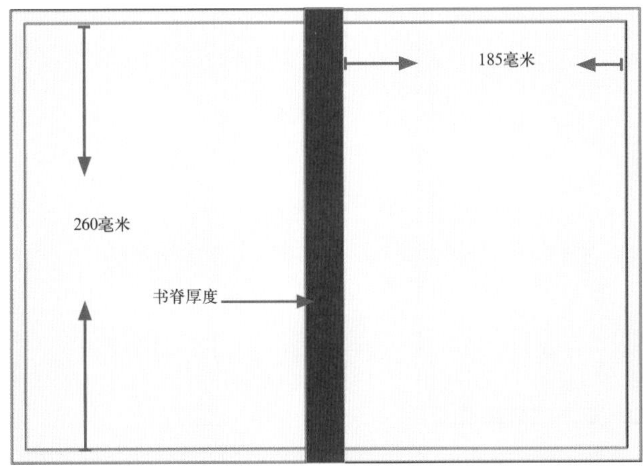

图10-66

3．精装

精装是最昂贵的、也是档次最高的一种书刊装订方式，通常在书封的表面装裱上厚纸板（荷兰板）以使封面更加挺拔、高贵。精装书在设计时尺寸计算最为复杂，需要考虑的因素也最多，如页码数、纸张厚度、荷兰板的厚度、飘口和包边尺寸等，设计师还要注意压槽部位。通常情况下为了得到精确的尺寸，最好咨询合作印刷厂。精装书书封尺寸包含书芯尺寸、书脊尺寸（包含书芯厚度和荷兰板厚度）、飘口尺寸和包边尺寸等，如图10-67 所示。

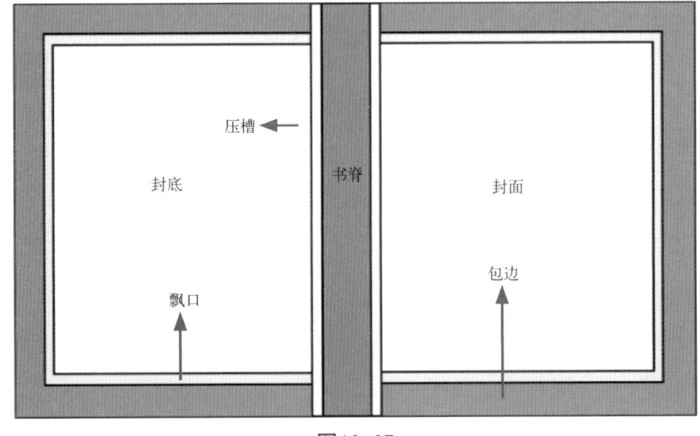

图10-67

知识:

如果一本精装书使用3mm的荷兰板，内页成品尺寸为210mm×285mm，书芯厚度为20mm，则整个书封的尺寸长、宽分别为466mm、331mm，如下图所示。

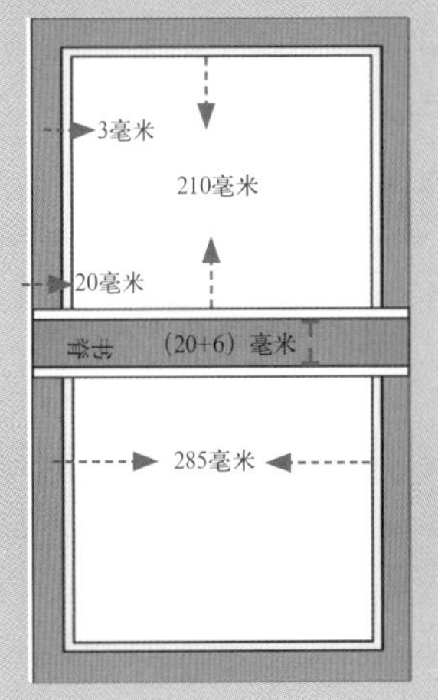

02 计算书脊的厚度

书脊的厚度由书芯厚度、书封纸张厚度、胶黏宽度三部分组成，如图10-68所示。

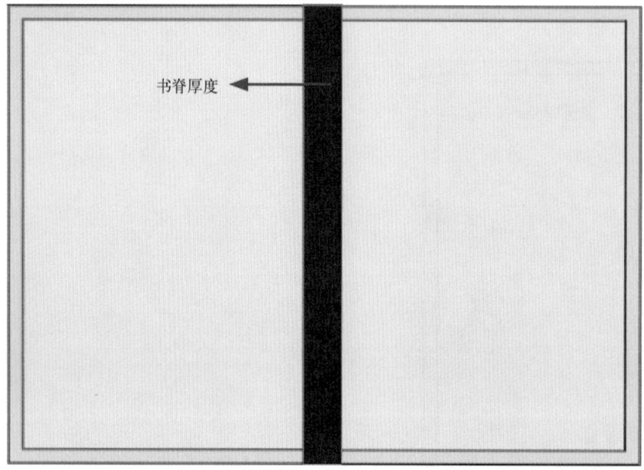

图10-68

书芯厚度由书芯页码数和纸张厚度决定，计算公式为：书芯厚度= 页码数/2× 纸张克数× 纸张厚度系数。纸张厚度系数与纸张类型有关，通常书写纸系数为0.0015，胶版纸为0.0014，单面铜版纸为0.0012，双面铜版纸为0.0011。书封纸张厚度也使用以上计算方式，胶黏宽度通常为0.5mm。建议设计师为了得到标准的书脊厚度尺寸，最好咨询合作的印刷厂。

03 封面和封底的位置

书中的案例制作的书封采用的是无线胶装方式，因此书封是由封面、封底和书脊组成，在设计制作时设计师最容易将封面和封底的位置放反。

04 图像文件的格式

1.PSD

Photoshop 格式 (PSD) 是默认的图像文件格式，而且是除大型文档格式 (PSB) 之外支持大多数 Photoshop 功能的唯一格式。由于 Adobe 产品之间是紧密集成的，因此其他 Adobe 应用程序（如 Adobe Illustrator、Adobe InDesign、Adobe Premiere、Adobe After Effects 和 Adobe GoLive）可以直接导入 PSD 文件并保留许多 Photoshop 功能。

知 识：

存储PSD格式的文件时，可以设置首选项，以最大程度地提高文件兼容性。这样将会在文件中存储一个带图层图像的复合版本，因此其他应用程序（包括 Photoshop 以前的版本）将能够读取该文件。将来，它还会保留混合图层的外观。

2. 大型文档格式

大型文档格式 (PSB) 支持宽度或高度最大为 300000 像素的文档，支持所有 Photoshop 功能（如图层、效果和滤镜）。对于宽度或高度超过 30000 像素的文档，某些增效滤镜不可用。

可以将高动态范围 32 位/通道图像存储为 PSB 文件。目前，如果以 PSB 格式存储文档，存储的文档只能在 Photoshop CS 或更高版本中才能打开。其他应用程序和 Photoshop 的早期版本无法打开以 PSB 格式存储的文档。

3. TIFF 格式

TIFF格式用于在应用程序和计算机平台之间交换文件。TIFF 格式是一种灵活的位图图像格式，得到几乎所有的绘画、图像编辑和页面排版应用程序的支持。而且，几乎所有的桌面扫描仪都可以产生 TIFF 图像。TIFF 文档的最大文件大小可达 4 GB。Photoshop CS 和更高版本支持以 TIFF 格式存储的大型文档。但是，大多数其他应用程序和旧版本的 Photoshop 不支持文件大小超过 2 GB 的文档。

在 Photoshop 中，TIFF 图像文件的位深度为 8位/通道、16 位/通道或 32 位/通道，可以将高动态范围图像存储为 32 位/通道 TIFF 文件。

知识:

TIFF格式支持具有Alpha通道的CMYK、RGB、Lab、索引颜色和灰度图像，以及没有Alpha通道的位图模式图像。Photoshop可以在TIFF文件中存储图层；但是，如果在另一个应用程序中打开该文件，则只有拼合图像是可见的。Photoshop也能够以TIFF格式存储注释、透明度和多分辨率金字塔数据。

4. JPEG 格式

JPEG的英文全名是Joint Picture Expert Group（联合图像专家组），它是在 World Wide Web 及其他联机服务上常用的一种格式，用于显示超文本标记语言 (HTML) 文档中的照片和其他连续色调图像。JPEG 格式支持 CMYK、RGB 和灰度颜色模式，但不支持透明度。与 GIF 格式不同，JPEG 保留 RGB 图像中的所有颜色信息，但通过有选择地扔掉数据来压缩文件大小。

JPEG 图像在打开时自动解压缩。压缩级别越高，得到的图像品质越低；压缩级别越低，得到的图像品质越高。在大多数情况下，“最佳品质”选项产生的结果与原图像几乎无分别。

知识:

PDF格式是由Adobe Acrobat软件生成的文件格式，该文件格式可以存有多页信息，其中包含图形文件的查找和导航功能。因此，使用该软件不需要排版或图像软件即可获得图文混排的版面。由于该格式支持超文本链接，因此它是网络下载经常使用的文件格式。

5. PDF 格式

PDF格式是Adobe公司开发的用于Windows、Mac OS、UNIX和DOS系统的一种电子出版软件的文档格式，适用于不同的平台。它以PostScript语言为基础，因此可以覆盖矢量式图像各个点阵图像，并支持超链接。

PDF格式支持RGB、索引颜色、CMYK、灰度、位图和Lab颜色模式，并支持通道、图层等数据信息。另外，PDF格式还支持JPEG和ZIP的压缩格式（位图颜色模式不支持ZIP压缩格式保存），保存时会出现对话框，从中可以选择压缩方式。当选择JPEG压缩时，还可以选择不同的压缩比例来控制图像品质。若勾选“Save Transparency”（保存透明）复选框，则可以保存图像透明的属性。

6.BMP 格式

BMP 格式是 DOS 和 Windows 兼容计算机上的标准 Windows 图像格式。BMP 格式支持 RGB、索引颜色、灰度和位图颜色模式，可以指定 Windows 或 OS/2格式和 8 位/通道的位深度。对于使用 Windows 格式的 4 位和 8 位图像，还可以指定 RLE 压缩。这种压缩方案不会损失数据，是一种非常稳定的格式。BMP格式不支持CMYK模式的图像。

知识：

EPS格式支持Lab、CMYK、RGB、索引颜色、双色调、灰度和位图颜色模式，但不支持Alpha通道，EPS格式却支持剪贴路径。桌面分色(DCS) 格式是标准EPS格式的一个版本，可以存储CMYK图像的分色。使用DCS 2.0格式可以导出包含专色通道的图像。要打印EPS文件，必须使用 PostScript打印机。

7.EPS 格式

EPS格式可以同时包含矢量图形和位图图形，并且几乎所有的图形、图表和页面排版程序都支持该格式。EPS 格式用于在应用程序之间传递 PostScript 图片。当打开包含矢量图形的 EPS 文件时，Photoshop 栅格化图像，并将矢量图形转换为像素。

Photoshop 使用 EPS TIFF 和 EPS PICT 格式，允许打开以创建预览时使用的、但不受 Photoshop 支持的文件格式所存储的图像。它可以编辑和使用打开的预览图像，就像任何其他低分辨率文件一样。EPS PICT 预览只适用于 Mac OS。

8.GIF 格式

GIF格式是在 World Wide Web 及其他联机服务上常用的一种文件格式，用于显示超文本标记语言 (HTML) 文档中索引颜色图形和图像。GIF格式是一种用 LZW 压缩的格式，目的在于最小化文件大小和电子传输时间。GIF 格式保留索引颜色图像中的透明度，但不支持 Alpha 通道。

9.PNG 格式

PNG格式是作为 GIF 的无专利替代品开发的，用于无损压缩和在 Web 上显示图像。与 GIF 不同，PNG 支持 24 位图像并产生无锯齿状边缘的背景透明度；但是，某些 Web 浏览器不支持 PNG 图像。PNG 格式支持无 Alpha 通道的 RGB、索引颜色、灰度和位图模式的图像。PNG 格式保留灰度和 RGB 图像中的透明度。

10.AI 格式

AI格式是Illustrator软件默认的文件格式，也是一种标准的矢量图文件格式，用于保存使用Illustrator软件绘制的矢量路径信息。

在Photoshop中打开AI文件时，Photoshop可以将其转换为智能对象，以避免矢量图文件中的矢量信息被栅格化。

11.TGA 格式

Targa (TGA) 格式专用于使用 Truevision 视频板的系统，MS-DOS 色彩应用程序普遍支持这种格式。Targa 格式支持 16 位 RGB 图像（5 位×3 种颜色通道，加上一个未使用的位）、24 位 RGB 图像（8 位 × 3 种颜色通道）和 32 位 RGB 图像（8 位 × 3 种颜色通道，加上一个 8 位 Alpha 通道）。Targa 格式也支持无 Alpha 通道的索引颜色和灰度图像。当以这种格式存储 RGB 图像时，可以选取像素深度，并选择使用 RLE 编码来压缩图像。

12.RAW 格式

Photoshop Raw 格式是一种灵活的文件格式，用于在应用程序与计算机平台之间传递图像。这种格式支持具有 Alpha 通道的 CMYK、RGB 和灰度图像以及无 Alpha 通道的多通道和 Lab 图像。以 Photoshop Raw 格式存储的文档可为任意像素大小或文件大小，但不能包含图层。

知 识：

Photoshop Raw格式由一串描述图像中颜色信息的字节构成。每个像素都以二进制格式描述，0代表黑色，255代表白色（对于具有16 位通道的图像，白色值为65535）。Photoshop指定描述图像所需的通道数以及图像中的任何其他通道。可以指定文件扩展名（Windows）、文件类型（Mac OS）、文件创建程序（Mac OS）和标头信息。

05 补充知识点

1. 动作

（1）了解【动作】面板

【动作】面板用于创建、播放、修改和删除动作，在【动作】面板的底部包含了Photoshop中预设的一些动作，如图10-69所示。

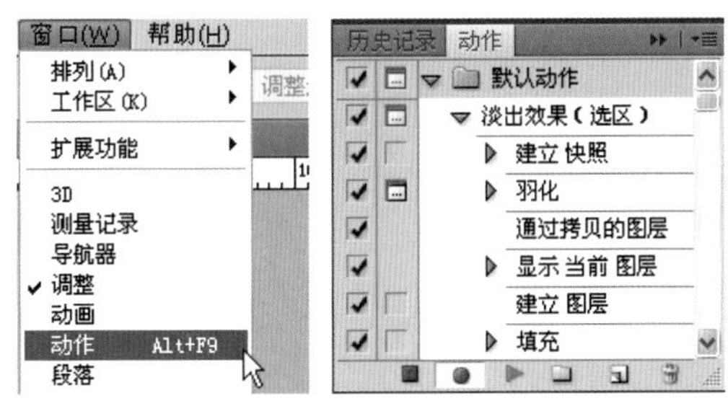

图10-69

【切换项目开/关】：如果动作组、动作和命令前显示有该标志，则表示这个动作组、动作和命令可以执行；没有该标志则表示命令不能被执行。

【切换对话框开/关】：如果命令前显示该标志，表示动作执行到该命令时会暂停，并打开相应的对话框，此时可修改命令的参数，单击【确定】按钮可继续执行后面的动作；如果显示为红色，则表示部分工作命令被暂停。

知 识：

动作是用于处理一个或一批文件的一系列命令。在Photoshop中，设置完成动作后其他图像可以执行该动作，便自动完成操作任务。

【动作组/动作/命令】：动作组是一系列动作的集合，动作是一系列操作命令的集合。单击命令前的 ▶ 按钮可以展开命令列表，显示命令的具体参数。

【停止播放/记录】■：用来停止播放动作和停止记录动作。

【开始记录】●：单击该按钮，开始录制动作。

【播放选定的动作】▶：选择需要播放的动作，单击该按钮可播放动作。

【创建新动作组】：单击该按钮可创建一个新的动作组。

【创建新动作】：单击该按钮可创建一个新的动作。

【删除】：选择需要删除的动作组或动作，单击该按钮即可将其删除。

(2) 重排与复制动作

在【动作】面板中，将动作或命令移动到同一组动作或另一个动作中的新位置，即可重新排列动作和命令，如图10-70所示。

图10-70

(3) 设置动作的名称和参数

选择需要设置的动作组或动作并双击，弹出【动作选项】对话框，在对话框内设置【名称】等参数，如图10-71所示。

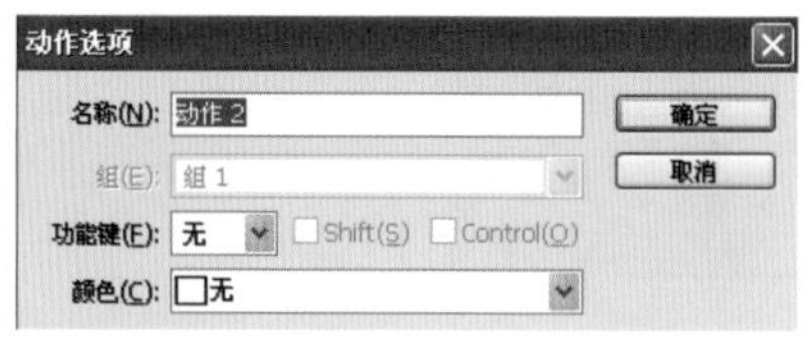

图10-71

(4) 指定回放速度

执行【动作】面板中的【回放选项】命令，弹出【回放选项】对话框，在【回放选项】对话框中可以设置动作的播放速度，也可以将其暂停，对动作进行修改，如图10-72所示。

知 识：

加速：以正常的速度播放动作。

逐步：显示每个命令的处理结果，然后再转入下一个命令，动作的播放速度较慢。

暂停：勾选该复选框并在对话框中设置时间，可以指定播放动作时各个命令的间隔时间。

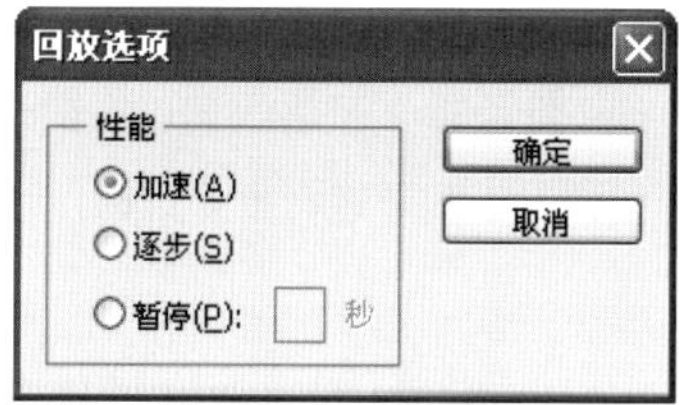

图10-72

2．动作批处理

批处理是Photoshop中最强大的功能之一，可以对用户指定的图像进行处理，也可以重命名图像，然后完成“存储文件”、“在Photoshop中打开图像”、“存储和关闭，覆盖源文件”中的某一项。

（1）打开批处理

执行【文件】>【自动】>【批处理】命令，弹出【批处理】对话框，如图10-73所示。要在Bridge中批处理文件，可选择要处理的图像，然后执行【工具】>【Photoshop】>【批处理】命令。

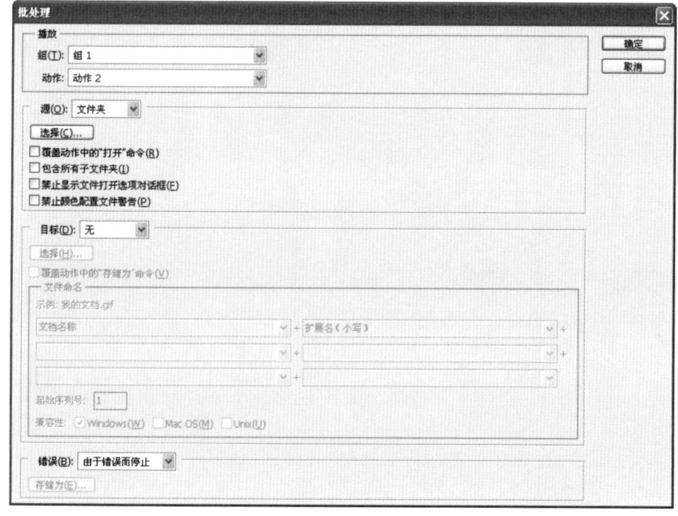

图10-73

批处理包含四个部分，每一部分控制批处理的不同方面。

【播放】：用于从要应用于所有图像的动作组中选择一个动作。

【源】：在【源】的下拉列表框中可以指定要处理的文件。在该下拉列表框中选择“文件夹”选项，单击【选择】按钮，可在弹出的对话框中选择一个文件夹，批处理该文件夹中的所有文件，执行【文件】>【导入】命令；或者在Bridge中进行批处理时，在Bridge中处理当前选择的图像。

【目标】：该部分用于控制对处理过的图像执行的操作。选择“无”选项，在处理后保持图像在Photoshop中打开。要存储和关闭修改的文件，可选择“存储并关闭”选项。“文件夹”选项用于指

知 识：

执行【文件】>【导入】命令可以处理来自数码相机、扫描仪或PDF文档的图像。

知 识：

按住【Alt】键移动动作和命令，或者将动作和命令拖曳至【创建新动作】按钮上，可以将其复制。

知 识：

打开文件的规则：为确保打开原始数据文件并在批处理操作中以所希望的方式处理这些文件，需要在动作中记录打开步骤。当处理原始图像时需要确认Camera Raw的【设置】菜单设置为“图像设置”。

定存储已处理图像的文件夹。这部分还包括与“批重命名”提供的相同的重命名功能。

【错误】：该部分用于选择当遇到错误时，决定停止整个批处理还是将错误日志记录到文件。在调整批处理中使用的动作时，通常会遇到错误就停止，但在制作情况下实际运行批处理时，会将错误记录到一个文件中。

（2）存储文件的规则

为了确保处理过的文件以所需要的格式存储，需要在动作中记录将在批处理中应用的存储步骤。此存储步骤中规定了文件格式（如TIFF、JPEG、PSD）和与格式相关的选项设置。

（3）运行批处理操作的规则

当勾选【禁止显示文件打开选项对话框】复选框时，Camera Raw对话框则不会反复出现。每一幅图像的Camera Raw设置都会被应用，但批处理操作不会被对话框的出现打断。

独立实践任务　2课时

任务2

图书封面封底的设计制作

任务背景和任务要求

某设计公司需要设计师为出版社即将发行的家庭装饰题材的图书设计一款图书封面。

画面有视觉冲击力，简洁、大方，画面风格符合图书内容。

尺寸设置为“240毫米×240毫米”，书脊厚度为“10毫米”。

任务分析

正确计算文件的尺寸，增加书脊的厚度，正确分布封面封底的位置。

任务素材

任务素材见素材\模块10\任务2

任务参考效果图

装修设计攻略
本书与大家分享了作者20多年的从业经验，其中不少是成功的家装设计师不愿披露的“商业秘密”；本书运用社会学、心理学、市场学、营销学、管理学、法学、艺术设计学、建筑学、工学等学科的原理，论述了家装设计师走向成功的核心知识。既有完整的理论论述，又有丰富的案例解剖，是想成为家装设计师、关心家装业、家装市场的各类人士及大专院校、科研机构相关专业师生的理想读物。
责任编辑：王楠
封面设计：刘心
ISBN 0-8120-4824-5
9 780519 040517
装修设计攻略
王心雨 编著
解析家装规划、创意的方程
探究家装设计师的职业秘密
破解家装客户、房屋、市场的密码
装修设计攻略
王心雨 编著
中国教材出版社